CAX工程应用丛书

ANSYS ICEM CFD 网格划分从入门到精通

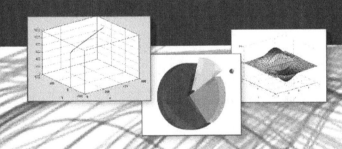

丁源 编著

清华大学出版社
北京

内 容 简 介

ICEM CFD是目前国际上比较流行的商用网格划分软件，划分的网格可以用于流体和结构仿真模拟计算等多种工程问题。本书由浅入深地讲解了ICEM CFD网格划分的各种功能，详细地讲解ICEM CFD进行网格划分特别是结构化网格划分的方法。全书共分为12章，包括计算流体的基础理论与方法、创建几何模型、二维网格划分、三维网格划分、结构化网格划分、非结构网格划分、网格边界等功能的介绍，针对每个ICEM CFD可以解决的网格划分问题进行详细的讲解，并辅以相应的实例，使读者能够快速、熟练、深入地掌握ICEM CFD软件。

本书结构严谨，条理清晰，重点突出，非常适合广大ICEM CFD初、中级读者学习使用；也可作为大中专院校、高职类相关专业以及社会有关培训班的教材；同时也可以作为工程技术人员的参考用书。

本书封面贴有清华大学出版社防伪标签，无标签者不得销售。
版权所有，侵权必究。举报：010-62782989，beiqinquan@tup.tsinghua.edu.cn。

图书在版编目（CIP）数据

ANSYS ICEM CFD 网格划分从入门到精通/丁源编著. —北京：清华大学出版社，2020.1（2024.7重印）
（CAX 工程应用丛书）
ISBN 978-7-302-54648-1

Ⅰ．①A… Ⅱ．①丁… Ⅲ．①有限元分析－应用软件 Ⅳ．①O241.82-39

中国版本图书馆 CIP 数据核字(2020)第 005704 号

责任编辑：王金柱
封面设计：王 翔
责任校对：闫秀华
责任印制：杨 艳

出版发行：清华大学出版社
    网 址：https://www.tup.com.cn, https://www.wqxuetang.com
    地 址：北京清华大学学研大厦A座 邮 编：100084
    社 总 机：010-83470000 邮 购：010-62786544
    投稿与读者服务：010-62776969, c-service@tup.tsinghua.edu.cn
    质量反馈：010-62772015, zhiliang@tup.tsinghua.edu.cn
印 装 者：三河市龙大印装有限公司
经 销：全国新华书店
开 本：203mm×260mm 印 张：25.5 字 数：694千字
版 次：2020年2月第1版 印 次：2024年7月第6次印刷
定 价：89.00元

产品编号：058989-01

ICEM CFD 是一款计算前处理软件，包括几何创建、网格划分、前处理条件设置等功能。在 CFD 网格生成领域，优势更为突出。

ICEM CFD 提供了高级几何获取、网格生成、网格优化以及后处理工具以满足当今复杂分析对集成网格生成与后处理工具的需求。ICEM CFD 19.0 是一个很好、很强大的网格划分软件，它是目前 ANSYS 公司推出的最新版本，较以前的版本在性能方面有了一定的改善，克服了以前版本中一些不尽如人意的地方。

一、本书内容

全书共分为 12 章，依次介绍了计算流体力学与网格划分基础、ICEM CFD 软件简介、创建几何模型、二维平面模型结构网格划分、三维模型结构网格划分、四面体网格自动生成、棱柱体网格自动生成、以六面体为核心的网格划分、混合网格划分、曲面网格划分、网格编辑和 ICEM CFD 在 Workbench 中的应用。

第 1 章　介绍了计算流体力学与网格划分的基础知识，讲解了计算流体力学的基本概念，介绍了常用的网格划分商用软件，让读者可以掌握计算流体力学的基本概念，了解目前常用的网格划分商用软件。

第 2 章　介绍了 ICEM CFD 软件的结构和网格划分过程中所用到的文件类型，让读者可以掌握 ICEM CFD 的基本概念。

第 3 章　介绍了 ICEM CFD 几何建模的基本过程，最后给出了运用 ICEM CFD 几何模型处理的典型实例，让读者可以掌握 ICEM CFD 的几何模型创建、导入和修改的使用方法。

第 4 章　结合典型实例介绍了 ICEM CFD 二维平面结构化网格生成的基本过程，让读者可以掌握 ICEM CFD 的二维平面结构化网格生成的使用方法。

第 5 章　结合典型实例介绍了 ICEM CFD 三维模型结构化网格生成的基本过程，让读者可以掌握 ICEM CFD 的三维模型结构化网格生成的使用方法。

第 6 章　介绍了 ICEM CFD 四面体网格自动生成的基本过程，最后给出了运用 ICEM CFD 四面体网格自动生成的典型实例，让读者可以掌握 ICEM CFD 的四面体网格自动生成的使用方法。

第 7 章　结合典型实例介绍了 ICEM CFD 棱柱体网格生成的基本过程，让读者可以掌握 ICEM CFD 的棱柱体网格生成的使用方法。

第 8 章　结合典型实例介绍了 ICEM CFD 以六面体为核心的网格生成的基本过程，让读者可以掌握 ICEM CFD 的以六面体为核心的网格生成的使用方法。

第 9 章　结合典型实例介绍了 ICEM CFD 处理混合网格生成的基本过程。通过本章的学习,读者可以掌握 ICEM CFD 混合网格生成的使用方法。

第 10 章　介绍了 ICEM CFD 曲面网格生成的基本过程,最后给出了运用 ICEM CFD 曲面网格生成的典型实例,让读者可以掌握 ICEM CFD 的曲面网格生成的使用方法。

第 11 章　介绍了 ICEM CFD 网格编辑的基本过程,最后给出了运用 ICEM CFD 网格编辑的典型实例,让读者可以掌握 ICEM CFD 的网格编辑的使用方法。

第 12 章　通过典型实例介绍了 ICEM CFD 在 Workbench 中应用的工作流程,让读者可以掌握 ICEM CFD 在 Workbench 中的创建、网格划分方法以及不同软件间的数据共享与更新。

二、本书特点

本书由从事多年 Fluent 工作的一线从业人员编写。在编写的过程中,不仅注重绘图技巧的介绍,还将重点讲解 Fluent 和工程实际的关系。本书主要有以下几个特色。

- 软件操作与工程实践相结合。本书作者将十多年的 CFD 经验结合 ICEM CFD 软件的各功能模块,从点到面详细地讲解给读者,内容详略得当,紧密结合工程实际。
- 信息量大。本书包含的内容全面,读者在学习的过程中不应只关注细节,还应从整体出发,了解 CFD 的分析流程,需要关注它包括什么内容,注意什么细节。
- 结构清晰,实例丰富。本书结构清晰、由浅入深,从结构上主要分为基础部分和案例部分两大类,在讲解基础知识的过程中穿插实例的讲解,在综合介绍的过程中也同步回顾重点的基础知识。

三、本书资源文件

本书提供了所有实例的资源文件,读者可以使用 ICEM CFD 打开资源文件,根据本书的介绍进行学习。

扫描右侧二维码获取本书资源文件。

如果在下载过程中出现问题,请电子邮件联系 booksaga@126.com,邮件主题为"ANSYS ICEM CFD 网格划分从入门到精通"。

四、读者服务

由于编者水平有限,书中难免存在不妥之处,若读者在学习本书过程中遇到难以解答的问题,可以直接发邮件到编者邮箱,编者会尽快给予解答。

编者邮箱:comshu@126.com

编　者
2019 年 10 月

目录 Contents

第 1 章 计算流体力学基础与网格概述 …… 1
1.1 计算流体力学基础 …… 1
- 1.1.1 计算流体力学的发展 …… 1
- 1.1.2 计算流体力学的求解过程 …… 2
- 1.1.3 数值模拟方法和分类 …… 3
- 1.1.4 有限体积法的基本思想 …… 4
- 1.1.5 有限体积法的求解方法 …… 6

1.2 网格概述 …… 7
- 1.2.1 网格划分技术 …… 7
- 1.2.2 结构化网格 …… 8
- 1.2.3 非结构化网格 …… 10

1.3 常用的网格划分软件 …… 12
- 1.3.1 Gridgen …… 12
- 1.3.2 Gambit …… 12
- 1.3.3 Hypermesh …… 12
- 1.3.4 Tgrid …… 13
- 1.3.5 ICEM CFD …… 13

1.4 本章小结 …… 13

第 2 章 ICEM CFD 软件简介 …… 14
2.1 ANSYS ICEM CFD 简介 …… 14
- 2.1.1 ICEM CFD 特点 …… 15
- 2.1.2 ICEM CFD 文件类型 …… 16

2.2 ICEM CFD 的用户界面 …… 17
2.3 ICEM CFD 基础知识 …… 20
- 2.3.1 软件基本操作 …… 20
- 2.3.2 ICEM CFD 工作流程 …… 20
- 2.3.3 网格生成方法 …… 21
- 2.3.4 块的生成 …… 28
- 2.3.5 网格输出 …… 33

2.4 ANSYS ICEM CFD 实例分析 …… 34
- 2.4.1 启动 ICEM CFD 并建立分析项目 …… 34
- 2.4.2 导入几何模型 …… 34
- 2.4.3 模型建立 …… 35
- 2.4.4 网格生成 …… 37
- 2.4.5 网格编辑 …… 38
- 2.4.6 网格输出 …… 39

2.5 本章小结 …… 39

第 3 章 几何模型处理 …… 40
3.1 几何模型的创建 …… 40
- 3.1.1 点的创建 …… 40
- 3.1.2 线的创建 …… 42
- 3.1.3 面的创建 …… 43

3.2 几何模型的导入 …… 43
3.3 几何模型的修改 …… 44
- 3.3.1 曲线的修改 …… 44
- 3.3.2 曲面的修改 …… 45
- 3.3.3 刻面清理 …… 46
- 3.3.4 几何修补 …… 46
- 3.3.5 几何变换 …… 47
- 3.3.6 几何删除 …… 48

3.4 阀门几何模型修改实例分析 …… 48
- 3.4.1 启动 ICEM CFD 并建立分析项目 …… 48
- 3.4.2 导入几何模型 …… 48
- 3.4.3 模型建立 …… 49

3.5 管道几何模型修改实例分析 ………… 50
   3.5.1 启动 ICEM CFD 并建立分析
       项目 ………………………………… 50
   3.5.2 导入几何模型 ………………… 50
   3.5.3 模型建立 ……………………… 51
   3.5.4 网格生成 ……………………… 52
3.6 本章小结 …………………………… 53

第 4 章 二维平面模型结构网格划分 …… 54

4.1 二维平面模型结构网格概述 ……… 54
4.2 三通弯管模型结构网格划分 ……… 54
   4.2.1 导入几何模型 ………………… 55
   4.2.2 模型建立 ……………………… 55
   4.2.3 创建 2D 块 …………………… 57
   4.2.4 分割块 ………………………… 57
   4.2.5 删除块 ………………………… 58
   4.2.6 块的几何关联 ………………… 58
   4.2.7 设定网格尺寸 ………………… 60
   4.2.8 预览网格 ……………………… 61
   4.2.9 网格质量检查 ………………… 61
   4.2.10 网格的生成 ………………… 62
   4.2.11 网格输出 …………………… 62
   4.2.12 计算与后处理 ……………… 63
4.3 汽车外流场模型结构网格划分 …… 65
   4.3.1 导入几何模型 ………………… 65
   4.3.2 生成块 ………………………… 65
   4.3.3 网格生成 ……………………… 70
   4.3.4 网格质量检查 ………………… 71
   4.3.5 网格输出 ……………………… 72
   4.3.6 计算与后处理 ………………… 72
4.4 变径管流模型结构网格划分 ……… 74
   4.4.1 启动 ICEM CFD 并建立分析
       项目 ………………………………… 74
   4.4.2 创建几何模型 ………………… 75
   4.4.3 创建 Block …………………… 77
   4.4.4 定义网格参数 ………………… 80
   4.4.5 网格生成 ……………………… 80
   4.4.6 导出网格 ……………………… 82
   4.4.7 计算与后处理 ………………… 82

4.5 导弹二维模型结构网格划分 ……… 84
   4.5.1 启动 ICEM CFD 并建立分析
       项目 ………………………………… 84
   4.5.2 创建几何模型 ………………… 85
   4.5.3 创建 Block …………………… 87
   4.5.4 定义网格参数 ………………… 91
   4.5.5 网格生成 ……………………… 92
   4.5.6 导出网格 ……………………… 93
   4.5.7 计算与后处理 ………………… 94
4.6 本章小结 …………………………… 96

第 5 章 三维模型结构网格划分 ………… 97

5.1 三维模型结构网格生成流程 ……… 97
5.2 Block（块）创建策略 ……………… 98
   5.2.1 Block（块）的生成方法 ……… 98
   5.2.2 Block（块）的操作流程 ……… 99
   5.2.3 O-Block 基础 ………………… 102
5.3 管接头模型结构网格划分 ………… 104
   5.3.1 启动 ICEM CFD 并建立分析
       项目 ……………………………… 104
   5.3.2 导入几何模型 ………………… 104
   5.3.3 模型建立 ……………………… 105
   5.3.4 生成块 ………………………… 108
   5.3.5 网格生成 ……………………… 110
   5.3.6 网格质量检查 ………………… 115
   5.3.7 网格输出 ……………………… 115
   5.3.8 计算与后处理 ………………… 116
5.4 管内叶片模型结构网格划分 ……… 118
   5.4.1 启动 ICEM CFD 并建立分析
       项目 ……………………………… 118
   5.4.2 导入几何模型 ………………… 119
   5.4.3 模型建立 ……………………… 119
   5.4.4 生成块 ………………………… 122
   5.4.5 网格生成 ……………………… 127
   5.4.6 网格质量检查 ………………… 128
   5.4.7 网格输出 ……………………… 129
   5.4.8 计算与后处理 ………………… 129
5.5 半球方体模型结构网格划分 ……… 131

	5.5.1	启动 ICEM CFD 并建立分析项目 ………………………… 132
	5.5.2	导入几何模型 ……………… 132
	5.5.3	模型建立 …………………… 132
	5.5.4	生成块 ……………………… 134
	5.5.5	网格生成 …………………… 137
	5.5.6	网格质量检查 ……………… 138
	5.5.7	网格输出 …………………… 139
5.6	弯管部件模型结构网格划分 ……… 139
	5.6.1	启动 ICEM CFD 并建立分析项目 ………………………… 140
	5.6.2	导入几何模型 ……………… 140
	5.6.3	模型建立 …………………… 140
	5.6.4	生成块 ……………………… 143
	5.6.5	网格生成 …………………… 149
	5.6.6	网格质量检查 ……………… 150
	5.6.7	网格输出 …………………… 150
	5.6.8	计算与后处理 ……………… 151
5.7	水槽三维模型结构网格划分 ……… 153
	5.7.1	启动 ICEM CFD 并建立分析项目 ………………………… 153
	5.7.2	导入几何模型 ……………… 153
	5.7.3	模型建立 …………………… 154
	5.7.4	生成块 ……………………… 157
	5.7.5	网格生成 …………………… 159
	5.7.6	网格质量检查 ……………… 159
	5.7.7	网格输出 …………………… 160
	5.7.8	计算与后处理 ……………… 160
5.8	本章小结 …………………………… 162

第 6 章 四面体网格自动生成 …………… 163

6.1	四面体网格概述 …………………… 163
	6.1.1	四面体网格生成方法 ……… 164
	6.1.2	四面体网格生成流程 ……… 164
6.2	阀门模型四面体网格生成 I ……… 165
	6.2.1	启动 ICEM CFD 并建立分析项目 ………………………… 165
	6.2.2	导入几何模型 ……………… 165
	6.2.3	模型建立 …………………… 165

	6.2.4	网格生成 …………………… 168
	6.2.5	网格质量检查 ……………… 171
	6.2.6	网格输出 …………………… 172
6.3	阀门模型四面体网格生成 II ……… 172
	6.3.1	启动 ICEM CFD 并打开分析项目 ………………………… 173
	6.3.2	删除原先网格设置 ………… 173
	6.3.3	网格生成 …………………… 174
	6.3.4	网格质量检查 ……………… 175
	6.3.5	网格输出 …………………… 176
	6.3.6	计算与后处理 ……………… 176
6.4	弯管部件四面体网格生成实例 …… 178
	6.4.1	启动 ICEM CFD 并建立分析项目 ………………………… 178
	6.4.2	导入几何模型 ……………… 179
	6.4.3	模型建立 …………………… 179
	6.4.4	网格生成 …………………… 182
	6.4.5	网格质量检查 ……………… 184
	6.4.6	网格输出 …………………… 184
	6.4.7	计算与后处理 ……………… 185
6.5	飞船返回舱模型四面体网格自动生成 …………………………………… 187
	6.5.1	启动 ICEM CFD 并建立分析项目 ………………………… 187
	6.5.2	导入几何模型 ……………… 188
	6.5.3	模型建立 …………………… 188
	6.5.4	定义网格参数 ……………… 190
	6.5.5	网格生成 …………………… 191
	6.5.6	导出网格 …………………… 193
	6.5.7	计算与后处理 ……………… 193
6.6	本章小结 …………………………… 197

第 7 章 棱柱体网格自动生成 …………… 198

7.1	棱柱体网格概述 …………………… 198
	7.1.1	棱柱体网格生成方法 ……… 199
	7.1.2	棱柱体网格生成步骤 ……… 199
7.2	水套模型棱柱体网格生成 ………… 199
	7.2.1	启动 ICEM CFD 并建立分析项目 ………………………… 199

	7.2.2	导入几何模型 ····················· 199
	7.2.3	模型建立 ························· 200
	7.2.4	网格生成 ························· 200
	7.2.5	网格编辑 ························· 202
	7.2.6	生成棱柱网格 ····················· 203
	7.2.7	网格输出 ························· 206
7.3	阀门模型棱柱体网格生成 ············ 206
	7.3.1	启动 ICEM CFD 并打开分析项目 ······································· 206
	7.3.2	网格检查 ························· 207
	7.3.3	生成棱柱网格 ····················· 207
	7.3.4	网格编辑 ························· 209
	7.3.5	网格输出 ························· 210
	7.3.6	计算与后处理 ····················· 210
7.4	弯管部件棱柱体网格生成 ············ 212
	7.4.1	启动 ICEM CFD 并打开分析项目 ······································· 213
	7.4.2	网格检查 ························· 213
	7.4.3	生成棱柱网格 ····················· 213
	7.4.4	网格编辑 ························· 215
	7.4.5	网格输出 ························· 216
	7.4.6	计算与后处理 ····················· 216
7.5	本章小结 ······························· 219

第 8 章 以六面体为核心的网格划分 ·········· 220

8.1	以六面体为核心网格概述 ············ 220
8.2	机翼模型 Hexa-Core 网格生成 ······ 221
	8.2.1	启动 ICEM CFD 并建立分析项目 ······································· 221
	8.2.2	导入几何模型 ····················· 221
	8.2.3	模型建立 ························· 221
	8.2.4	网格生成 ························· 224
	8.2.5	网格输出 ························· 228
	8.2.6	计算与后处理 ····················· 228
8.3	管内叶片 Hexa-Core 网格生成 ······· 230
	8.3.1	启动 ICEM CFD 并建立分析项目 ······································· 230
	8.3.2	导入几何模型 ····················· 231
	8.3.3	模型建立 ························· 231
	8.3.4	网格生成 ························· 234
	8.3.5	网格输出 ························· 236
	8.3.6	计算与后处理 ····················· 236
8.4	弯管部件 Hexa-Core 网格生成 ······· 239
	8.4.1	启动 ICEM CFD 并打开分析项目 ······································· 239
	8.4.2	网格生成 ························· 239
	8.4.3	网格输出 ························· 241
	8.4.4	计算与后处理 ····················· 241
8.5	巡航导弹模型 Hexa-Core 网格生成 ··· 244
	8.5.1	启动 ICEM CFD 并建立分析项目 ······································· 244
	8.5.2	导入几何模型 ····················· 244
	8.5.3	模型建立 ························· 245
	8.5.4	定义网格参数 ····················· 246
	8.5.5	网格生成 ························· 247
	8.5.6	导出网格 ························· 251
	8.5.7	计算与后处理 ····················· 251
8.6	飞艇模型 Hexa-Core 网格生成 ······· 256
	8.6.1	启动 ICEM CFD 并建立分析项目 ······································· 256
	8.6.2	导入几何模型 ····················· 256
	8.6.3	模型建立 ························· 257
	8.6.4	定义网格参数 ····················· 258
	8.6.5	网格生成 ························· 259
	8.6.6	导出网格 ························· 261
	8.6.7	计算与后处理 ····················· 262
8.7	本章小结 ······························· 266

第 9 章 混合网格划分 ···························· 267

9.1	混合网格概述 ························· 267
9.2	管内叶片混合网格生成 ·············· 268
	9.2.1	启动 ICEM CFD 并建立分析项目 ······································· 268
	9.2.2	导入几何模型 ····················· 268
	9.2.3	分割模型 ························· 268
	9.2.4	模型建立 ························· 270
	9.2.5	生成四面体网格 ··················· 273

		9.2.6	生成六面体网格………………	274
		9.2.7	合并网格…………………………	276
		9.2.8	网格质量检查……………………	277
		9.2.9	网格输出…………………………	278
		9.2.10	计算与后处理…………………	279
	9.3	弯管部件混合网格生成………………		281
		9.3.1	启动 ICEM CFD 并建立分析项目…………………………	281
		9.3.2	导入几何模型……………………	281
		9.3.3	分割模型…………………………	281
		9.3.4	模型建立…………………………	282
		9.3.5	生成四面体网格…………………	285
		9.3.6	生成六面体网格…………………	286
		9.3.7	合并网格…………………………	289
		9.3.8	网格质量检查……………………	290
		9.3.9	网格输出…………………………	291
		9.3.10	计算与后处理…………………	291
	9.4	本章小结………………………………		294

第 10 章 曲面网格划分……………………… 295

	10.1	曲面网格概述…………………………		295
		10.1.1	曲面网格类型……………………	295
		10.1.2	曲面网格生成流程………………	296
	10.2	机翼模型曲面网格划分………………		296
		10.2.1	启动 ICEM CFD 并建立分析项目…………………………	296
		10.2.2	导入几何模型……………………	297
		10.2.3	网格生成…………………………	297
		10.2.4	网格编辑…………………………	301
	10.3	圆柱绕流曲面网格划分………………		302
		10.3.1	启动 ICEM CFD 并建立分析项目…………………………	302
		10.3.2	建立几何模型……………………	303
		10.3.3	网格生成…………………………	307
		10.3.4	网格质量检查……………………	308
		10.3.5	网格输出…………………………	308
		10.3.6	计算与后处理……………………	309
	10.4	半圆曲面网格划分……………………		311

		10.4.1	启动 ICEM CFD 并建立分析项目…………………………	311
		10.4.2	建立几何模型……………………	311
		10.4.3	生成块……………………………	313
		10.4.4	网格生成…………………………	314
		10.4.5	网格质量检查……………………	315
	10.5	冷、热水混合器曲面网格划分………		315
		10.5.1	启动 ICEM CFD 并建立分析项目…………………………	315
		10.5.2	建立几何模型……………………	315
		10.5.3	定义网格参数……………………	317
		10.5.4	生成网格…………………………	318
		10.5.5	导出网格…………………………	319
		10.5.6	计算与后处理……………………	320
	10.6	二维喷管曲面网格划分………………		322
		10.6.1	启动 ICEM CFD 并建立分析项目…………………………	322
		10.6.2	建立几何模型……………………	322
		10.6.3	定义网格参数……………………	324
		10.6.4	生成网格…………………………	325
		10.6.5	导出网格…………………………	327
		10.6.6	计算与后处理……………………	328
	10.7	本章小结………………………………		330

第 11 章 网格编辑…………………………… 331

	11.1	网格编辑基本功能……………………		331
	11.2	机翼模型网格编辑……………………		338
		11.2.1	启动 ICEM CFD 并建立分析项目…………………………	338
		11.2.2	导入几何模型……………………	338
		11.2.3	网格生成…………………………	339
		11.2.4	网格编辑…………………………	340
		11.2.5	网格输出…………………………	343
		11.2.6	计算与后处理……………………	344
	11.3	导管模型网格编辑……………………		346
		11.3.1	启动 ICEM CFD 并建立分析项目…………………………	346
		11.3.2	导入几何模型……………………	346

- 11.3.3 模型建立 …………………… 347
- 11.3.4 生成块 ……………………… 349
- 11.3.5 网格生成 …………………… 351
- 11.3.6 网格编辑 …………………… 352
- 11.3.7 网格输出 …………………… 354
- 11.3.8 计算与后处理 ……………… 354
- 11.4 弯管部件网格编辑 ……………… 355
  - 11.4.1 启动 ICEM CFD 并打开分析项目 …………………………… 355
  - 11.4.2 网格编辑 …………………… 356
  - 11.4.3 网格输出 …………………… 357
  - 11.4.4 计算与后处理 ……………… 357
- 11.5 本章小结 ………………………… 359

第 12 章 ICEM CFD 在 WorkBench 中的应用 …………………………… 360

- 12.1 弯管的稳态流动分析 …………… 360
  - 12.1.1 启动 Workbench 并建立分析项目 …………………………… 360
  - 12.1.2 导入几何体 ………………… 361
  - 12.1.3 划分网格 …………………… 362
  - 12.1.4 边界条件 …………………… 365
  - 12.1.5 初始条件 …………………… 367
  - 12.1.6 求解控制 …………………… 367
  - 12.1.7 计算求解 …………………… 368
  - 12.1.8 结果后处理 ………………… 369
  - 12.1.9 保存与退出 ………………… 371
- 12.2 三通管道内气体流动分析 ……… 372
  - 12.2.1 启动 Workbench 并建立分析项目 …………………………… 372
  - 12.2.2 导入几何体 ………………… 373
  - 12.2.3 划分网格 …………………… 374
  - 12.2.4 边界条件 …………………… 378
  - 12.2.5 初始条件 …………………… 381
  - 12.2.6 求解控制 …………………… 381
  - 12.2.7 计算求解 …………………… 382
  - 12.2.8 结果后处理 ………………… 383
  - 12.2.9 保存与退出 ………………… 385
- 12.3 子弹外流场分析实例 …………… 385
  - 12.3.1 启动 Workbench 并建立分析项目 …………………………… 385
  - 12.3.2 导入几何体 ………………… 386
  - 12.3.3 划分网格 …………………… 387
  - 12.3.4 边界条件 …………………… 393
  - 12.3.5 初始条件 …………………… 394
  - 12.3.6 计算求解 …………………… 395
  - 12.3.7 结果后处理 ………………… 396
  - 12.3.8 保存与退出 ………………… 397
- 12.4 本章小结 ………………………… 397

参考文献 …………………………………… 398

第 1 章
计算流体力学基础与网格概述

导言

计算流体动力学分析（Computational Fluid Dynamics，CFD），其基本定义是通过计算机进行数值计算，模拟流体流动时的各种相关物理现象，包含流动、热传导、声场等。计算流体动力学分析广泛应用于航空航天器设计、汽车设计、生物医学工业、化工处理工业、涡轮机设计、半导体设计等诸多工程领域。

本章将介绍流体动力学的基础理论、计算流体力学基础知识和常用的 CFD 软件。

学习目标

★ 掌握流体动力学分析的基础理论
★ 通过实例掌握流体动力学分析的过程
★ 掌握计算流体力学基础知识
★ 了解常用的 CFD 软件

1.1 计算流体力学基础

本节介绍计算流体力学一些重要的基础知识，包括计算流体力学的基本概念、求解过程、数值求解方法等。了解计算流体力学的基本知识，将有助于理解 ICEM CFD 软件中相应的设置方法，是做好工程模拟分析的根基。

1.1.1 计算流体力学的发展

计算流体动力学是 20 世纪 60 年代起伴随计算科学与工程（Computational Science and Engineering，CSE）迅速崛起的一门学科分支，经过半个世纪的迅猛发展，这门学科已经相当成熟了，一个重要的标志是近几十年来，各种 CFD 通用软件的陆续出现，成为商品化软件，服务于传统的流体力学和流体工程领域，如航空、航天、船舶、水利等。

由于 CFD 通用软件的性能日益完善，应用范围也不断扩大，在化工、冶金、建筑、环境等相关领域中被广泛应用，现在我们利用它来模拟计算平台内部的空气流动状况，也算是在较新的领域中的应用。

现代流体力学研究方法包括理论分析、数值计算和实验研究三个方面。这些方法针对不同的角度进行研究并相互补充。理论分析研究能够表述参数影响形式，为数值计算和实验研究提供有效的指导；试验是认识客观现实的有效手段，可验证理论分析和数值计算的正确性；计算流体力学通过提供模拟真实流动的经济手段补充理论及试验的空缺。

更重要的是，计算流体力学提供了廉价的模拟、设计和优化工具，以及提供了分析三维复杂流动的工具。在复杂情况下，测量往往是很困难的，甚至是不可能的，而计算流体力学则能方便地提供全部流场范围的详细信息。与试验相比，计算流体力学具有对于参数没有什么限制、费用少、流场无干扰的特点。出于计算流体力学的这种优点，我们选择它来进行模拟计算。简单来说，计算流体力学所扮演的角色是通过直观地显示计算结果对流动结构进行仔细的研究。

计算流体力学在数值研究方面大体上沿两个方向发展：一个是在简单的几何外形下，通过数值方法来发现一些基本的物理规律和现象，或者发展更好的计算方法；另一个则为解决工程实际需要，直接通过数值模拟进行预测，为工程设计提供依据。理论的预测出自于数学模型的结果，而不是出自于一个实际的物理模型的结果。计算流体力学是多领域交叉的学科，涉及计算机科学、流体力学、偏微分方程的数学理论、计算几何、数值分析等，这些学科的交叉融合，相互促进和支持，推动了学科的深入发展。

CFD 方法是对流场的控制方程用计算数学的方法将其离散到一系列网格节点上求其离散的数值解的一种方法。控制所有流体流动的基本定律是质量守恒定律、动量守恒定律和能量守恒定律，由它们分别导出连续性方程、动量方程（N-S 方程）和能量方程。应用 CFD 方法进行平台内部空气流场模拟计算时，首先需要选择或建立过程的基本方程和理论模型，依据的基本原理是流体力学、热力学、传热传质等平衡或守恒定律。

由基本原理出发可以建立质量、动量、能量、湍流特性等守恒方程组，如连续性方程、扩散方程等。这些方程构成非线性偏微分方程组，不能用经典的解析法，只能用数值方法求解。

求解上述方程必须先给定模型的几何形状和尺寸，确定计算区域并给出恰当的进出口、壁面及自由面的边界条件，同时需要适宜的数学模型及包括相应的初值在内的过程方程的完整数学描述。

求解的数值方法主要有有限差分法（FDM）、有限元法（FEM）及有限分析法（FAM），应用这些方法可以将计算域离散为一系列的网格并建立离散方程组，离散方程的求解是由一组给定的猜测值出发迭代推进，直至满足收敛标准。常用的迭代方法有 Gauss-Seidel 迭代法、TDMA 方法、SIP 法及 LSORC 法等。利用上述差分方程及求解方法即可以编写计算程序或选用现有的软件实施过程的 CFD 模拟。

1.1.2　计算流体力学的求解过程

CFD 数值模拟一般遵循以下几个步骤：

步骤 01　建立所研究问题的物理模型，在将其抽象成为数学、力学模型之后确定要分析的几何体的空间影响区域。

步骤 02　建立整个几何形体与其空间影响区域，即计算区域的 CAD 模型，将几何体的外表面和整个计算区域进行空间网格划分。网格的稀疏及网格单元的形状都会对以后的计算产生很大影响。不同的算法格式为保证计算的稳定性和计算效率，一般对网格的要求也不一样。

步骤 03　加入求解所需要的初始条件，入口与出口处的边界条件一般为速度、压力条件。

步骤 04 选择适当的算法，设定具体的控制求解过程和精度的一些条件，对所需分析的问题进行求解，并且保存数据文件结果。

步骤 05 选择合适的后处理器（Post Processor）读取计算结果文件，分析并且显示出来。

以上这些步骤构成了 CFD 数值模拟的全过程，其中数学模型的建立是理论研究的课堂，一般由理论工作者完成。

1.1.3 数值模拟方法和分类

在运用 CFD 方法对一些实际问题进行模拟时，常常需要设置工作环境、边界条件和选择算法等，特别是算法的选择，对模拟的效率及其正确性有很大影响，需要特别重视。要正确设置数值模拟的条件，有必要了解数值模拟的过程。

随着计算机技术和计算方法的发展，许多复杂的工程问题都可以采用区域离散化的数值计算并借助计算机得到满足工程要求的数值解。数值模拟技术是现代工程学形成和发展的重要动力之一。

区域离散化就是用一组有限个离散的点来代替原来连续的空间，实施过程是把所计算的区域划分成许多互不重叠的子区域，确定每个子区域的节点位置和该节点所代表的控制体积。

节点是指需要求解的未知物理量的几何位置、控制体积、应用控制方程或守恒定律的最小几何单位。一般把节点看成控制体积的代表。控制体积和子区域并不总是重合的。在区域离散化过程开始时，由一系列与坐标轴相应的直线或曲线簇所划分出来的小区域成为子区域。网格是离散的基础，网格节点是离散化物理量的存储位置。

常用的离散化方法有有限差分法、有限元法和有限体积法。

1．有限差分法

有限差分法是数值解法中最经典的方法。它是将求解区域划分为差分网格，用于有限个网格节点代替连续的求解域，然后将偏微分方程（控制方程）的导数用差商代替，推导出含有离散点上有限个未知数的差分方程组。

有限差方法的产生和发展比较早，也比较成熟，较多用于求解双曲线和抛物线型问题。用它求解边界条件复杂，尤其是椭圆形问题不如有限元法或有限体积法方便。

构造差分的方法有多种形式，目前主要采用的是泰勒级数展开方法。其基本的差分表达式主要有 4 种格式，即一阶向前差分、一阶向后差分、一阶中心差分和二阶中心差分，其中前两种格式为一阶计算精度，后两种格式为二阶计算精度。通过对时间和空间这几种不同差分格式的组合，可以组合成不同的差分计算格式。

2．有限元法

有限元法是将一个连续的求解域任意分成适当形状的许多微小单元，并与各小单元分片构造插值函数，然后根据极值原理（变分或加权余量法）将问题的控制方程转化为所有单元上的有限元方程，把总体的极值作为各单元极值之和，即将局部单元总体合成形成嵌入指定边界条件的代数方程组，求解该方程组就得到各节点上待求的函数值。

对椭圆形问题有更好的适应性。有限元求解的速度比有限差分法和有限体积法慢，在商用 CFD 软件中应用并不广泛。目前常用的商用 CFD 软件中，只有 FIDAP 采用的是有限元法。

3. 有限体积法

有限体积法又称为控制体积法，是将计算区域划分为网格，并使每个网格点周围有一个互不重复的控制体积，将待解的微分方程对每个控制体积积分，从而得到一组离散方程。其中的未知数是网格节点上的因变量。子域法加离散，就是有限体积法的基本思想。有限体积法的基本思路易于理解，并能得出直接的物理解释。离散方程的物理意义，就是因变量在有限大小的控制体积中的守恒原理，如同微分方程表示因变量在无限小的控制体积中的守恒原理一样。

有限体积法得出的离散方程，要求因变量的积分守恒对任意一组控制集体都得到满足，对整个计算区域，自然也得到满足，这是有限体积法吸引人的优点。有一些离散方法（如有限差分法）仅当网格极其细密时，离散方程才满足积分守恒，而有限体积法即使在粗网格情况下，也显示出准确的积分守恒。

就离散方法而言，有限体积法可视作有限元法和有限差分法的中间产物，三者各有所长。有限差分法直观，理论成熟，精度可选，但是不规则区域处理烦琐。虽然网格生成可以使有限差分法应用于不规则区域，但是对于区域的连续性等要求严格。使用有限差分法的好处在于易于编程和并行。有限元法适合于处理复杂区域，精度可选，缺点是内存和计算量巨大，并行不如有限差分法和有限体积法直观。有限体积法适用于流体计算，可以应用于不规则网格，适用于并行，但是精度基本上只能是二阶。有限元法在应力应变、高频电磁场方面的特殊优点正在被人重视。

由于 ANSYS CFD 是基于有限体积法的，所以下面将以有限体积法为例介绍数值模拟的基础知识。

1.1.4　有限体积法的基本思想

有限体积法是从流体运动积分形式的守恒方程出发来建立离散方程。

三维对流扩散方程的守恒型微分方程如下：

$$\frac{\partial(\rho\phi)}{\partial t}+\frac{\partial(\rho u\phi)}{\partial x}+\frac{\partial(\rho v\phi)}{\partial y}+\frac{\partial(\rho w\phi)}{\partial z}=\frac{\partial}{\partial x}(K\frac{\partial\phi}{\partial x})+\frac{\partial}{\partial x}(K\frac{\partial\phi}{\partial y})+\frac{\partial}{\partial x}(K\frac{\partial\phi}{\partial z})+S_\phi \quad (1\text{-}1)$$

式中 ϕ 是对流扩散物质函数，如温度、浓度。

式（1-1）用散度和梯度表示：

$$\frac{\partial}{\partial t}(\rho\phi)+div(\rho u\phi)=div(Kgrad\phi)+S_\phi \quad (1\text{-}2)$$

将式（1-2）在时间步长 Δt 内对控制体体积 CV 积分，可得：

$$\int_{CV}\left(\int_t^{t+\Delta t}\frac{\partial}{\partial t}(\rho\phi)dt\right)dV+\int_t^{t+\Delta t}\left(\int_A n\cdot(\rho u\phi)dA\right)dt \quad (1\text{-}3)$$

$$=\int_t^{t+\Delta t}\left(\int_A n\cdot(Kgrad\phi)dA\right)dt+\int_t^{t+\Delta t}\int_{CV}S_\phi dVdt$$

式中散度积分已用格林公式化为面积积分，A 为控制体的表面积。

该方程的物理意义是：Δt 时间段和体积 CV 内 $\rho\phi$ 的变化，加上 Δt 时间段通过控制体表面的对流量 $\rho u\phi$，等于 Δt 时间段通过控制体表面的扩散量，加上 Δt 时间段控制体 CV 内源项的变化。

例如一维非定常热扩散方程：

$$\rho c \frac{\partial T}{\partial t} = \frac{\partial}{\partial x}\left(k\frac{\partial T}{\partial t}\right) + S \tag{1-4}$$

在 Δt 时段和控制体积内部积分（1-4）式，

$$\int_t^{t+\Delta}\int_{CV}\rho c \frac{\partial T}{\partial t}dVdt = \int_t^{t+\Delta}\int_{CV}\frac{\partial}{\partial}\left(k\frac{\partial T}{\partial x}\right)dVdt + \int_t^{t+\Delta}\int_{CV}SdVdt \tag{1-5}$$

如图 1-1 所示，式（1-5）可写成如下形式。

$$\int_w^e \int_t^{t+\Delta}\rho c \frac{\partial T}{\partial t}dt = \int_t^{t+\Delta}\left[\left(kA\frac{\partial T}{\partial X}\right)_e - \left(kA\frac{\partial T}{\partial x}\right)_W\right]dt + \int_t^{t+\Delta}\bar{S}\Delta Vdt \tag{1-6}$$

图 1-1　一维有限体积单元示意图

式（1-6）中 A 是控制体面积，ΔV 是体积，$\Delta V = A\Delta x$，Δx 是控制体宽度，$\bar{S}$ 控制体中平均源强度。设 P 点 t 时刻的温度为 T_P^0，而 $t+\Delta t$ 时的 P 点温度为 T_P，则式（1-6）可化为：

$$\rho c(T_P - T_P^0)\Delta V = \int_t^{t+\Delta t}\left[k_e A\frac{T_E - T_P}{\delta x_{PE}} - K_w A\frac{T_P - T_W}{\delta x_{WP}}\right]dt + \int_t^{t+\Delta t}\bar{S}\Delta Vdt \tag{1-7}$$

为了计算式（1-7）中右端的 T_P、T_E 和 T_W 对时间的积分，引入一个权数 $\theta = 0\sim 1$，将积分表示成 t 和 $t+\Delta t$ 时刻的线性关系：

$$I_T = \int_t^{t+\Delta t}T_P dt = [\theta T_P + (1-\theta)T_P^0]\Delta t \tag{1-8}$$

式（1-7）可写成：

$$\rho c\left(\frac{T_P - T_P^0}{\Delta t}\right)\Delta x = \theta\left[\frac{k_e(T_E - T_P)}{\delta x_{PE}} - \frac{k_w(T_P - T_W)}{\delta x_{WP}}\right] + (1-\theta)\left[\frac{k_e(T_E^0 - T_P^0)}{\delta x_{PE}} - \frac{k_w(T_P^0 - T_W^0)}{\delta x_{WP}}\right] + \bar{S}\Delta x \tag{1-9}$$

因为上式左端第二项中 t 时刻的温度为已知，所以该式是 $t+\Delta t$ 时刻 T_P、T_E、T_W 之间关系式。列出计算域上所有相邻三个节点上的方程，则可形成求解域中所有未知量的线性代数方程，给出边界条件后可求解代数方程组。

由于流体运动的基本规律都是守恒律，而有限体积法的离散形式也是守恒的，因此有限体积法在流体流动计算中应用广泛。

1.1.5 有限体积法的求解方法

控制方程被离散化以后，就可以进行求解了。下面介绍几种常用的压力与速度耦合求解算法，分别是 SIMPLE 算法、SIMPLEC 算法和 PISO 算法。

1. SIMPLE 算法

SIMPLE 算法是目前工程实际中应用最为广泛的一种流场计算方法，它属于压力修正法的一种。该方法的核心是采用"猜测-修正"的过程，在交错网格的基础上计算压力场，从而达到求解动量方程的目的。

SIMPLE 算法的基本思想可以叙述为：对于给定的压力场，求解离散型时的动量方程，得到速度场。因为压力是假定的或不精确的，这样得到的速度场一般都不能满足连续性方程的条件，所以必须对给定的压力场进行修正。修正的原则是修正后的压力场相对应的速度场能够满足这一迭代层次上的连续方程。

根据这个原则，把由动量方程的离散形式所规定的压力与速度的关系代入连续方程的离散形式，从而得到压力修正方程，再由压力修正方程得到压力修正值。然后，根据修正后的压力场，求得新的速度场。最后检查速度场是否收敛。若不收敛，则用修正后的压力值作为给定压力场开始下一层次的计算，直到获得收敛的解为止。上面所述的过程中，核心问题在于如何获得压力修正值，以及如何根据压力修正值构造速度修正方程。

2. SIMPLEC 算法

SIMPLEC 算法与 SIMPLE 算法在基本思路上是一致的，不同之处是 SIMPLEC 算法在通量修正方法上有所改进，加快了计算的收敛速度。

3. PISO 算法

PISO 算法的压力速度耦合格式是 SIMPLE 算法族的一部分，是基于压力速度校正之间的高度近似关系的一种算法。SIMPLE 和 SIMPLEC 算法的一个限制就是在压力校正方程解出之后新的速度值和相应的流量不满足动量平衡，必须重复计算直至平衡得到满足。

为了提高该计算的效率，PISO 算法执行了两个附加的校正，即相邻校正和偏斜校正。PISO 算法的主要思想就是将压力校正方程中解的阶段中的 SIMPLE 和 SIMPLEC 算法所需的重复计算移除。经过一个或更多的附加 PISO 循环，校正的速度会更接近满足连续性和动量方程。这一迭代过程被称为动量校正或邻近校正。

PISO 算法虽然在每个迭代中要花费稍多的 CPU 时间，但是其极大地减少了达到收敛所需要的迭代次数，尤其是对于过渡问题，这一优点更为明显。对于具有一些倾斜度的网格，单元表面质量流量校正和邻近单元压力校正差值之间的关系是十分简略的。因为沿着单元表面的压力校正梯度的分量开始是未知的，所以需要进行一个与上面所述的 PISO 邻近校正中相似的迭代步骤。

初始化压力校正方程的解之后，重新计算压力校正梯度，然后用重新计算出来的值更新质量流量校正。这个被称为偏斜矫正的过程极大地减少了计算高度扭曲网格所遇到的收敛性困难。PISO 偏斜校正可以使我们在基本相同的迭代步中，从高度偏斜的网格上得到和更为正交的网格上不相上下的解。

1.2 网格概述

CFD 计算分析的第一步是生成网格，即对空间上连续的计算区域进行剖分，把它划分成许多个子区域，并确定每个区域中的节点。

由于实际工程计算中大多数计算区域较为复杂，因此不规则区域内网格的生成是计算流体力学一个十分重要的研究领域。实际上，CFD 计算结果最终的精度及计算过程的效率主要取决于所生成的网格与所采用的算法。

1.2.1 网格划分技术

现有的各种生成网格的方法在一定条件下都有其优越性和弱点，各种求解流场的算法也各有其适应范围。一个成功而高效的数值计算，只有在网格的生成及求解流场的算法这两者之间有良好的匹配时才能实现。

自从 1974 年 Thompson 等人提出生成适体坐标的方法以来，网格生成技术在计算流体力学及传热学中的作用日益被研究者所认识到。

网格生成技术的基本思想是根据求解物理问题的特征构造合适的网格布局，并将原物理坐标 (x,y,z) 内的基本方程变换到计算坐标 (ξ,η,ζ) 内的均匀网格求解，以提高计算精度。

从总体上来说，CFD 计算中采用的网格可以大致分为结构化网格和非结构化网格两大类。一般数值计算中，正交与非正交曲线坐标系中生成的网格都是结构化网格，其特点是每一节点与其邻点之间的连接关系固定不变且隐含在所生成的网格中，因而我们不必专门设置数据去确认节点与邻点之间的这种联系。从严格意义上讲，结构化网格是指网格区域内所有的内部点都具有相同的批邻单元。结构化网格主要有以下几个优点：

（1）网格生成的速度快。
（2）网格生成的质量好。
（3）数据结构简单。
（4）对曲面或空间的拟合大多数采用参数化或样条插值的方法得到，区域光滑，与实际的模型更容易接近。
（5）可以很容易地实现区域的边界拟合，适于流体和表面应力集中等方面的计算。

结构化网格最典型的缺点是适用的范围比较窄。尤其是随着近几年计算机和数值方法的快速发展，人们对求解区域复杂性的要求越来越高，在这种情况下，结构化网格生成技术就显得力不从心了。

在结构化网格中，虽然每一个节点及控制容积的几何信息必须加以存储，但是该节点的邻点关系是可以依据网格编号的规律自动得出的，因此不必专门存储这类信息，这也是结构化网格的一大优点。

当计算区域比较复杂时，即使应用网格生成技术也难以妥善地处理所求解的不规则区域，这时可以采用组合网格，又称块结构化网格。在这种方法中，把整个求解区域分为若干个小块，每一块中均采用结构化网格，块与块之间可以是并接的，即两块之间用一条公共边连接，也可以是部分重叠的。这种网格生成方法既有结构化网格的优点，又不要求一条网格线贯穿在整个计算区域中，给处理不规则区域带来很多方便，目前应用很广。这种网格生成中的关键是两块之间的信息传递。

同结构化网格的定义相对应，非结构化网格是指网格区域内的内部点不具有相同的毗邻单元，即与网格剖分区域内的不同内点相连的网格数目不同。从定义上可以看出，结构化网格和非结构化网格有相互重叠的部分，即非结构化网格中可能会包含结构化网格的部分。

非结构化网格技术从 20 世纪 60 年代开始得到了发展，主要是弥补结构化网格不能解决任意形状和任意连通区域的网格剖分的欠缺。

由于非结构化网格的生成技术比较复杂，随着人们对求解区域复杂性的不断提高，对非结构化网格生成技术的要求也越来越高，到 20 世纪 90 年代时，非结构化网格的文献达到了它的高峰时期。从现在的文献调查情况来看，非结构化网格生成技术中只有平面三角形的自动生成技术比较成熟，平面四边形网格的生成技术正在走向成熟。

1.2.2 结构化网格

结构化网格生成方法主要有两种，即单块结构网格生成和分区结构网格生成。

1. 单块结构网格生成技术

（1）代数方法

在物理平面上生成适体坐标系，就是要在物理平面上建立一个与求解区域的边界相适应的网格系统，使得在计算平面的直角坐标系 $\xi - \eta$ 中，与物理平面的求解区域相对应的计算区域是一个正方形或矩形。

作为网格生成的已知条件，物理平面上求解区域边界上节点的分布是给定的，而在计算平面上网格一般总是均匀分布的。

因此，如果把物理平面上节点的位置（以其半径 $r(x,y)$ 为代表）看成是计算平面上 ξ,η 的函数，所谓生成网格就是已经知道了计算平面边界上每一点的 $r(\xi,\eta)$，要确定计算区域内每一个节点相应的 $r(\xi,\eta)$。

显然，对边界上的已知值进行插值是获得区域内各节点值的一种比较简单直接的方法。这种生成网格的方法就是要找出合适的插值函数，并称之为代数法。因为这时用以生成网格的表达式都是一些代数方程。

下面来讨论生成网格的无限插值法，也称为无限变换。为了便于说明问题，先以线性插值为例来分析。如果在 ξ、η 两个方向上分别应用 Lagrange 线性插值，则有：

$$r(\xi,\eta) = \sum_{i=1}^{2} h_i\left(\frac{\xi}{L}\right) r(\xi_i,\eta) \qquad (1\text{-}10)$$

$$r(\xi,\eta) = \sum_{j=1}^{2} h_j\left(\frac{\xi}{M}\right) r(\xi,\eta_j) \qquad (1\text{-}11)$$

其中，L、M 分别为 ξ 方向与 η 方向的区域长度。这样一种两个方向的插值（双向的插值）称为无限插值，因为它对 $\xi=0$ 到 $\xi=L$ 及 $\eta=0$ 到 $\eta=M$ 的整个计算范围内的空间位置进行了插值，所以可以认为插值的点数是无限的。

现在要从式（1-10）和（1-11）得出一个无限插值的统一表达式，见式（1-12）。

$$r_{TFI}(\xi,\eta)=\sum_{j=1}^{N_j}h_j\left(\frac{\eta}{M}\right)r(\xi,\eta_j)+\sum_{i=1}^{N_i}h_i\left(\frac{\xi}{L}\right)\left[r(\xi_i,\eta)-\sum_{j=1}^{N_j}h_j\left(\frac{\eta}{M}\right)r(\xi_i,\eta_j)\right] \quad (1\text{-}12)$$

式（1-12）中对两条 η 为常数（$\eta=0$、$\eta=M$）及与之相交的两条 ξ 为常数（$\xi=0$、$\xi=L$）的曲线进行了拟合，同时对位于 $0<\eta<M$ 及 $0<\xi<L$ 的四边形范围内的点进行其位置矢量 $r(\xi,\eta)$ 的插值，于是就完成了在 $0\leq\eta\leq M$、$0\leq\xi\leq L$ 的矩形范围内的网格生成。

（2）保角变换方法

保角变换方法是利用解析的复变函数来完成物理平面到计算平面的映射。保角变换方法的主要优点是能精确地保证网格的正交性，主要缺点是对于比较复杂的边界形状，有时难以找到相应的映射关系式且局限于二维问题。

（3）微分方程方法

在微分方程方法中，物理空间坐标和计算空间坐标之间是通过偏微分方程组联系起来的。

根据用来生成贴体网格的偏微分方程的类型不同，又可分为椭圆形方程方法、双曲型方程方法和抛物型方程方法。最常用的是椭圆形方程方法，因为对于大多数实际流体力学问题来说，物理空间中的求解域是几何形状比较复杂的已知封闭边界的区域，并且在封闭边界上的计算坐标对应值是给定的。

最简单的椭圆形方程是拉普拉斯方程，但使用最广泛的是泊松方程，因为其中的非齐次项可用来调节求解域中网格密度的分布。

如果只在求解域的一部分边界上规定计算坐标值，则可采用抛物型或双曲型偏微分方程生成网格。例如，当流场的内边界给定，而外边界是任意的情况。

（4）变分原理方法

变分原理方法是将生成网格所希望满足的要求表示成某个目标函数（泛函）取极值。这种方法常用于生成自适应网格，因为可以比较方便地将自适应网格的要求用某个变分原理来表示，然后导出和该变分原理相应的偏微分方程，即 Euler 方程。

2. 分区结构网格生成方法

以上是单块结构网格的生成方法，对于复杂多部件或多体的实际工程外形，如战斗机和捆绑火箭，生成统一的贴体网格相当困难，即使勉强生成，网格质量也没有保证，从而影响流场数值计算效果。

为了克服上述困难，CFD 工作者发展了分区网格和分区计算方法。它的基本思想就是根据整体外形特点，先将整个计算域分成若干个子域，然后在每个子域内分别生成网格并进行数值计算，各子域间的信息传递通过边界处的耦合条件来实现。

常用的分区结构网格方法有三种，即组合网格、搭接网格和重叠网格。

（1）组合网格

组合网格各子域之间没有重叠，要求子域交接面上的网格节点重合。生成步骤大致为：根据外形和流动特点将整个计算域分区并确定每区中的网格拓扑；在上述几何处理的基础上按网格疏密的要求生成各部件或各体表面的网格。

注意，在这里就应该保证各子域交接面处的网格节点重合。整个计算域分区后，相邻子域之间的公共交接面一般是一个空间曲面，它在空间的位置、走向及其上的网格分布极大地影响着以它为边界的两个相邻子域内的空间网格的生成过程和质量，在生成交接面上的网格时要根据实际情况选用适当的方法。当表面和交接面上的网格生成后，各子域的边界即已确定，各子域的空间网格即可用代数方法或求解偏微分方程的方法来生成。

（2）搭接网格

搭接网格的子域间同样没有重叠，但不用要求子域交接面上的网格节点重合，可以在各子域内分别生成自己的空间网格，不必先生成子域间交接面上的网格，这样可以保证每一个子域内的网格质量很好。但是必须指出的是：相邻子域交接面上的网格节点数和网格分布情况需要大体相近，相差太多会导致插值误差，影响计算结果。

（3）重叠网格

重叠网格技术在整个计算域的分区过程中允许子域间的网格重叠，而不要求各子域共享边界，这样就大大减轻了各子域自身网格生成的难度。区域分解技术包含两个含义：一是将整个计算域划分为若干个子域；二是建立各子域间的信息传递关系。

1.2.3 非结构化网格

前面介绍结构化网格的生成方法，可以看出，结构网格用于计算较简单的流场时，可以构造精密的网格，求得精确的解。但是，一旦对复杂的外形或流场进行网格划分时，结构网格的适应能力就比较差，需要大量的人工介入。这样，计算机的化优越性就没有得到发挥，而人工构造所消耗的时间远远大于机器工作的时间，浪费了人力资源。

虽然结构化网格已经发展了比较成熟的各种构造技术，但是当问题趋于复杂的时候，每一种构造技术对使用者的经验要求都很高，这使大多数初学者一筹莫展。因此，在成熟的结构化网格生成方法不能很好地适应的领域，研究者发展了非结构化网格的生成方法。非结构化网格方法由于其优越的几何灵活性而备受青睐，因此各种非结构化网格自动生成方法应运而生，其中主要有四叉树/八叉树方法、Delaunay方法和阵面推进法。

1. 四叉树（二维）/八叉树方法（三维）

四叉树/八叉树方法的基本思想是先用一个较粗的矩形（二维）/立方体（三维）网格覆盖包含物体的整个计算域，然后按照网格尺度的要求不断细分矩形（立方体），即将一个矩形分为四（八）个子矩形（立方体），最后将各矩形（立方体）划分为三角形（四面体）。

例如，一个没有边上中间点的矩形可以划分为两个三角形，一个没有棱上中间点的立方体可以划分为 5 个或 6 个四面体。对于流场边界附近被边界切割的矩形（立方体），需要考虑各种可能的情况，并作特殊的划分。

四叉树/八叉树方法是直接将矩形/立方体划分为三角形/四面体，由于不涉及临近点面的查寻，以及邻近单元间的相交性和相容性判断等问题，所以网格生成速度很快。不足之处是网格质量较差，特别是在流场边界附近，被切割的矩形/立方体的形状可能千奇百怪，由此而划分的三角形/四面体的品质也难以保证。

尽管如此，四叉树/八叉树作为一种可提高查寻效率的数据结构已被广泛应用于阵面推进法和 Delaunay 方法中。

2．Delaunay 方法

Delaunay 三角化的依据是 Dirichlet 在 1850 年提出的一种利用已知点集将平面划分为凸多边形的理论。该理论的基本思想是：假设平面内存在点集，则能将此平面域划分为互不重合的 Dirichlet 子域（Voronoi 子域）。每个 Dirichlet 子域内包含点集中的一个点，而且对应于该点的子域内的任意点 P 到该点的距离较之到点集中的其他点的距离最短，连接相邻论 Voronoi 子域的包含点，即构成唯一的 Delaunay 三角形网格。

CFD 工作者将上述 Dirichlet 思想简化为 Delaunay 准则，即每个三角形的外接圆内不存在除其自身三个角点外的其他节点，进而给出划分三角形的简化方法。也就是给定一个人工构造的简单初始三角形网格系，引入一个新点，标记并删除初始网格系中不满足 Delaunay 准则的三角形单元，形成一个多边形空洞，连接新点与多边形的顶点构成新的 Delaunay 网格系。重复上述过程，直至网格系达到预期的分布。

Delaunay 方法的一个显著的优点是它能使给定点集构成的网格系中的每一个三角形单元最小角尽可能最大，即得到尽可能等边的高质量三角形单元。另外，由于 Delaunay 方法在插入新点的同时生成几个单元，因此网格生成的效率也较高，并且可以直接推广到三维问题。

Delaunay 方法的不足之处在于其可能构成非凸域流场边界以外的单元或与边界相交，即不能保证流场边界的完整性。为了实现任意外形的非结构化网格生成，必须对巧场边界附近的操作做某些限制，这可能使边界附近的网格丧失 Delaunay 性质。另外，对于三维复杂外形，初始网格的构造比较烦琐。

3．阵面推进法

阵面推进法的基本思想是先将流场边界划分为小的阵元构成初始阵面，然后选定某一阵元，将某一流场中新插入的点或原阵面上已存在的点相连构成非结构单元。随着新单元生成，产生新的阵元，组成新的阵面，这一阵面不断向流场中推进，直至整个流场被非结构化网格覆盖。

阵面推进法也有其自身的优缺点。首先，阵面推进法的初始阵面即为流场边界，推进过程是阵面不断向流场内收缩的过程，所以不存在保证边界完整性的问题。其次，阵面推进是一个局部过程，相交性判断仅涉及局部邻近的阵元，因此减少了由于计算机截断误差而导致推进失败的可能性，并且局部性使得执行过程可以在推进的任意中间状态重新开始。第三，由于在流场内引入新点是伴随推进过程自动完成的，易于控制网格步长分布，但是每推进一步，仅生成一个单元，因此阵面推进法的效率较四叉树/八叉树方法和 Delaunay 方法要低。推进效率低的另一个原因是在每一步推进过程中都涉及邻近点、邻近阵元的搜索及相交性判断。

另外，尽管阵面推进的思想可以直接推广到三维问题，但在三维情况下，阵面的形状可能非常复杂，相交性判断也就变得更加烦琐。

1.3 常用的网格划分软件

为了完成网格的生成，过去多是用户自己编写计算程序，但由于网格生成的复杂性及计算机硬件条件的多样性，使得用户各自的应用程序往往缺乏通用性，而网格划分本身又有其鲜明的系统性和规律性，因此比较适合于被制成通用的商用软件。

1.3.1 Gridgen

Gridgen 很容易生成二维、三维的单块网格或者分区多块对接结构化网格，也可以生成非结构化网格，但非结构化网格不是它的长项，该软件很容易入门，可以在一两周内生成复杂外形的网格，生成的网格可以直接输入到 Fluent、CFX、StarCD、Phonics 等十几款计算软件中，非常方便，功能强大，网格也可以直接被用户的计算程序读取（采用 Plot3D 格式输出时）。因此，Gridgen 在 CFD 高级使用人群中有相当多的用户。

1.3.2 Gambit

Gambit 作为 Fluent 的网格生成前置软件，主要针对 Fluent 生成非结构化网格，由于它输出的网格很难被其他软件读取，因此除非用于进行计算，一般不会用它。但是因为 Fluent 有较多的用户，所以 Gambit 也有相当多的用户。Gambit 的长项是生成非结构化网格，对用于黏性计算的网格难以生成。

1.3.3 Hypermesh

Hypermesh 的图形用户界面易于学习，它支持直接输入已有的三维 CAD 几何模型（ProE、UG、CATIA 等），并且导入的效率和模型质量都很高，可以大大减少很多重复性的工作，使得能够投入更多的精力和时间到分析计算工作中去。

Hypermesh 还包含一系列工具，用于整理和改进输入的几何模型。输入的几何模型可能会有间隙、重叠和缺损，将妨碍高质量网格的自动划分。

通过消除缺损和孔以及压缩相邻曲面的边界等，使用者可以在模型内更大、更合理的区域划分网格，从而提高网格划分的总体速度和质量。同时具有云图显示网格质量、单元质量跟踪检查等方便的工具，可以及时检查并改进网格质量。

1.3.4　Tgrid

　　Tgrid 是一款专业的完全非结构化网格生成软件,其生成网格不受几何结构复杂性和尺寸限制,适用于复杂几何的网格生成。网格生成时,仅需要提供边界网格,无须提供三位适体几何模型。它还集成了 Hexcore 技术,边界附近生成四面体网格,远离边界部分生成六面体网格,充分发挥四面体网格和六面体网格的优点。

1.3.5　ICEM CFD

　　ICEM CFD 其前处理器主要包括 CAD 几何建模处理、网格生成处理、网格优化处理及网格输出处理 4 大模块,每一模块又根据不同需要分成独立的几个模块。

　　这些模块之间结合紧密、使用方便,并配有大量的教程可供参考,因此其前处理器具有系统性强、建模方便、界面友好、模块众多、网格划分思路清晰、运算速度快、接口众多、学习方便等其他网格划分软件无法比拟的优点。

1.4　本章小结

　　本章首先介绍了计算流体力学的基础知识,然后讲解了网格生成的基本概念,最后介绍了常用的网格划分商用软件。通过对本章内容的学习,读者可以掌握计算流体力学的基本概念,以及了解目前常用的网格划分商用软件。

第 2 章
ICEM CFD 软件简介

📥 导言

在使用商用 CFD 软件的工作中，大约有 80%的时间是花费在网格划分上的，可以说网格划分能力的高低是决定工作效率的主要因素之一。特别是对于复杂的 CFD 问题，网格生成极为耗时且极易出错，因此网格质量直接影响 CFD 计算的精度和速度，有必要对网格生成方式给予足够的关注。

本章将重点介绍前处理软件 ANSYS ICEM CFD 生成网格的基本流程。

📥 学习目标

- ★ 掌握网格生成的基本概念
- ★ 掌握 ANSYS ICEM CFD 软件的基本使用方法
- ★ 掌握 ANSYS ICEM CFD 的工作过程

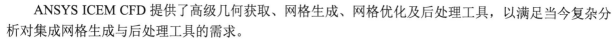

2.1 ANSYS ICEM CFD简介

ANSYS ICEM CFD 提供了高级几何获取、网格生成、网格优化及后处理工具，以满足当今复杂分析对集成网格生成与后处理工具的需求。

ANSYS ICEM CFD 的网格生成工具提供了参数化创建网格的能力，包括许多不同的格式。例如：

- Multiblock structured（多块结构网格）。
- Unstructured hexahedral（非结构六面体网格）。
- Unstructured tetrahedral（非结构四面体网格）。
- Cartesian with H-grid refinement（带 H 型细化的笛卡尔网格）。
- Hybird meshed comprising hexahedral, tetrahedral, pyramidal and/or prismatic elements（混合了六面体、四面体、金字塔或棱柱形网格的杂交网格）。
- Quadrilateral and triangular surface meshes（四边形和三角形表面网格）。

ANSYS ICEM CFD 提供了几何与分析间的直接联系。在 ICEM CFD 中，几何可以以商用 CAD 设计软件包、第三方公共格式、扫描的数据或点数据的任何格式被导入。

2.1.1 ICEM CFD 特点

ICEM CFD 软件具有如下特色功能。

（1）丰富的几何接口

支持 Unigraphics、Pro/Engineer、SolidWorks、CATIA 等直接接口；支持 IGES、STEP、DWG 等格式文件导入；支持格式化的点数据。如图 2-1 所示为 Unigraphics 和 SolidWorks 创建的几何模型。

图 2-1　Unigraphics 和 SolidWorks 几何模型

（2）强大的几何模型创建和修改功能

可以方便地通过创建点、线、面等几何元素来生成几何模型；能够检测修补导入几何模型中存在的缝隙、孔等缺陷。如图 2-2 所示为 ICEM CFD 创建的几何模型。

（3）几何小面无关性（Patch Independent）

自动忽略几何模型的缺陷及多余的细小特征；自动生成表面、体网格划分。表面网格与体网格如图 2-3 和图 2-4 所示。

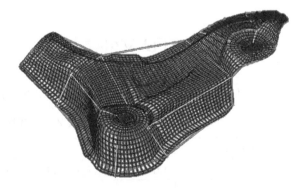

图 2-2　ICEM CFD 创建的几何模型　　　　　图 2-3　面网格

（4）强大的六面体网格生成技术

快速生成以六面体为主的网格，如图 2-5 所示。

图 2-4 体网格

图 2-5 六面体网格

(5) 四/六面体混合网格生成技术

三棱柱与非结构化网格之间采用金字塔网格,如图 2-6 所示。

(6) 先进的 O 型网格技术

O 型网格如图 2-7 所示。

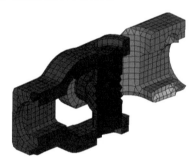

图 2-6 混合网格

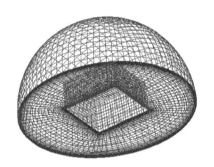

图 2-7 O 型网格

(7) 灵活的建立拓扑结构

既可以自顶向下建立,也可以自下而上的建立。

2.1.2 ICEM CFD 文件类型

ICEM CFD 工作流程中一般的文件类型如表 2-1 所示。

表 2-1 ICEM CFD 文件类型

文件类型	扩展名	说明
Tetin	*.tin	包括几何实体、材料点、块关联及网格尺寸等信息
Project	*.prj	工程文件,包含有项目信息
Blocking	*.blk	包含块的拓扑信息
Boundary conditions	*.fbc	包含边界条件
Attributes	*.atr	包含属性、局部参数及单元信息

（续表）

文件类型	扩 展 名	说　　明
Parameters	*.par	包含模型参数及单元类型信息
Journal	*.jrf	包含所有操作的记录
Replay	*.rpl	包含重播脚本

各种类型文件分别存储不同的信息，可以单独读入或导出 ICEM CFD，以此提高使用过程中文件的输入/输出速度。

2.2　ICEM CFD的用户界面

ICEM CFD 的图形用户接口（GUI）提供了一个创建及编辑计算网格完整的环境。如图 2-8 所示为 ICEM CFD 的图形用户界面。

左上角为主菜单，在其下方为工具按钮，包含了诸如 Save 及 Open 之类的命令。与工具栏齐平的为功能区，其从左至右的顺序也是一个典型网格生成过程的顺序。

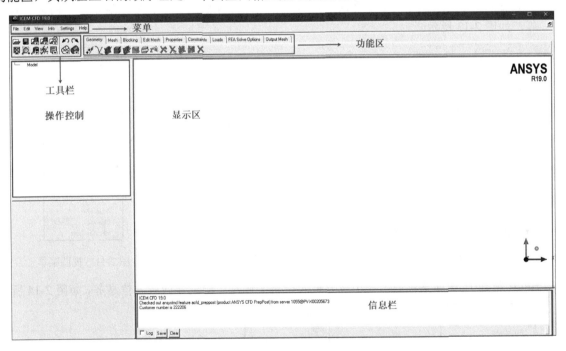

图 2-8　ICEM CFD 图形用户界面

单击选项卡上的标签页可将功能按钮显示在前台，单击其中的按钮可激活该按钮所关联的数据对象区（Data Entry Zone）。

在界面的右下角还包含消息窗口及直方图显示窗口。在用户界面的左上角为显示控制树形菜单，用户可以使用该属性菜单修改兑现规定显示、属性及创建子集等。

菜单栏主要是一些模型的基本操作，如打开文件、设定工作目录、导入几何模型、控制模型的显示角度、查看几何模型信息等。

- File（文件）：文件菜单中主要包括的功能有项目文件的打开和读入、设定工作目录、导入几何模型、网格文件导出等，如图 2-9 所示。
    - 设定工作目录主要是设定项目文件的保存和读取的位置。可以通过 File→Change Working Dir. 来修改工作目录。
    - 导入几何模型主要是导入由第三方 CAD 软件建立的几何模型。ICEM CFD 具有丰富的 CAD 软件接口，支持 Unigraphics、Pro/Engineer、SolidWorks、CATIA 等 CAD 模型直接导入，同时支持 IGES、STEP、DWG 等格式文件导入。
    - ICEM CFD 生成的网格可以直接输入到 Fluent、CFX、StarCD 等十几款计算软件中，非常方便。
- Edit（编辑）：编辑菜单中的主要功能包括操作步骤的取消与恢复，网格数据与几何数据之间的转化等，如图 2-10 所示。
- View（视图）：视图菜单中的主要功能包括几何模型显示的放大与缩小、控制模型的显示角度等，如图 2-11 所示。
- Info（信息）：信息菜单主要包括的功能有网格信息、几何参数查询、计算工具等，如图 2-12 所示。
- Setting（设定）：设定菜单主要包括的功能有设定运算器的数量、灯光显示、视图区背景类型等，如图 2-13 所示。

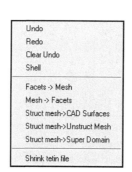

图 2-9　文件菜单　　　　　图 2-10　编辑菜单　　　　　图 2-11　视图菜单

- Help（帮助）：帮助菜单的主要功能为进入帮助文件及了解软件的版本信息等，如图 2-14 所示。

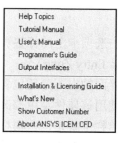

图 2-12　信息菜单　　　　　图 2-13　设定菜单　　　　　图 2-14　帮助菜单

工具栏中主要集成了一些常用的操作。

- ▣为打开项目文件。
- ▣为保存项目文件。
- ▣及其下拉菜单中相关选项可以打开、关闭和保存几何文件。
- ▣及其下拉菜单中相关选项可以打开、关闭和保存网格文件。
- ▣及其下拉菜单中相关选项可以打开、关闭和保存块文件。
- ▣为显示全部几何模型。
- ▣为放大模型显示。
- ▣及其下拉菜单中相关选项为测量按钮，包括测量两点间的距离、角度和某点的具体坐标。
- ▣为设定当地坐标系统。
- ▣及其下拉菜单中相关选项为更新模型及重新计算划分网格按钮。
- ▣及其下拉菜单中相关选项为不显示模型内部边和显示模型内部边。
- ▣及其下拉菜单中相关选项为控制面的显示。

功能区中主要是一些基本操作，包括 Geometry（几何）标签栏、Mesh（网格）标签栏、Blocking（块）标签栏、Edit Mesh（编辑）标签栏、Properties（属性）标签栏、Output（输出）标签栏等。

- Geometry（几何）标签栏主要用来创建和修改几何模型，如图 2-15 所示。
- Mesh（网格）标签栏主要用来设定网格的尺寸、网格类型和生成方法等，如图 2-16 所示。
- Blocking（块）标签栏主要用来生成结构化网格时块的创建、修改等操作，如图 2-17 所示。
- Edit Mesh（编辑）标签栏主要用来检查网格的质量、修改网格、光顺网格等操作，如图 2-18 所示。
- Output（输出）标签栏主要用来将生成的网格输出到指定的求解器，如图 2-19 所示。

操作控制树窗口主要控制模型的几何、网格、块、局部坐标系和部件的显示，如图 2-20 所示。若勾选模型中某个几何元素，则在显示区显示相应的几何元素。

图 2-15　几何标签栏

图 2-16　网格标签栏

图 2-17　块标签栏

图 2-18　编辑标签栏

图 2-19　输出标签栏

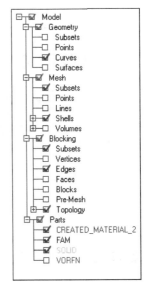

图 2-20　操作控制树窗口

2.3　ICEM CFD基础知识

本节将介绍 ICEM CFD 软件的基本操作、显示控制及工作流程等基础知识。

2.3.1　软件基本操作

ICEM CFD 是一个操作性很强的软件，对鼠标的依赖性比较强，其鼠标的基本操作如表 2-2 所示。

表 2-2　ICEM CFD 鼠标的基本操作

基本操作	操作效果
"动态"浏览模式（单击并拖动）	
鼠标左键	旋转
鼠标中键	移动变换
鼠标右键	缩放（上下运动）/ 2-D 旋转（水平移动）
转轮	缩放
选择模式（单击）	
鼠标左键	选择（单击并拖动形成方形选择框）
鼠标中键	确认选择
鼠标右键	取消选择

ICEM CFD 的快捷键如图 2-21 所示，具体内容请参考 Help→Help Topics→Selection Options →查询 Hotkey，即可获得详细资讯。

在处理复杂模型时，可以使用快捷键 F9 在选择模式下进行动态浏览与选择状态的切换。

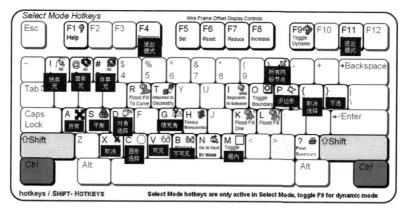

图 2-21　ICEM CFD 的快捷键显示

2.3.2　ICEM CFD 工作流程

ICEM CFD 的工作流程如图 2-22 所示，流程包括以下 5 个步骤。

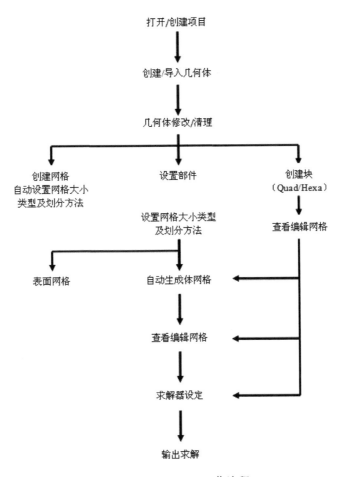

图 2-22　ICEM CFD 工作流程

步骤01　打开/创建一个工程。
步骤02　创建/处理几何。
步骤03　创建网格。
步骤04　检查/编辑网格。
步骤05　生成求解器的导入文件。

2.3.3　网格生成方法

ICEM CFD 生成的网格主要分为四面体网格、六面体网格、三棱柱网格、O-Grid 网格等。其中：

- 四面体网格能够很好地贴合复杂的几何模型，生成简单。
- 六面体网格质量高，需要生成的网格数量相对较少，适合对网格质量要求较高的模型，但生成过程复杂。
- 三棱柱网格适合薄壁几何模型。
- O-Grid 网格适合圆或圆弧模型。

选择哪种网格类型进行网格划分要根据实际模型的情况而定,甚至可以将几何模型分割成不同的区域,采用多种网格类型进行网格划分。

ICEM CFD 为复杂模型提供了自动网格生成功能,使用此功能能够自动生成四面体网格和描述边界的三棱柱网格。网格生成功能如图 2-23 所示。

图 2-23　网格生成

其主要具备以下功能:

(1) Global Mesh Setup（全局网格设定）

- （全局网格尺寸）：设定最大网格尺寸及比例来确定全局网格尺寸,如图 2-24 所示。
  - Scale factor（比例因子）：用来改变全局的网格尺寸（体、表面、线）,通过乘以其他参数得到实际网格参数。
  - Global Element Seed Size（全局单元尺寸）：用来设定模型中最大可能的网格大小。

> 此值可以设置任意大的值,实际网格很可能达不到那么大。

  - Display（显示）：显示体网格的大小示意图,如图 2-25 所示。

- （表面网格尺寸）：设定表面网格类型及生成方法,如图 2-26 所示。Mesh type（网格类型）有以下 4 种网格类型可供选择。

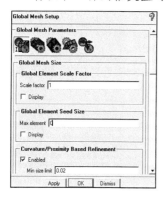

图 2-24　全局网格尺寸　　　图 2-25　显示体网格的大小示意图　　　图 2-26　表面网格尺寸

- All Tri: 所有网格单元类型为三角形。
- Quad w/one Tri: 面上的网格单元大部分为四边形,最多允许有一个三角形网格单元。
- Quad Dominant: 面上的网格单元大部分为四边形,允许有一部分三角形网格单元的存在。这种网格类型多用于复杂的面,此时如果生成全部四边形网格,则会导致网格质量非常低。对于简单的几何,该网格类型和 Quad w/one Tri 生成的网格效果相似。
- All Quad: 所有网格单元类型为四边形。

Mesh method（网格生成方法）有以下 4 种网格生成方法可供选择。

- AutoBlock: 自动块方法,自动在每个面上生成二维的 Block,然后生成网格。
- Patch Dependent: 根据面的轮廓线来生成网格,该方法能够较好地捕捉几何特征,创建以四边形为主的高质量网格。

- Patch Independent：网格生成过程不严格按照轮廓线，使用稳定的八叉树方法，生成网格过程中能够忽略小的几何特征，适用于精度不高的几何模型。
- Shrinkwrap：是一种笛卡尔网格生成方法，会忽略大的几何特征，适用于复杂的几何模型快速生成面网格，此方法不适合薄板类实体的网格生成。

图 2-27 体网格尺寸

- ：设定体网格类型及大小，如图 2-27 所示。Mesh Type（网格类型）有以下三种网格类型可供选择。
  - Tetra/Mixed：是一种应用广泛的非结构网格类型。在默认情况下自动生成四面体网格（Tetra），通过设定可以创建三棱柱边界层网格（Prism），也可以在计算域内部生成以六面体单位为主的体网格（Hexcore），或者生成既包含边界层又包含六面体单元的网格。
  - Hex-Dominant：是一种以六面体网格为主的体网格类型，此种网格在近壁面处网格质量较好，在模型内部网格质量会较差。
  - Cartesian：是一种自动生成的六面体非结构网格。

不同的体网格类型对应着不同的网格生成方法。Mesh Method（网格生成方法）主要有以下几种可供选择。

- Robust（Octree）：适用于 Tetra/Mixed 网格类型，此方法使用八叉树方法生成四面体网格，是一种自上而下的网格生成方法，即先生成体网格，然后生成面网格。对于复杂模型，不需要花费大量时间用于几何修补和面网格的生成。
- Quick（Delaunay）：适用于 Tetra/Mixed 网格类型，此方法生成四面体网格，是一种自下而上的网格生成方法，即先生成面网格，然后生成体网格。
- Smooth（Advancing Front）：适用于 Tetra/Mixed 网格类型，此方法生成四面体网格，是一种自下而上的网格生成方法，即先生成面网格，然后生成体网格。与 Quick 方法不同的是，近壁面网格尺寸变化平缓，对初始的面网格质量要求较高。
- TGrid：适用于 Tetra/Mixed 网格类型，此方法生成四面体网格，是一种自下而上的网格生成方法，能够使近壁面网格尺寸变化平缓。
- Body-Fitted：适用于 Cartesian 网格类型，此方法创建非结构笛卡尔网格。
- Staircase（Global）：适用于 Cartesian 网格类型，该方法可以对笛卡尔网格进行细化。
- Hexa-Core：适用于 Cartesian 网格类型，该方法生成六面体为主的网格。

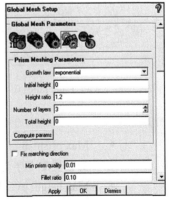

图 2-28 棱柱网格尺寸

- ：设定棱柱网格大小，如图 2-28 所示。在 Global Prism Settings（全局参数）中有以下几个选项。
  - Growth law（增长规律）有 Exponential（指数）、Linear（线性）两种类型。

- Initial height（初始高度），不指定时自动计算。
- Number of layers（层数），网格层数。
- Height ratio（高度比率），边界层网格由外到内高度比。
- Total height（总高度），总棱柱厚度。
- Compute params（将计算余下的参数），指定以上 4 个参数中的 3 个，余下的 1 个可通过计算得到。

在 Prism element part controls（局部参数）中，可为各个 Part 单独设定初始高度，高度比率和层数如图 2-29 所示。

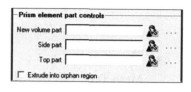

图 2-29　棱柱网格局部参数设置

- New volume part：指定新的 Part 存放棱柱单元，或者从已有的面或体网格 Part 中选择。
- Side part：存放侧面网格的 Part。
- Top part：存放最后一层棱柱顶部三角形面单元。
- Extrude into orphan region：当选中时向已有体单元外部生长棱柱，而不是向内。

在 Smoothing Options（光顺选项）中有以下几个选项。

- Number of surface smoothing steps（光顺步数）：当仅拉伸一层时，设表面/体光顺步为 0，值的设定将根据模型及用户的经验。
- Triangle quality type（三角网格质量类型）：一般选择 Laplace。
- Max directional smoothing steps（最大光顺步数）：根据初始棱柱质量重新定义拉伸方向，在每层棱柱生成过程中都会计算。

其他参数：

- Fix marching direction（保持正交）：保持棱柱网格生成与表面正交。
- Min prism quality（最低网格质量）：设置最低允许棱柱质量，当质量不满足时，重新方向光顺或者用金字塔型单元覆盖或替换。
- Ortho weight（正交权因子）：节点移动权因子（0 为提高三角形质量，1 为提高棱柱正交性）
- Fillet ratio（圆角比率）：0 表示无圆角，1 表示圆角曲率，等于棱柱层高度，如图 2-30 所示。

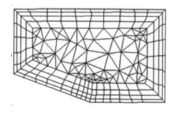
（a）Fillet ratio=0

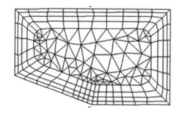
（b）Fillet ratio=0.5

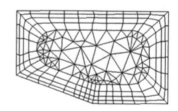
（c）Fillet ratio=1

图 2-30　圆角比率

- Max prism angle（最大棱柱角）：控制弯曲附近或到邻近曲面棱柱层的生成，在棱柱网格停止的位置用金字塔形网格连接，通常设置为 120°～180° 范围内，如图 2-31 所示。
- Max height over base（最大基准高度）：限制棱柱体网格的纵横比，在棱柱体网格的纵横比超过指定值的区域棱柱层停止生长，如图 2-32 所示。

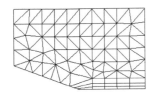 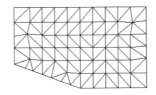 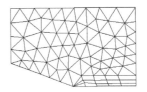

（a）原始网格　　　　　　　（b）Max prism angle = 180 deg　　　　（c）Max prism angle = 140 deg

图 2-31　最大棱柱角

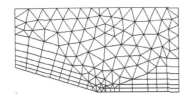 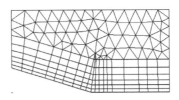

（a）原始网格　　　　　　　　　　　　　　（b）Max height over base = 1.0

图 2-32　Max height over base

- Prism height limit factor（棱柱高度限制系数）：限制网格的纵横比。如果 Factor 达到指定值，则棱柱体网格的高度不会扩展，保证指定的棱柱体网格层数；如果相邻两个单元尺寸差异的 Factor 大于 2，则功能失效，如图 2-33 所示。

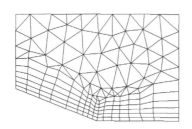 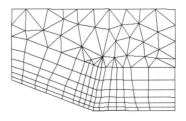

（a）原始网格　　　　　　　　　　　　　　（b）Factor = 0.5

图 2-33　棱柱高度限制系数

- （设定周期性网格）：设定周期性网格的类型及尺寸，如图 2-34 所示。

棱柱网格尺寸和设定周期性网格设置相对比较简单，读者可参考帮助文档。

（2） Mesh Size for Parts（部件网格尺寸设定）

设定几何模型中指定区域的网格尺寸，如图 2-35 所示。可以通过将几何模型中的特征尺寸区域定义为一个 Part，设置较小的网格尺寸来捕捉细致的几何特征，或者将对计算结果影响不大的几何区域定义为一个 Part，设置较大的网格尺寸来减少网格生成的计算量，提高数值计算的效率。

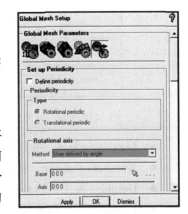

图 2-34　设定周期性网格

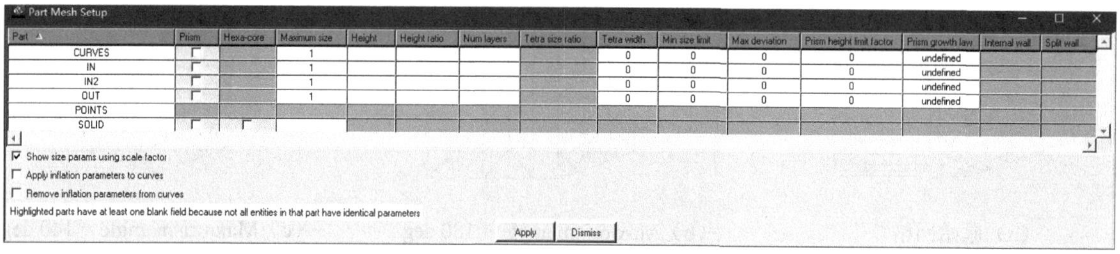

图 2-35 部件网格尺寸设定

（3）Surface Mesh Setup（表面网格设定）

通过鼠标选择几何模型中一个或几个面，设置其网格尺寸，如图 2-36 所示。

- Maximum size：基于边的长度。
- Height：面上体网格的高，仅适用于六面体/三棱柱。
- Height ratio：六面体/三棱柱层的增长率。
- Num. of layers：均匀的四面体增长层数或三棱柱增长层数，大小由表面参数确定。
- Tetra size ratio：四面体平均生长率。
- Min size limit：表面最小的四面体，自动细分的限制。
- Max deviation：表面三角形中心到表面的距离小于设定值，就停止细分。

（4）Curve Mesh Parameters（曲线网格参数）

设置几何模型中指定曲线的网格尺寸，如图 2-37 所示。

图 2-36 表面网格设定

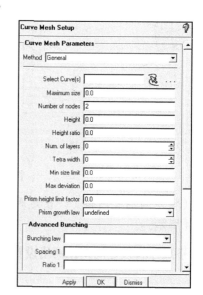

图 2-37 曲线网格参数

- Maximum size：基于边的长度。
- Number of nodes：沿曲线的节点数。
- Height：面上体网格的高，仅适用于六面体/三棱柱。
- Height ratio：六面体/三棱柱层的增长率。
- Num. of layers：均匀的四面体增长层数或三棱柱增长层数，大小由表面参数确定。

- Tetra width：四面体平均生长率。
- Min size limit：表面最小的四面体，自动细分的限制。
- Max deviation：表面三角形中心到表面的距离小于设定值，就停止细分。

（5）Create Mesh Density（网格加密）

通过选取几何模型上的一点，指定加密宽度、网格尺寸和比例，生成以指定点为中心的网格加密区域，如图2-38所示。

- Size：网格尺寸。
- Ratio：网格生长比率。
- Width：密度盒内填充网格的层数。

图 2-38 网格加密

网格加密的类型有以下两种。

- Points：用2~8个位置的点（2点为圆柱状），如图2-39所示。
- Entity bounds：用选择对象的边界作密度盒。

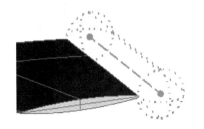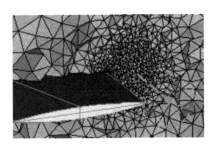

图 2-39 两点网格加密

（6）Define Connections（定义连接）

同过定义连接两个不同的实体，如图2-40所示。

（7）Mesh Curve（生成曲线网格）

为一维曲线生成网格，如图2-41所示。

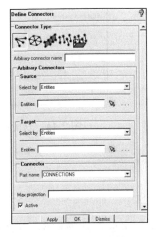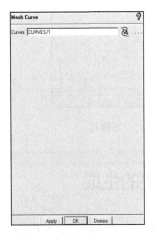

图 2-40 定义连接　　　　　　　　图 2-41 生成曲线网格

（8）Compute Mesh（计算网格）

根据前面的设置生成二维面网格、三维体网格或三棱柱网格。

- （面网格）：生成二维面网格，如图 2-42 所示。Mesh type（网格类型）有以下 4 种网格类型可供选择。

  - All Tri：所有网格单元类型为三角形。
  - Quad w/one Tri：面上的网格单元大部分为四边形，最多允许有一个三角形网格单元。
  - Quad Dominant：面上的网格单元大部分为四边形，允许有一部分三角形网格单元的存在。这种网格类型多用于复杂的面，此时如果生成全部四边形网格，则会导致网格质量非常低。对于简单的几何，该网格类型和 Quad w/one Tri 生成的网格效果相似。
  - All Quad，所有网格单元类型为四边形。

- （体网格）：生成三维体网格，如图 2-43 所示。Mesh type（网格类型）有以下三种网格类型可供选择。

  - Tetra/Mixed：是一种应用比较广泛的非结构网格类型。在默认情况下自动生成四面体网格（Tetra），通过设定可以创建三棱柱边界层网格（Prism），也可以在计算域内部生成以六面体单位为主的体网格（Hexcore），或者生成既包含边界层又包含六面体单元的网格。
  - Hex-Dominant：是一种以六面体网格为主的体网格类型，在近壁面处网格质量较好，在模型内部网格质量较差。
  - Cartesian：是一种自动生成的六面体非结构网格。

- （三棱柱网格）：生成三棱柱网格，一般用来细化边界，如图 2-44 所示。

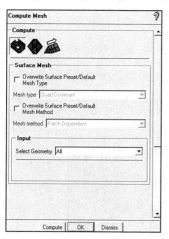
图 2-42　面网格

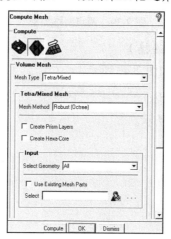
图 2-43　体网格

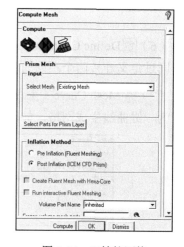
图 2-44　三棱柱网格

2.3.4　块的生成

ICEM CFD 除了自动生成网格外，还可以通过生成 Block（块）来逼近几何模型，在块上生成质量更高的网格。

ICEM CFD 生成块的方式主要有两种：自顶向下及自下而上。自顶向下生成块方式类似于雕刻家，将一整块以切割、删除等操作方式，构建符合要求的块；自下而上则类似于建筑师，从无到有一步步以添加的方式构建符合块。不管是以何种方式进行块的构建，最终的块通常都是相类似的。块生成功能如图 2-45 所示。

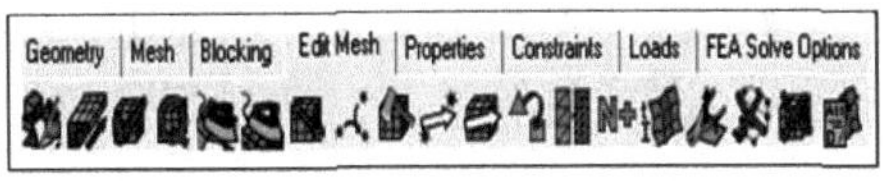

其主要具备以下功能。

图 2-45　块生成

（1）Create Block（生成块）

生成块用于包含整个几何模型，如图 2-46 所示。生成块的方法包括以下 5 种。

- （生成初始块）：通过选定部位的方法生成块。
- （从顶点或面生成块）：使用选定顶点或面的方法生成块。
- （拉伸面）：使用拉伸二维面的方法生成块。
- （从二维到三维）：将二维面生成三维块。
- （从三维到二维）：将三维块转换成二维面。

（2）Split Block（分割块）

将块沿几何变形部分分割开，从而使块能够更好地逼近几何模型，如图 2-47 所示。分割块的方法包括以下 6 种。

- （分割快）：直接使用界面分割块。
- （生成 O-Grid 块）：将块生成 O-Grid 网格形式。
- （延长分割）：延长局部的分割面。
- （分割面）：通过面上边线分割面。
- （指定分割面）：通过端点分割块。
- （自由分割）：通过手动指定的面分割块。

（3）Merge Vertices（合并顶点）

将两个以上的顶点合并成一个顶点，如图 2-48 所示。合并顶点的方法包括以下 4 种。

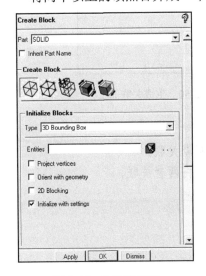

图 2-46　生成块面板

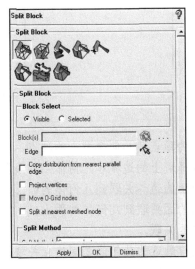

图 2-47　分割块面板

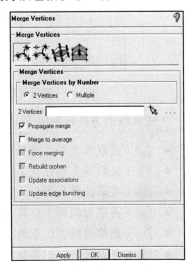

图 2-48　合并顶点面板

- ![icon] （合并指定顶点）：通过指定固定点和合并点的方法，将合并点向固定点移动，从而合成新顶点。
- ![icon] （使用公差合并顶点）：合并在指定公差极限内的顶点。
- ![icon] （删除块）：通过删除块的方法将原来块的顶点合并。
- ![icon] （指定边缘线）：通过指定边缘线的方法将端点合并到线上。

（4）![icon] Edit Blocks（编辑块）

通过编辑块的方法得到特殊的网格形式，如图 2-49 所示。编辑块的方法包括以下 7 种。

- ![icon] （合并块）：将一些块合并为一个较大的块。
- ![icon] （合并面）：将面和与之相邻的块合并。
- ![icon] （修正 O-Grid 网格）：更改 O-Grid 网格的尺寸因子。
- ![icon] （周期顶点）：将选定的几个顶点之间生成周期性。
- ![icon] （修改块类型）：通过修改块类型生成特殊网格类型。
- ![icon] （修改块方向）：改变块的坐标方向。
- ![icon] （修改块编号）：更改块的编号。

（5）![icon] Associate（生成关联）

在块与几何模型之间生成关联关系，从而使块更加逼近几何模型，如图 2-50 所示。

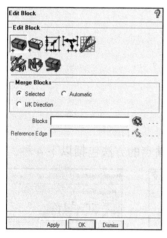
图 2-49　编辑块面板

图 2-50　生成关联面板

生成关联的方法包括以下 10 种。

- ![icon] （关联顶点）：选择块上的顶点及几何模型上的顶点，将两者关联。
- ![icon] （关联边界与线段）：选择块上的边界和几何体上的线段，将两者关联。
- ![icon] （关联边界到面）：将块上的边界关联到几何体的面上。
- ![icon] （关联面到面）：将块上的面关联到几何体的面上。
- ![icon] （删除关联）：取消选中的关联。
- ![icon] （更新关联）：自动在块与最近的几何体之间建立关联。
- ![icon] （重置关联）：重置选中的关联。
- ![icon] （快速生成投影顶点）：将可见顶点或选中顶点投影到相对应点、线或面上。

- （生成或取消复合曲线）：将多条曲线形成群组，生成复合曲线，从而可以将多条边界关联到一条直线上。
- （自动关联）：以最合理的原则自动关联块和几何模型。

（6） Move Vertices（移动顶点）

通过移动顶点的方法使网格角度达到最优化，如图 2-51 所示。移动顶点的方法包括以下 6 种。

- （移动顶点）：直接利用鼠标拖动顶点。
- （指定位置）：为顶点直接指定位置，可以直接指定顶点坐标，或者选择参考点和相对位置的方法指定顶点位置。
- （沿面排列顶点）：指定平面，将选定顶点沿着面边界排列。
- （沿线排列顶点）：指定参考线段，将选定顶点移动至此线段上。
- （设定边界长度）：通过修改边界长度的方法移动顶点。
- （移动或旋转顶点）：移动或旋转顶点。

（7） Transform Blocks（变换块）

通过对块的变换复制生成新的块，如图 2-52 所示。变换块的方法包括以下 5 种。

- （移动）：通过移动的方法生成新块。
- （旋转）：通过旋转的方法生成新块。
- （镜像）：通过镜像的方法生成新块。
- （成比例缩放）：以一定比例缩放生成新块。
- （周期性复制）：周期性的复制生成新块。

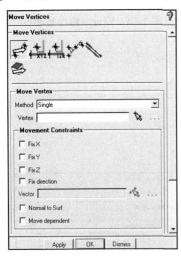

图 2-51　移动顶点面板

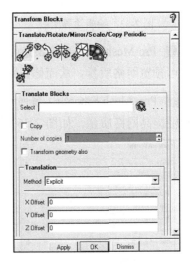

图 2-52　变换块面板

（8） Edit Edges（编辑边界）

通过对块的边界进行修整以适应几何模型，如图 2-53 所示。编辑边界的方法包括以下 5 种：

- 分割边界。
- 移除分割。
- 通过关联的方法设定边界形状。

- ✗ 移除关联。
- ✐ 改变分割边界类型。

(9) ▨ Pre-Mesh Params（预设网格参数）

指定网格参数供用户预览，如图 2-54 所示。预设网格参数包括以下 5 项。

- ▨（更新尺寸）：自动计算网格尺寸。
- ▨（指定因子）：指定一固定值将网格密度变为原来的 n 倍。
- ▨（边界参数）：指定边界上节点个数和分布原则。
- ▨（匹配边界）：将目标边界与参考边界相比较，按比例生成节点个数。
- ▨（细化块）：允许用户使用一定的原则细化块。

图 2-53 编辑边界面板

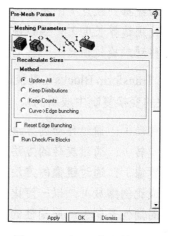

图 2-54 预设网格参数面板

(10) ▨ Pre-Mesh Quality（预览网格质量）

该功能可预览网格质量，从而修正网格，如图 2-55 所示。

(11) ▨ Pre-Mesh Smooth（预网格平滑）

平滑网格提高网格质量，如图 2-56 所示。

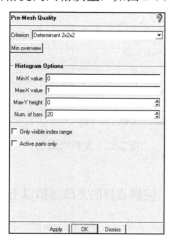

图 2-55 预览网格质量面板

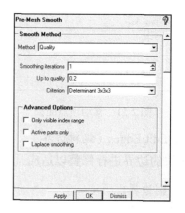

图 2-56 预网格平滑面板

（12） Check Blocks（检查块）

检查块的结构，如图 2-57 所示。

（13） Delete Blocks（删除块）

删除选定的块，如图 2-58 所示。

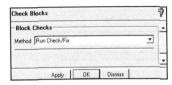
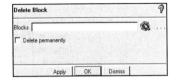

图 2-57　检查块面板　　　　　　　　图 2-58　删除块面板

预览网格质量、预网格平滑、检查块和删除块设置相对比较简单，读者可参考帮助文档。

2.3.5　网格输出

网格生成并修复后便可将网格输出，以供后续模拟计算使用。网格输出的工具如图 2-59 所示。

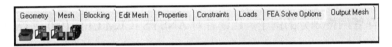

图 2-59　网格输出

网格输出的使用方法如下。

- Select Solver(选择求解器)：选择进行数值计算的求解器，对于 CFX 来说，求解器选择为 ANSYS CFX 选项，命令结构选择 ANSYS 选项，如图 2-60 所示。
- Boundary Conditions（边界条件）：此功能用于查看定义的边界条件，如图 2-61 所示。

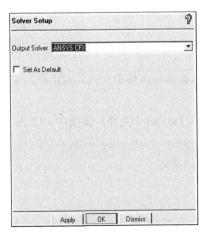
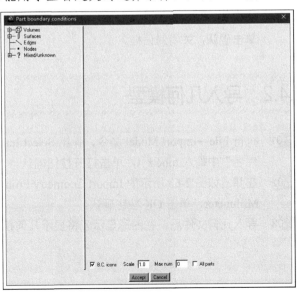

图 2-60　选择求解器　　　　　　　　图 2-61　边界条件

- Edit Parameters（编辑参数）：用以编辑网格参数。
- Write Import（写出输入）：将网格文件写成 CFX 可导入的*.cfx5 文件，如图 2-62 所示。

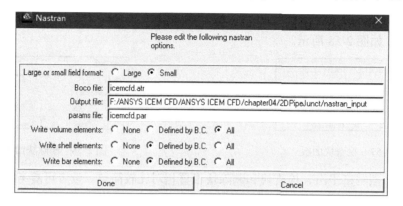

图 2-62　写出输入

2.4　ANSYS ICEM CFD实例分析

本节将通过一个弯管网格划分的例子，让读者对 ANSYS ICEM CFD 19.0 进行网格划分的过程有一个初步了解。

2.4.1　启动 ICEM CFD 并建立分析项目

步骤01　在 Windows 系统下执行"开始"→"所有程序"→"ANSYS 19.0"→Meshing→"ICEM CFD 19.0"命令，启动 ICEM CFD 19.0，进入 ICEM CFD 19.0 界面。

步骤02　执行 File→Save Project 命令，弹出 Save Project As（保持项目）对话框，在"文件名"中输入 tube，单击确认，关闭对话框。

2.4.2　导入几何模型

步骤01　执行 File→Import Model 命令，弹出 Select Import Model file（选择导入模型文件）对话框，在"文件名"中输入 tube.x_t，单击打开按钮确认。

步骤02　在弹出如图 2-63 所示的 Import Geometry From Parasolid（导入 Parasolid 文件）面板中，Units 选择 Millimeter，单击 OK 按钮确认。

步骤03　导入几何文件后，在图形显示区将显示几何模型，如图 2-64 所示。

第 2 章 ICEM CFD 软件简介

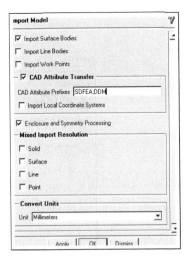

图 2-63 导入 Parasolid 文件面板

图 2-64 几何模型

2.4.3 模型建立

步骤 01 单击功能区内 Geometry（几何）选项卡中的（修复模型）按钮，弹出如图 2-65 所示 Repair Geometry（修复模型）面板，单击 按钮，在 Tolerance 中输入 0.1，单击 OK 按钮确认，几何模型将修复完毕，如图 2-66 所示。

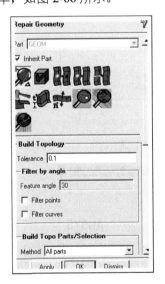

图 2-65 修复模型面板

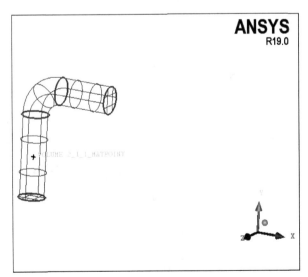

图 2-66 修复后几何模型

步骤 02 单击功能区内 Geometry（几何）选项卡中的 （生成体）按钮，弹出如图 2-67 所示 Create Body（生成体）面板，单击 按钮，单击 OK 按钮确认生成体。

步骤 03 在操作控制树窗口中，右键单击 Parts 弹出如图 2-68 所示的目录树，选择 Create Part 弹出如图 2-69 所示的 Create Part 面板，在 Part 中输入 IN，单击 按钮选择边界，按鼠标中间确认，生成入口边界条件如图 2-70 所示。

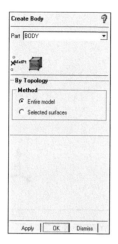  

图 2-67　生成体面板　　　图 2-68　选择生成边界命令　　　图 2-69　生成边界面板

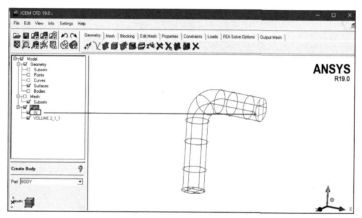

图 2-70　入口边界条件

步骤04 同步骤（3）方法生成出口边界条件，命名为 OUT，如图 2-71 所示。

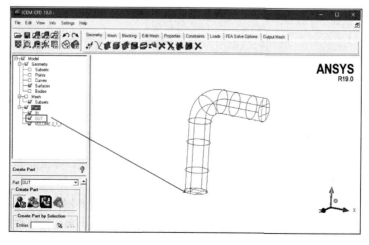

图 2-71　出口边界条件

步骤 05 同步骤（3）方法生成壁面边界条件，命名为 WALL，如图 2-72 所示。

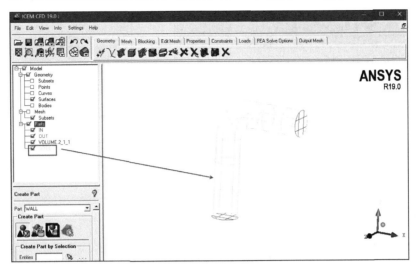

图 2-72　壁面边界条件

2.4.4　网格生成

步骤 01 单击功能区内 Mesh（网格）选项卡中的 （全局网格设定）按钮，弹出如图 2-73 所示的 Global Mesh Setup（全局网格设定）面板，在 Max element 中输入 1.0，单击 Apply 按钮确认。

步骤 02 单击功能区内 Mesh（网格）选项卡中的 （计算网格）按钮，弹出如图 2-74 所示的 Compute Mesh（计算网格）面板，单击 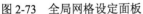（体网格）按钮，然后单击 Compute 按钮确认生成体网格文件，如图 2-75 所示。

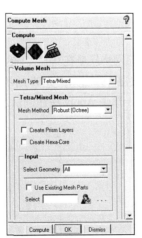

图 2-73　全局网格设定面板　　图 2-74　计算网格面板　　图 2-75　生成体网格

步骤 03 在 Compute Mesh（计算网格）面板中单击 （棱柱网格）按钮，然后单击 Select Parts for Prism Layer 按钮弹出 Prism Parts Data 对话框，勾选 WALL 复选框，在 Height ratio 中输入 1.3，在 Num layers 中输入 5，如图 2-76 所示，单击 Apply 按钮确认退出。单击 Compute 按钮重新生成体网格，如图 2-77 所示。

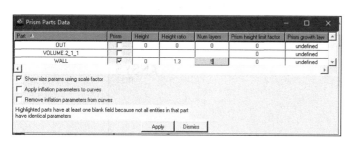

图 2-76 Prism Parts Data 对话框

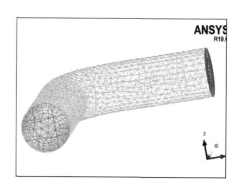

图 2-77 生成体网格

2.4.5 网格编辑

步骤 01 单击功能区内 Edit Mesh（网格编辑）选项卡中的 （检查网格）按钮，弹出如图 2-78 所示的 Check Mesh（检查网格）面板，单击 Apply 按钮确认。在信息栏中显示网格质量信息，如图 2-79 所示。

图 2-78 检查网格面板

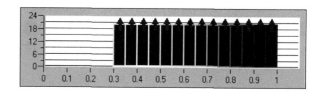

图 2-79 网格质量信息

步骤 02 生成的网格质量为 0.3~1，一般建议删除网格质量在 0.4 以下的网格。单击功能区内 Edit Mesh（网格编辑）选项卡中的 按钮，弹出如图 2-80 所示的 Smooth Elements Globally（平顺全局网格）面板，在 Up to value 中输入 0.4，单击 Apply 按钮确认，显示如图 2-81 所示平顺后的网格。

图 2-80 平顺全局网格面板

图 2-81 平顺后的网格

第 2 章 ICEM CFD 软件简介

2.4.6 网格输出

步骤 01 单击功能区内 Output（输出）选项卡中的 ![] （选择求解器）按钮，弹出如图 2-82 所示的 Select Solver（选择求解器）面板， Output Solver 选择 ANSYS CFX，单击 Apply 按钮确认。

步骤 02 单击功能区内 Output（输出）选项卡中的 ![] （写出输入）按钮，弹出如图 2-83 所示的 Write Import（写出输入）面板，单击 Done 按钮确认。

图 2-82　选择求解器面板

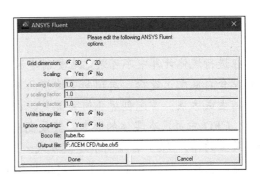
图 2-83　写出输入面板

2.5 本章小结

本章首先介绍了网格生成的基本知识，然后讲解了 ICEM CFD 划分网格的基本过程，最后给出了运用 ICEM CFD 划分网格的典型实例。通过对本章内容的学习，读者会对 ICEM CFD 有一定的了解，并且熟悉基本操作和界面及网格生成的流程。

第 3 章

几何模型处理

导言

在进行流体计算中不可避免地要创建流体计算域模型，ICEM CFD 具备一定的几何建模能力，主要包含自底向上建模、自顶向下建模两类建模思路。（1）自底向上建模方式：遵循点-线-面的几何生成方法。首先创建几何关键点，由点连接生成曲线，再由曲线生成曲面。需要说明的是，ICEM CFD 中并没有实体的概念，其最高一级几何为曲面。至于在创建网格中所建的 body 只是拓扑意义上的体。（2）自顶向下建模方式：ICEM CFD 中可以创建一些基本几何，如箱体、球体、圆柱体，在建模过程中可以直接创建这些基本几何，然后通过其他方式对几何进行修改。

同时，对于一些复杂结构的模型，常需要在专业的 CAD 软件中进行创建，然后将几何文件导入到 ICEM CFD 完成网格划分。ICEM CFD 可以接受多种 CAD 软件绘制的几何文件。

学习目标

★ 掌握 ICEM CFD 导入几何模型的方法
★ 掌握 ANSYS ICEM CFD 软件建模的操作步骤

3.1 几何模型的创建

本节将介绍 ICEM CFD 中模型的基本几何元素的创建方式，包括点、线、面等。

3.1.1 点的创建

单击 Geometry 标签页，单击 按钮，即可进入点创建工具面板。该面板包含的按钮如图 3-1 所示，下面对各功能分别进行描述。

（1）Part（部件）：若没有勾选下方的 Inherit Part 复选框，则该区域可编辑。可将新创建的点放入指定的 Part 中。默认此项为 GEOM 且 Inherit Part 复选框被选中。

（2） Screen Select（屏幕选择点）：单击该按钮后，可在屏幕上选取任何位置进行点的创建。

（3） Explicit Coordinates（坐标输入）：单击该按钮，可以进行精确位置点的创建。可选模式包括单点创建及多点创建，如图 3-2 所示。

图 3-2（a）为单点创建模式，输入点的（x, y, z）坐标即可创建点。图 3-2（b）为多点创建模式，可以使用表达式创建多个点。

表达式可以包含+、-、/、*、^、( )、sin( )、cos( )、tan( )、asin( )、acos( )、atan( )、log( )、log10( )、exp( )、sqrt( )、abs( )、distance(pt1，pt2)、angle(pt1，pt2，pt3)、X(pt1)、Y(pt1)、Z(pt1)，所有的角度均以"°"作为单位。

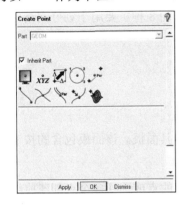

图 3-1 点创建工具面板

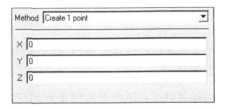
（a）单点创建模式

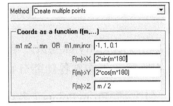
（b）多点创建模式

图 3-2 点的创建方式

- 第一个文本框表示变量，包含两种格式，即列表形式（m1 m2 … mn）与循环格式（m1, mn, incr）。主要区别在于是否有逗号，没有逗号为列表格式，有逗号为循环格式。如：0.1 0.3 0.5 0.7 为列表格式，0.1, 0.5, 0.1 则为循环格式，表示起始值为 0.1，终止值为 0.5，增量为 0.1。
- F（m）->X 为点的 X 方向坐标，通过表达式进行计算。
- F（m）->Y 为点的 Y 方向坐标，通过表达式进行计算。
- F（m）->Z 为点的 Z 方向坐标，通过表达式进行计算。

图 3-2（b）中实际上创建的是一个螺旋形的点集。

（4）Base Point and Delta（基点偏移法）：以一个基准点及其偏移值创建点。使用时需要指定基准点及相对该点的 X、Y、Z 坐标。

（5）Center of 3 Points（三点定圆心）：可以利用该按钮创建三个点或圆弧的中心点。选取三个点创建中心点，其实是创建了由此三点构建的圆的圆心。

（6）Parameter Along a Vector（两点之间定义点）：该命令按钮利用屏幕上选取的两点创建另一个点。单击该按钮后出现如图 3-3 所示的操作面板。

此方法创建点有两种方式：其一为图 3-3 所示的参数方法；其二为指定点的个数的方法。

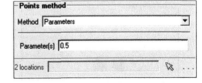

图 3-3 操作面板

如图 3-3 所示，若设置参数值为 0.5，则创建所指定两点连线的中点。此处的参数为偏离第一点的距离，该距离计算方式为两点连线的长度与指定参数的乘积。采用指定点的个数的方式，是在两点间创建一系列点。若指定点个数为 1，则创建中点。

（7）Curve Ends（线的端点）：是单击该命令按钮将创建两个点，所创建的点为选取的曲线的两个终点。

（8）Curve-Curve Intersection（线段交点）：创建两条曲线相交所形成的交点。

（9）Parameter along a Curve（线上定义点）：与方式（6）类似，所不同的是该命令按钮选取的是曲线，创建的是曲线的中点或沿曲线均匀分布的 N 个点。

（10）Project Point to Curve（投影到线上的点）：将空间点投影到某一曲线上，创建新的点。该命令按钮有选项可以使新创建的点分割曲线。

（11）Project Point to Surface（投影到面上的点）：将空间点投影到曲面上，创建新的点。

创建点的方式一共有 11 种，其中用于创建几何的主要是前 3 种，后面 8 种主要用于划分网格中的辅助几何的构建。当然，它们都可以用于创建几何体。

3.1.2 线的创建

单击 Geometry 标签页，单击（创建线）按钮，即可进入线创建工具面板。该面板包含的按钮如图 3-4 所示，下面对各功能分别进行描述。

（1）From Points（多点生成样条线）：该命令按钮是利用已存在的点或选择多个点创建曲线。需要说明的是，若选择的点为两个，则创建直线；若点的数目多于两个，则自动创建样条曲线。

（2）Arc Through 3 Points（3 点定弧线）：圆弧创建命令按钮。

圆弧的创建方式有两种，即三点创建圆弧和圆心及两点。选用三点创建圆弧时，第一点为圆弧起点，最后选择的点为圆弧终点。采用第二种方式创建圆弧时，也有两种方式，如图 3-5 所示。若采用 center 方式，则第一个选取的点与第二点间的距离为半径，第三点表示圆弧弯曲的方向；若采用 start/end 方式，则第一点并非圆心，只是指定了圆弧的弯曲方向，而第二点与第三点为圆弧的起点与终点。当然，这两种方式均可以人为地确定圆弧半径。

（3）Arc from Center Point/2 Points on Plane（圆心和两点定义圆）：该命令按钮主要用于创建圆。

采用如图 3-6 所示的方式，规定一个圆心加两个点。选取点时，第一次选择的点为圆心。

若没有人为地确定半径值，则第一点与第二点间的距离为圆的半径值。可以设定起始角与终止角。若规定了半径值，则其实是用第一点与半径创建圆，第二点与第三点的作用是联合第一点确定圆所在的平面。

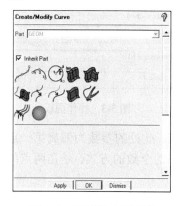

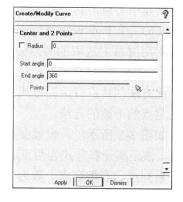

图 3-4　线创建工具面板　　　图 3-5　圆弧的创建　　　图 3-6　圆的创建

（4）Surface Parameter（表面内部抽线）：根据平面参数创建曲线。

该命令按钮功能与块切割的做法很相似，本功能在实际应用中用得很少。

（5）Surface-Surface Intersection（面相交线）：此功能按钮用于获得两相交面的交线。

使用起来也很简单，直接选取两个相交的曲面即可。选择方式可以是直接选取面、选择 part 及选取两个子集。

（6）Project Curve on Surface（投影到面上的线）：曲线向面投影。

有两种操作方式：沿面法向投影及指定方向投影。沿面法向投影方式只需要指定投影曲线及目标面；指定方向投影方式则需要人为指定投影方向。

3.1.3 面的创建

单击 Geometry 标签页，单击（创建面）按钮，即可进入面创建工具面板。该面板包含的按钮如图 3-7 所示，下面对各功能分别进行描述。

- From Curves（由线生成面）：单击该按钮，可以通过曲线创建面。可选模式包括选择 2~4 条边界曲线创建面，选择多条重叠或不相互连接的线创建面及选择 4 个点创建面。
- Curve Driven（放样）：单击该按钮，可以通过选取一条或多条曲线沿引导线扫掠创建面。
- Sweep Surface（沿直线方向放样）：单击该按钮，可以通过选取一条曲线沿矢量方向或直线扫掠创建面。
- Surface of Revolution（回转）：单击该按钮，可以通过设定起始和结束角度，选取一条曲线沿轴回转创建面，如图 3-8 所示。
- Loft surface on several curves（利用数条曲线放样成面）：单击该按钮，可以通过利用多条曲线放样的方法生成面。

图 3-7　面创建工具面板

图 3-8　回转创建面

3.2 几何模型的导入

由于 ICEM CFD 建模功能不强，因此对于一些复杂结构模型，常需要在专业的 CAD 软件中进行创建，然后将几何文件导入 ICEM CFD 完成网格划分。

ICEM CFD 可以接受多种 CAD 软件绘制的几何文件，如图 3-9 所示。

图 3-9　ICEM CFD 可导入的 CAD 格式

3.3　几何模型的修改

几何模型的修改主要是针对 ICEM CFD 导入的外部 CAD 软件所创建的模型文件。由于存在软件接口兼容性问题，因此导入的模型有时会产生诸如特征丢失、拓扑错误等问题。在这种情况下，需要对导入的模型进行修补，ICEM CFD 提供了强大的几何修补能力。

另外，对于导入的过于复杂的模型，常需要对模型进行简化，譬如圆角去除、空洞的填补等，这些操作 ICEM CFD 均提供了很好的支持。

这部分内容操作比较简单，本书只介绍基本的功能，具体操作请参考帮助文档。

3.3.1　曲线的修改

单击 Geometry 标签页，单击 (生成/修改刻面) 按钮，即可进入生成/修改刻面工具面板，如图 3-10 所示。

单击 (生成/修改刻面曲线) 按钮，即可显示生成/修改刻面曲线界面，如图 3-11 所示。曲线修改功能描述如表 3-1 所示。

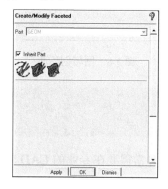

图 3-10　生成/修改刻面工具面板

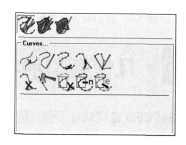

图 3-11　生成/修改刻面曲线界面

表 3-1 曲线修改功能描述

按 钮	英文名称	含 义
	Convert from B-spline	样条线转换多段直线
	Create Curve	生成折线
	Move nodes	移动线段上的点
	Merge nodes	合并节点
	Create segment	生成单条折线段
	Delete segment	删除线断
	Split segment	劈分线段
	Restrict segments	限制保留部分线段
	Move to new curve	移动线段到新样条线上
	Move to existing curve	移动线段到样条线上

3.3.2 曲面的修改

在生成/修改刻面工具面板中单击（生成/修改刻面曲面）按钮，即可显示生成/修改刻面曲面界面，如图 3-12 所示。曲面修改功能描述如表 3-2 所示。

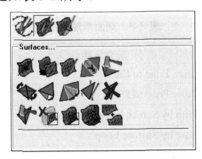

图 3-12 生成/修改刻面曲面界面

表 3-2 曲面修改功能描述

按 钮	英文名称	含 义
	Convert from B-spline	几何面转换成刻面
	Coarsen Surface	粗化刻面
	Create Surface	生成刻面
	Merge Edges	合并边
	Split Edges	劈分边
	Swap Edges	对换边
	Move Nodes	移动节点
	Merge Nodes	合并节点
	Create Triangles	生成三角形刻面
	Delete Triangles	删除
	Split Triangles	细分面

（续表）

按　　钮	英文名称	含　　义
	Delete non-selected Triangles	删除未选择面
	Move to new surface	移动到新建面
	Move to existing surface	移动到已建面
	Merge Surfaces	合并面

3.3.3 刻面清理

在生成/修改刻面工具面板中单击（刻面清理）按钮，即可显示刻面清理界面，如图 3-13 所示。刻面清理功能描述如表 3-3 所示。

图 3-13　刻面清理界面

表 3-3　刻面清理功能

按　　钮	英文名称	含　　义
	Align Edge to Curve	边对齐到线
	Close Faceted Holes	补洞
	Trim by Screen Loop	屏幕修剪刻面
	Trim by Surface Loop	用封闭几何框修剪刻面
	Repair Surface	修改曲面
	Create Character Curve	创建特征曲线

3.3.4 几何修补

单击 Geometry 标签页，单击（几何修补）按钮，即可进入几何修补面板，如图 3-14 所示。几何修补功能描述如表 3-4 所示。

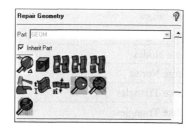

图 3-14　几何修补面板

表 3-4　几何修补功能描述

按　　钮	英文名称	含　　义
	Build Diagnostic Topology	建立拓扑
	Check Geometry	检查几何
	Close Holes	补洞
	Remove Holes	删除洞
	Stitch/Match Edges	补缝
	Split Folded Surfaces	分离折叠面
	Adjust varying thickness	设置面的厚度
	Modify surface normals	调整表面法向
	Feature detect Bolt hole	探测表面孔
	Feature detect Buttons	探测单独实体
	Feature detect Fillets	探测填充

3.3.5　几何变换

单击 Geometry 标签页，单击 （几何变换）按钮，即可进入几何变换面板，如图 3-15 所示。几何变换功能描述如表 3-5 所示。

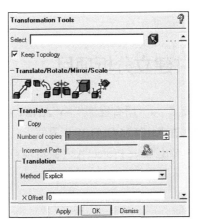

图 3-15　几何变换面板

表 3-5　几何变换功能描述

按　　钮	英文名称	含　　义
	Translate	位置变换
	Rotate	旋转
	Mirror	镜像
	Scale	缩放
	Translate & Rotate	移动/旋转

3.3.6 几何删除

针对不同的几何元素，ICEM CFD 设置了不同的删除按钮，通过单击 Geometry 标签页中不同的按钮即可删除相应的几何元素。几何删除的功能含义如表 3-6 所示。

表 3-6 几何删除的功能含义

按 钮	英文名称	含 义
	Points	删除点
	Curves	删除线
	Surfaces	删除面
	Bodies	删除体
	Any Entity	删除任何实体，包括点、线、面、体等

3.4 阀门几何模型修改实例分析

本节将通过一个阀门几何模型修改的例子，让读者对 ANSYS ICEM CFD 19.0 进行几何模型处理的过程有一个初步了解。

3.4.1 启动 ICEM CFD 并建立分析项目

步骤 01 在 Windows 系统下执行"开始"→"所有程序"→"ANSYS 19.0"→Meshing→"ICEM CFD 19.0"命令，启动 ICEM CFD 19.0，进入 ICEM CFD 19.0 界面。

步骤 02 执行 File→Save Project 命令，弹出 Save Project As（保持项目）对话框，在"文件名"中输入 valve，单击确认，关闭对话框。

3.4.2 导入几何模型

步骤 01 执行 File→Import Geometry 命令，弹出 Select Import Model file（选择导入模型文件）对话框，在"文件名"中输入 valve.x_t，单击"打开"按钮确认。

步骤 02 在弹出如图 3-16 所示的 Import Model（导入 Parasolid 文件）面板中，Units 选择 Millimeter，单击 OK 按钮确认。

步骤 03 导入几何文件后，在图形显示区将显示几何模型，如图 3-17 所示。

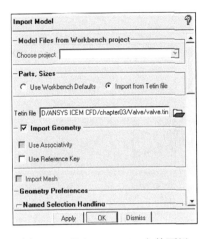 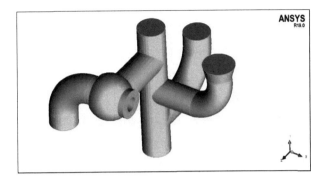

图 3-16　导入 Parasolid 文件面板　　　　　图 3-17　几何模型

3.4.3　模型建立

步骤 01　单击功能区内 Geometry（几何）选项卡中的 （修复模型）按钮，弹出如图 3-18 所示的 Repair Geometry（修复模型）面板，单击 按钮，在 Tolerance 中输入 0.1，单击 OK 按钮确认，几何模型将修复完毕，如图 3-19 所示。

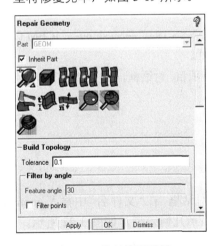 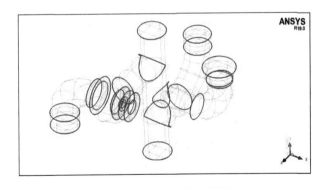

图 3-18　修复模型面板　　　　　　　　　图 3-19　修复后几何模型

　在修复后显示的几何模型中，曲线颜色表示面与面之间的连接关系，红色表示双边，两面满足容差，黄线表示单边，经常是洞或缝隙。可以看到几何模型中曲线很多，通过下面操作将仅仅保留必要的特征线使图形简化。

步骤 02　单击功能区内 Geometry（几何）选项卡中的 （修复模型）按钮，弹出如图 3-20 所示的 Repair Geometry（修复模型）面板，单击 按钮，在 Tolerance 中输入 0.1，勾选 Filter points 和 Filter curves 复选框，然后单击 OK 按钮确认，几何模型将修复完毕，如图 3-21 所示。

从图 3-21 中可以看出，与图 3-19 相比，新修复的模型曲线简化很多。

图 3-20 修复模型面板

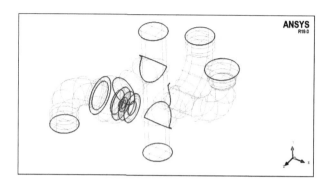

图 3-21 修复后几何模型

3.5 管道几何模型修改实例分析

本节将通过一个管道几何模型修改的例子,来介绍几何模型的处理方法。

3.5.1 启动 ICEM CFD 并建立分析项目

步骤01 在 Windows 系统下执行"开始"→"所有程序"→"ANSYS 19.0"→Meshing→"ICEM CFD 19.0"命令,启动 ICEM CFD 19.0,进入 ICEM CFD 19.0 界面。

步骤02 执行 File→Save Project 命令,弹出 Save Project As(保持项目)对话框,在"文件名"中输入 project,单击确认,关闭对话框。

3.5.2 导入几何模型

执行 File→Geometry→Open Geometry 命令,弹出"打开"对话框,在"文件名"中输入 geometry.tin,单击"打开"按钮确认。导入几何文件后,在图形显示区将显示几何模型,如图 3-22 所示。

图 3-22 几何模型

3.5.3 模型建立

步骤01 单击功能区内 Geometry（几何）选项卡中的 ■（修复模型）按钮，弹出如图 3-23 所示的 Repair Geometry（修复模型）面板，单击 ■ 按钮，在 Tolerance 中输入 0.01，单击 OK 按钮确认，几何模型将修复完毕，如图 3-24 所示。

图 3-23 修复模型面板

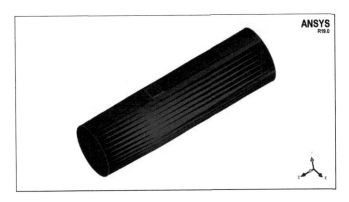

图 3-24 修复后几何模型

步骤02 单击功能区内 Geometry（几何）选项卡中的 ■（修复模型）按钮，弹出如图 3-25 所示的 Repair Geometry（修复模型）面板，单击 ■ 按钮，选择管道端面曲线，单击鼠标中键确认，几何模型将修复完毕，如图 3-26 所示。

图 3-25 修复模型面板

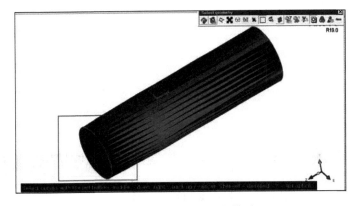

图 3-26 修复后几何模型

步骤03 同步骤（2）方法修复管道侧面缺少的面，如图 3-27 所示。

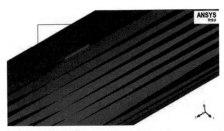

图 3-27 侧面缺少面修复

步骤 04 单击功能区内 Geometry（几何）选项卡中的 ▧（修复模型）按钮，弹出如图 3-28 所示的 Repair Geometry（修复模型）面板，单击 ▧ 按钮，选择管道中间的两条曲线，单击鼠标中键确认，几何模型将修复完毕，如图 3-29 所示。

图 3-28 修复模型面板

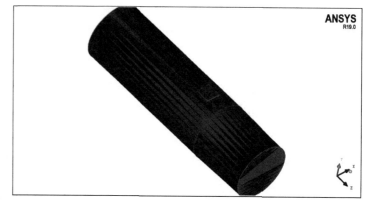

图 3-29 修复后几何模型

步骤 05 单击功能区内 Geometry（几何）选项卡中的 ✖（删除曲线）按钮，弹出如图 3-30 所示的 Delete Curve（删除曲线）面板，选择管道中间的绿色曲线，单击鼠标中键确认，如图 3-31 所示。

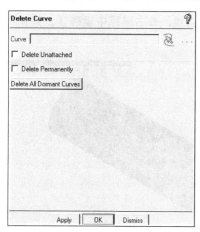

图 3-30 删除曲线面板

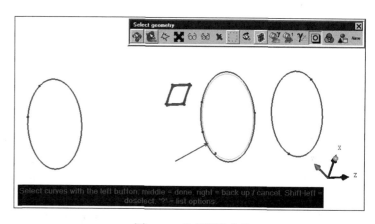

图 3-31 选择删除曲线

3.5.4 网格生成

步骤 01 单击功能区内 Mesh（网格）选项卡中的 ▧（全局网格设定）按钮，弹出如图 3-32 所示的 Global Mesh Setup（全局网格设定）面板，在 Max element 中输入 0.4，在 Curvature/Proximity Based Refinement 中勾选 Enabled 复选框，在 Min size limit 中输入 0.02，单击 Apply 按钮确认。

步骤 02 单击功能区内 Mesh（网格）选项卡中的 ▧（计算网格）按钮，弹出如图 3-33 所示的 Compute Mesh（计算网格）面板，单击 ▧（体网格）按钮，单击 Apply 按钮确认生成体网格文件，如图 3-34 所示。

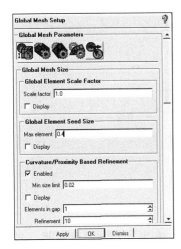  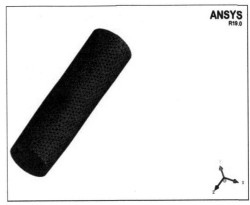

图 3-32　全局网格设定面板　　　图 3-33　计算网格面板　　　图 3-34　生成体网格

3.6　本章小结

本章介绍了 ICEM CFD 几何建模的基本过程，还给出了运用 ICEM CFD 几何模型处理的典型实例。创建合理的几何模型是生成高质量网格的基础，通过对本章内容的学习，读者可以掌握 ICEM CFD 的几何模型创建、导入和修改的使用方法。

第4章
二维平面模型结构网格划分

📥 导言

在 CFD 计算分析中,由于某些研究对象的几何模型规则相对简单,因此为降低计算成本,提高计算分析的速度,常常简化为二维模型来计算分析。

本章将通过实例来介绍在 ICEM CFD 中如何处理二维平面模型结构的网格划分。

📥 学习目标

★ ICEM CFD 划分二维模型网格的一般步骤
★ 2D 块的一些构建及切割方式
★ 网格质量检查
★网格的生成及导出

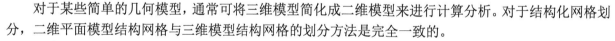

4.1 二维平面模型结构网格概述

对于某些简单的几何模型,通常可将三维模型简化成二维模型来进行计算分析。对于结构化网格划分,二维平面模型结构网格与三维模型结构网格的划分方法是完全一致的。

二维平面模型结构网格生成过程如下:

- 步骤01 生成/导入几何模型。
- 步骤02 对几何模型进行处理。
- 步骤03 生成块。
- 步骤04 设置网格参数并生成网格。
- 步骤05 检查网格质量。
- 步骤06 通过对块/网格参数进行修改编辑提高网格质量。

4.2 三通弯管模型结构网格划分

本节的内容是一个三通弯管内稳态流动问题,水从两个入口流入后混合并从一个出口流出,下面将通过这个实例来介绍二维平面模型结构网格的生成方法,对并划分的网格进行计算分析。

4.2.1 导入几何模型

执行 File→Geometry→Open Geometry 命令,弹出 open(打开文件)对话框,在"文件名"中输入 geometry.tin,单击"打开"按钮确认。导入几何文件后,在图形显示区将显示几何模型,如图 4-1 所示。

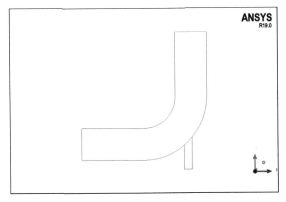

图 4-1　几何模型

4.2.2 模型建立

步骤01　在操作控制树窗口中,右键单击 Parts 弹出如图 4-2 所示的目录树,选择 Create Part 后弹出如图 4-3 所示 Create Part(生成边界)面板,在 Part 中输入 IN,然后单击 按钮选择边界,单击鼠标中键确认,生成入口边界条件如图 4-4 所示。

图 4-2　选择生成边界命令

图 4-3　生成边界面板

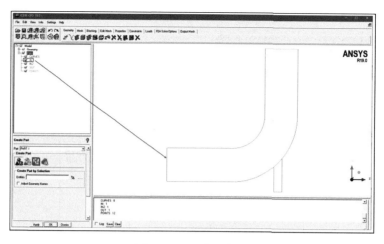

图 4-4 入口边界条件

步骤02 同步骤（1）方法生成入口边界条件，命名为 IN2，如图 4-5 所示。

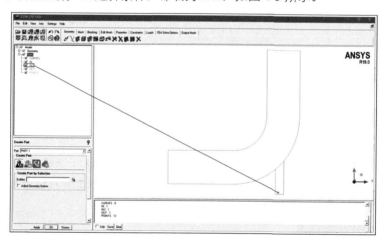

图 4-5 入口边界条件

步骤03 同步骤（1）方法生成出口边界条件，命名为 OUT，如图 4-6 所示。

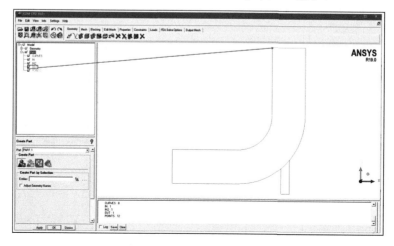

图 4-6 出口边界条件

4.2.3 创建 2D 块

创建 2D 块的方式有两种：一种是 2D Planar 块；另一种是 2D Surface Blocking。其中，前者主要创建平面 2D 块，且该块位于 XY 平面，后者可创建曲面的块，能自动进行块切割。在本例中我们选取前者进行块的创建。

单击功能区内 Blocking（块）选项卡中的（创建块）按钮，弹出如图 4-7 所示的 Create Block（创建块）面板，单击 按钮，Type 选择 2D Planar，单击 OK 按钮确认，创建初始块如图 4-8 所示。

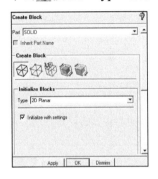
图 4-7 创建块面板

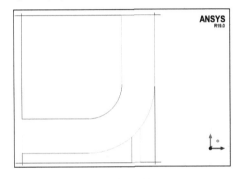
图 4-8 创建初始块

 曲线自动改变颜色（颜色互相独立而不是按 part 分色），这样比较容易区分每条曲线的端点。

4.2.4 分割块

仔细分析几何可以发现，整个几何呈 T 型分布，将平面块切割成 T 型以更好地贴近几何。但对许多新用户来说，在一开始形成这种概念是比较困难的。

单击功能区内 Blocking（块）选项卡中的 （分割块）按钮，弹出如图 4-9 所示的 Split Block（分割块）面板。单击 按钮，并单击 Edge 旁的 按钮，在几何模型上单击要分割的边，新建一条边，新建边垂直于选择的边，然后利用鼠标左键拖动新建边到合适的位置，单击鼠标中键或 Apply 按钮完成操作，创建分割块如图 4-10 所示。

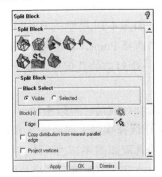
图 4-9 分割块面板

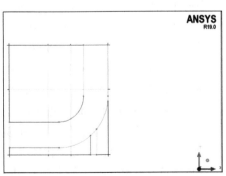
图 4-10 分割块

4.2.5 删除块

单击功能区内 Blocking（块）选项卡中的 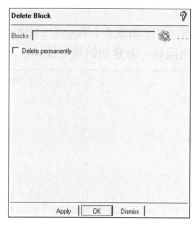 （删除块）按钮，弹出如图 4-11 所示的 Delete Block（删除块）面板，选择下面两角的块，然后单击 Apply 按钮确认，删除块效果如图 4-12 所示。

图 4-11　删除块面板　　　　　　　图 4-12　删除块

 实际上并没有真正删除块，只是移到 Parts 中的 VORFN。如果需要，则可重新使用。若想真正删除，则需要勾选 Delete permanently 复选框。

4.2.6 块的几何关联

将块顶点到几何点关联是将块与几何联系起来的一种手段。块是一种虚拟的结构，就像我们做几何题目时画的辅助线一样。如果不进行关联，在生成网格时，软件就没有办法知道块上的某一条边对应几何的哪一个部分，也没办法将块上的节点映射到几何上。

有 4 种关联，即 Vertex 关联、Face 到 Curve 的关联、Edge 到 Surface 的关联及 Face 到 Surface 的关联。

步骤01　在操作控制树窗口中，勾选 Geometry 中的 Points 复选框，如图 4-13 所示。

步骤02　单击功能区内 Blocking（块）选项卡中的 （关联）按钮，弹出如图 4-14 所示的 Blocking Associations（块关联）面板，单击 （Vertex 关联）按钮，Entity 类型选择 Point，单击 按钮选择块上的一个顶点并单击鼠标中键确认，然后单击 按钮选择模型上一个对应的几何点，块上的顶点会自动移动到几何点上，关联顶点和几何点的选取如图 4-15 所示。

步骤03　在 Blocking Associations（块关联）面板中单击 （Edge 关联）按钮，如图 4-16 所示，单击 按钮选择块上的 3 个边并单击鼠标中键确认，然后单击 按钮选择模型上对应的 3 条曲线并单击鼠标中键确认，选择的曲线会自动组成一组，关联边和曲线的选取如图 4-17 所示。

步骤04　在操作控制树窗口中，右键单击 Blocking 中的 Edges，弹出如图 4-18 所示的目录树，选择 Show Association，显示如图 4-19 所示的顶点和边的关联关系。

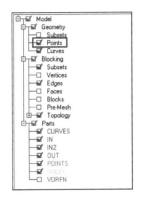
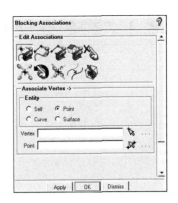

图 4-13　操作控制树窗口　　　　　　图 4-14　块关联面板

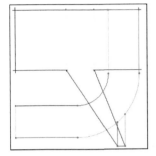
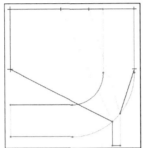
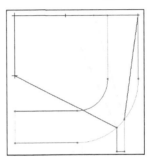
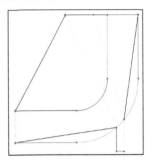

图 4-15　顶点关联

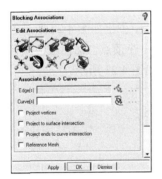
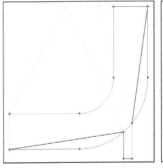
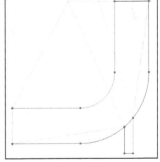

图 4-16　Edge 关联面板　　　　　　　图 4-17　边关联

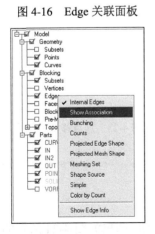
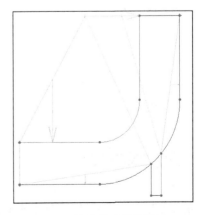

图 4-18　目录树　　　　　　　　　　图 4-19　边的关联关系显示

步骤05 同步骤（3）方法完成如图4-20所示剩下5条边的关联，关联后效果如图4-21所示。

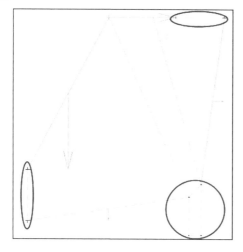

图4-20 未关联边显示

图4-21 边的关联关系显示

如图4-20所示直线上的边不需要再进行关联（顶点和曲线点已关联）完全可以实现网格投影。然而，边界单元只能创建于与曲线相关联的边上，需要关联这些边以便创建单元设置边界条件对于位于曲线上的边。由于曲线和边重合无法区分辨别，因此只要记住第一次只选择边，然后单击鼠标中键，第二次选择曲线即可。

步骤06 单击功能区内Blocking（块）选项卡中的 （移动顶点）按钮，弹出如图4-22所示的Move Vertices（移动顶点）面板，单击 按钮，单击 按钮选择块上的一个顶点，然后按住鼠标左键拖动顶点到理想的位置，单击鼠标中键完成操作，顶点移动后位置如图4-23所示。

图4-22 移动顶点面板

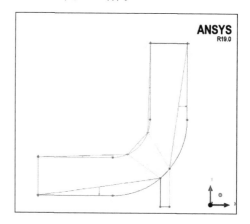

图4-23 顶点移动后位置

4.2.7 设定网格尺寸

单击功能区内Mesh（网格）选项卡中的 （全局网格设定）按钮，弹出如图4-24所示的Global Mesh Setup（全局网格设定）面板，在Max element中输入2.0，单击Apply按钮确认。

第 4 章
二维平面模型结构网格划分

图 4-24　全局网格设定面板

4.2.8　预览网格

在预览网格之前要对块进行更新，尤其是修改了单元尺寸之后。

单击功能区内 Blocking（块）选项卡中的 （预览网格）按钮，弹出如图 4-25 所示的 Pre-Mesh Params（预览网格）面板，单击 按钮，选中 Update All 单选按钮，单击 Apply 按钮确认，显示预览网格如图 4-26 所示。

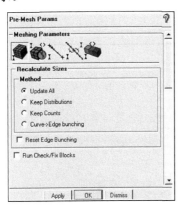

图 4-25　预览网格面板

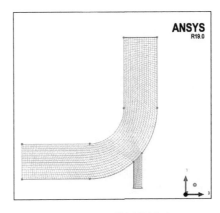

图 4-26　预览网格显示

4.2.9　网格质量检查

对于利用块进行结构网格划分的方式来说，常用 Blocking 中的工具 ，这是一个对预览网格的质量检测工具，可以以直方图的形式对网格质量给出一个直观地显示。

单击功能区内 Blocking（块）选项卡中的 （预览网格质量检查）按钮，弹出如图 4-27 所示的 Pre-Mesh Quality（预览网格质量）面板，单击 Apply 按钮确认，显示网格质量如图 4-28 所示。

 对于块结构网格，我们通常使用 Determinant 及 Angle，它们均是越靠近右端，质量越好。

61

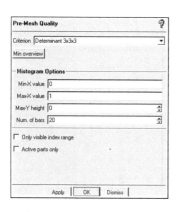

图 4-27　预览网格质量面板

图 4-28　网格检查结果

4.2.10　网格的生成

上面看到的网格只是预览网格，其实并没有真正生成网格，本小节将生成真正的网格。

在操作控制树窗口中，右键单击 Blocking 中的 Pre-Mesh，弹出如图 4-29 所示的目录树，选择 Convert to Unstruct Mesh，生成网格如图 4-30 所示。

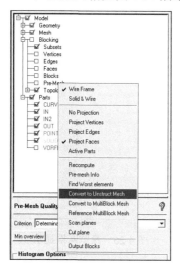

图 4-29　目录树

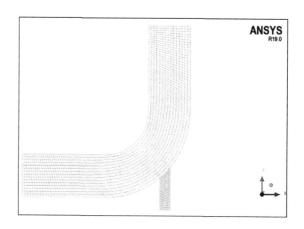

图 4-30　生成的网格

4.2.11　网格输出

网格生成完毕后，需要将网格输出至求解器。ICEM CFD 支持 200 多种求解器，每一种求解器对网格的要求均不相同，在此以输出至 Fluent 求解器为例，其他求解器输出方式可见帮助文档中的说明。

步骤 01　单击功能区内 Output（输出）选项卡中的 ![icon] （选择求解器）按钮，弹出如图 4-31 所示的 Solver Setup（选择求解器）面板，Output Solver 选择 ANSYS Fluent，单击 Apply 按钮确认。

步骤02 单击功能区内 Output（输出）选项卡中的 (输出) 按钮，弹出"打开网格文件"对话框，选择文件，单击"打开"按钮，弹出如图 4-32 所示的 ANSYS Fluent 对话框，Grid dimension 选择 2D，单击 Done 按钮确认完成。

图 4-31　选择求解器面板

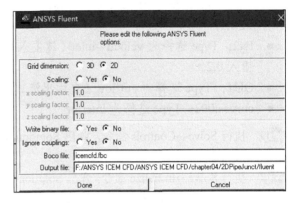

图 4-32　ANSYS Fluent 对话框

4.2.12　计算与后处理

步骤01 在 Windows 系统下执行"开始"→"所有程序"→"ANSYS 19.0"→Fluid Dynamics→"FLUENT 19.0"命令，启动 FLUENT 19.0，进入 FLUENT Launcher 界面。

步骤02 Dimension 选择 2D，单击 OK 按钮进入 FLUENT 界面。

步骤03 执行 File→Read→Mesh 命令，读入 ICEM CFD 生成的网格文件，如图 4-33 所示。

步骤04 在任务栏单击 (保存) 按钮进入 Write Case（保存项目）对话框，在 File name（文件名）中输入 fluent.cas，再单击 OK 按钮保存项目文件。

步骤05 执行 Mesh→Check 命令，检查网格质量，应保证 Minimum Volume 大于 0。

步骤06 执行 Mesh→Scale 命令，打开 Scale Mesh 面板，定义网格尺寸单位，在 Mesh Was Created In 中选择 mm，单击 Scale 按钮。

步骤07 执行 Define→General 命令，在 Time 中选择 Steady。

步骤08 执行 Define→Material 命令，在 FLUENT Fluid Materials 下拉菜单中选择 water-liquid，如图 4-34 所示。

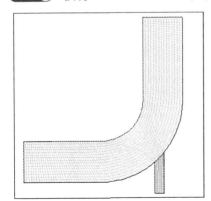

图 4-33　显示几何模型

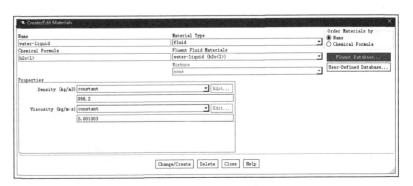

图 4-34　定义材料对话框

步骤09 执行 Define→Model→Viscous 命令，选择 k-epsilon（2 eqn）模型。

步骤10 执行 Define→Boundary Condition 命令，定义边界条件，如图 4-35 所示。

- IN：Type 选择为 velocity-inlet（速度入口边界条件），在 Velocity Magnitude（速度大小）中输入 0.1。
- IN2：Type 选择为 velocity-inlet（速度入口边界条件），在 Velocity Magnitude（速度大小）中输入 0.2。
- OUT：Type 选择为 outflow（自由出流边界条件）。
- curves:002：Type 选择为 interior。

步骤11 执行 Solve→Controls 命令，弹出 Solution Controls（设置松弛因子）面板，保持默认值，单击 OK 按钮退出。

步骤12 执行 Solve→Initialize 命令，弹出 Solution Initialization（设置初始值）面板，Compute From 选择 in，单击 Initialize 按钮进行计算初始化。

步骤13 执行 Solve→Monitors→Residual 命令，设置各个参数的收敛残差值为 1e-3，单击 OK 按钮确认。

步骤14 执行 Solve→Run Calculation 命令，迭代步数设为 300，单击 Calculate 按钮开始计算。

步骤15 执行 Display→Graphics and Animations→Contours 命令，Contours of 选择 Velocity Magnitude，单击 Display 按钮显示速度云图，如图 4-36 所示。

步骤16 执行 Display→Graphics and Animations→Contours 命令，Contours of 选择 Static Pressure，单击 Display 按钮显示压力云图，如图 4-37 所示。

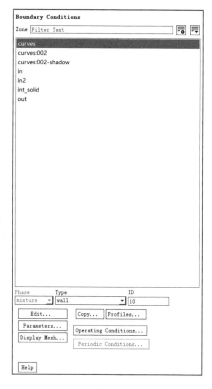

图 4-35 边界条件面板

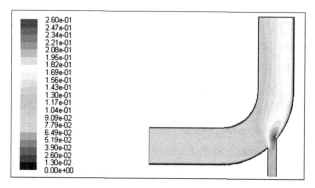

图 4-36 速度云图

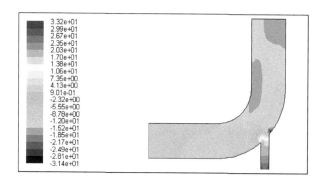

图 4-37 压力云图

从上述计算结果可以看出，生成的网格能够满足计算的要求，并且能够较好地模拟二维平面流动问题。

第4章 二维平面模型结构网格划分

4.3 汽车外流场模型结构网格划分

本节对一个汽车外流场模型进行二维结构化网格划分,并进行稳态流动分析。

4.3.1 导入几何模型

执行 File→Geometry→Open Geometry 命令,弹出 open(打开文件)对话框,在"文件名"中输入 car_mod.tin,单击"打开"按钮确认。导入几何文件后,在图形显示区将显示几何模型,如图 4-38 所示。

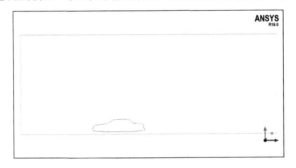

图 4-38 几何模型

4.3.2 生成块

步骤 01 单击功能区内 Blocking(块)选项卡中的 (创建块)按钮,弹出如图 4-39 所示的 Create Block(创建块)面板,单击 按钮,Type 选择 2D Planar,单击 OK 按钮确认,创建初始块如图 4-40 所示。

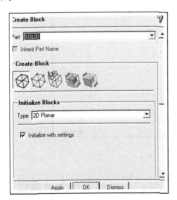

图 4-39 创建块面板

图 4-40 创建初始块

步骤 02 单击功能区内 Blocking(块)选项卡中的 (分割块)按钮,弹出如图 4-41 所示的 Split Block(分割块)面板,单击 按钮,并单击 Edge 旁的 按钮,在几何模型上单击要分割的边,新建一条边,

65

新建边垂直于选择的边，利用鼠标左键拖动新建边到合适的位置，单击鼠标中键或 Apply 按钮完成操作，创建分割块如图 4-42 所示。

图 4-41 分割块面板

图 4-42 分割块

步骤 03 在操作控制树窗口中，右键单击 Blocking 弹出如图 4-43 所示的目录树，选择 Index Control 后弹出如图 4-44 所示的面板，设置 I 中 Min 和 Max，Min 设置为 2，Max 设置为 3，设置 J 中 Min 和 Max，Min 设置为 0，Max 设置为 3，图形区内只显示包含车模型的块，如图 4-45 所示。

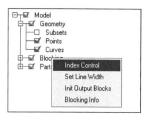

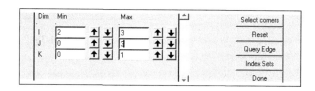

图 4-43 目录树

图 4-44 Index Control 面板

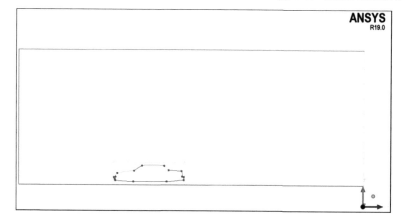

图 4-45 索引块

步骤 04 单击功能区内 Blocking（块）选项卡中的 （分割块）按钮，对车模型所在块进行分割，单击鼠标中键或 Apply 按钮完成操作，创建分割块如图 4-46 所示。

步骤 05 单击功能区内 Blocking（块）选项卡中的 （分割块）按钮，弹出如图 4-47 所示的 Split Block（分割块）面板，单击 按钮，在 Blocks Select 中选择 Selected，单击 按钮选择所要分割的块进行分割，单击鼠标中键或 Apply 按钮完成操作，创建分割块如图 4-48 所示。

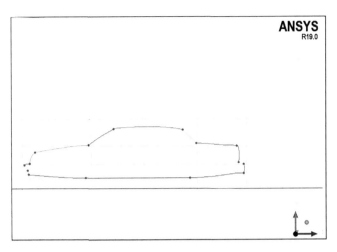

图 4-46 分割块

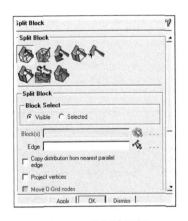

图 4-47 分割块面板

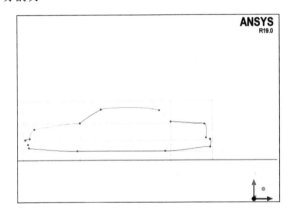

图 4-48 分割块

步骤 06 单击功能区内 Blocking（块）选项卡中的 ![icon]（删除块）按钮，弹出如图 4-49 所示的 Delete Block（删除块）面板，选择下面两角的块，单击 Apply 按钮确认，删除块效果如图 4-50 所示。

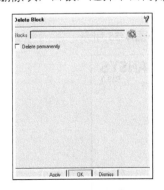

图 4-49 删除块面板

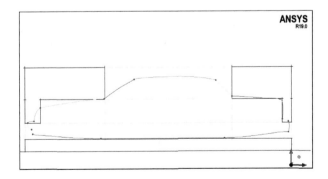

图 4-50 删除块

步骤 07 单击功能区内 Blocking（块）选项卡中的 ![icon]（关联）按钮，弹出如图 4-51 所示的 Blocking Associations（块关联）面板，单击 ![icon]（Vertex 关联）按钮，Entity 类型选择 Point，单击 ![icon] 按钮选择块上的一个顶点并单击鼠标中键确认，然后单击 ![icon] 按钮选择模型上一个对应的几何点，块上的顶点会自动移动到几何点上，关联顶点和几何点的选取如图 4-52 所示。

图 4-51 块关联面板

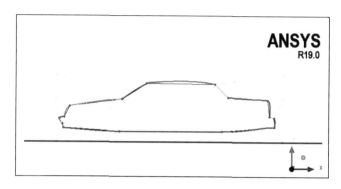
图 4-52 顶点关联

步骤08 单击功能区内 Blocking（块）选项卡中的 （移动顶点）按钮，弹出如图 4-53 所示的 Move Vertices（移动顶点）面板，单击 按钮，在 Reference From 中选择 Screen，单击 Ref. Location 旁边 按钮选择对齐的参考点，勾选 Modify 复选框，单击选择需要移动的顶点，单击鼠标中键完成操作，顶点移动后位置如图 4-54 所示。

图 4-53 移动顶点面板

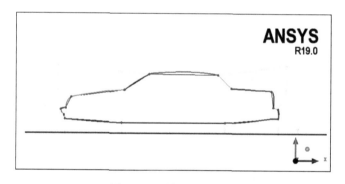
图 4-54 顶点移动后位置

步骤09 在 Index Control 面板中单击 Reset 按钮，显示所有的块，如图 4-55 所示。

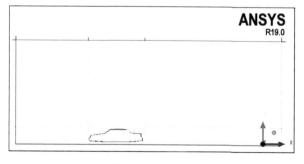
图 4-55 块显示

步骤10 在 Blocking Associations（块关联）面板中单击 （Edge 关联）按钮，如图 4-56 所示，单击 按钮选择块上的边并单击鼠标中键确认，然后单击 按钮选择模型上对应的曲线并单击鼠标中键确认，选择的曲线会自动组成一组，关联边和曲线的选取如图 4-57 所示。

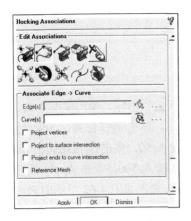

图 4-56 Edge 关联面板

图 4-57 边关联

步骤⑪ 在操作控制树窗口 Parts 中勾选 VORFN 复选框，显示被删除的块，如图 4-58 所示。

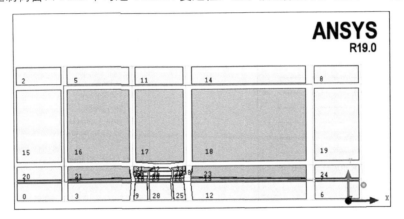

图 4-58 显示被删除的块

步骤⑫ 单击功能区内 Blocking（块）选项卡中的 （O-Grid）按钮，如图 4-59 所示，勾选 Around block(s) 复选框，单击 Select Blocks 旁 按钮，选择汽车模型内的块，单击 Apply 按钮完成操作，选择块之后的界面如图 4-60 所示。

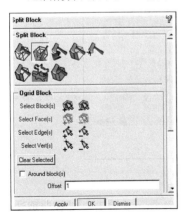

图 4-59 分割块面板

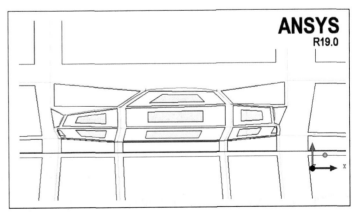

图 4-60 选择块显示

步骤⑬ 在操作控制树窗口取消 Parts 中的 VORFN 复选框，不显示被删除的块。

4.3.3 网格生成

步骤01 单击功能区内 Mesh（网格）选项卡中的 （曲线上网格设定）按钮，弹出如图 4-61 所示的 Curve Mesh Setup（曲线上网格设定）面板，Method 选择 General，单击 按钮弹出 Select geometry（选择几何）工具栏，选择汽车外表面，在 Maximum size 中输入 50，单击 按钮弹出 Select geometry（选择几何）工具栏，选择其他曲线，在 Maximum size 中输入 500，单击 Apply 按钮确认。

步骤02 单击功能区内 Blocking（块）选项卡中的 （预览网格）按钮，弹出如图 4-62 所示的 Pre-Mesh Params（预览网格）面板，单击 按钮，选中 Update All 单选按钮，单击 Apply 按钮确认，显示预览网格如图 4-63 所示。

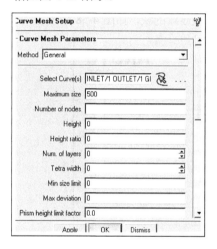
图 4-61 曲线上网格设定面板

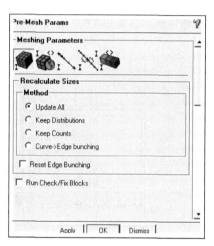
图 4-62 预览网格面板

图 4-63 预览网格显示

步骤03 在 Pre-Mesh Params（预览网格）面板中单击 按钮，如图 4-64 所示，单击 按钮选取边，如图 4-65 所示。在 Nodes 中输入 10，单击 Apply 按钮确认，显示预览网格如图 4-66 所示。

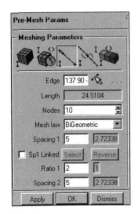

图 4-64 预览网格面板

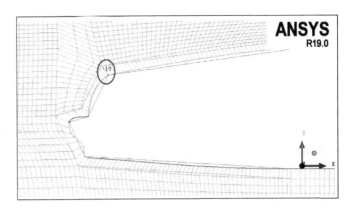

图 4-65 选取边显示

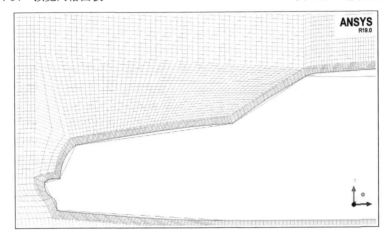

图 4-66 预览网格

4.3.4 网格质量检查

单击功能区内 Blocking（块）选项卡中的 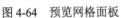（预览网格质量检查）按钮，弹出如图 4-67 所示的 Pre-Mesh Quality（预览网格质量）面板，单击 Apply 按钮确认，显示网格质量如图 4-68 所示。

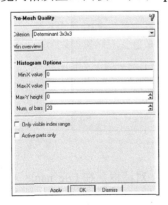

图 4-67 预览网格质量面板

图 4-68 网格检查结果

4.3.5 网格输出

步骤01　执行 File→Mesh→Load from Blocking 命令，导入网格。

步骤02　单击功能区内 Output（输出）选项卡中的 ![] （选择求解器）按钮，弹出如图 4-69 所示的 Solver Setup （选择求解器）面板，Output Solver 选择 ANSYS Fluent，单击 Apply 按钮确认。

步骤03　单击功能区内 Output（输出）选项卡中的 ![] （输出）按钮，弹出"打开网格文件"对话框，选择文件，单击"打开"按钮弹出如图 4-70 所示的 ANSYS Fluent 对话框，Grid dimension 选择 2D，单击 Done 按钮确认完成。

图 4-69　选择求解器面板

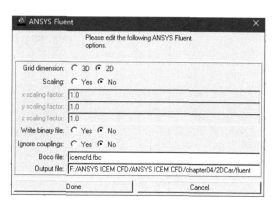

图 4-70　ANSYS Fluent 对话框

4.3.6 计算与后处理

步骤01　在 Windows 系统下执行"开始"→"所有程序"→"ANSYS 19.0"→Fluid Dynamics→"FLUENT 19.0"命令，启动 FLUENT 19.0，进入 FLUENT Launcher 界面。

步骤02　Dimension 选择 2D，单击 OK 按钮进入 FLUENT 界面。

步骤03　执行 File→Read→Mesh 命令，读入 ICEM CFD 生成的网格文件，如图 4-71 所示。

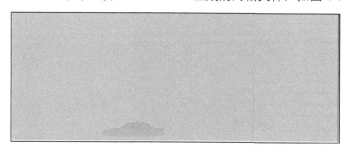

图 4-71　显示几何模型

步骤04　在任务栏单击 ![] （保存）按钮进入 Write Case （保存项目）对话框，在 File name（文件名）中输入 fluent.cas，再单击 OK 按钮保存项目文件。

步骤05　执行 Mesh→Check 命令，检查网格质量，应保证 Minimum Volume 大于 0。

步骤 06 执行 Mesh→Scale 命令，打开 Scale Mesh 面板，定义网格尺寸单位，在 Mesh Was Created In 中选择 m，单击 Scale 按钮。

步骤 07 执行 Define→General 命令，在 Time 中选择 Steady。

步骤 08 执行 Define→Model→Viscous 命令，选择 k-epsilon（2 eqn）模型。

步骤 09 执行 Define→Boundary Condition 命令，定义边界条件，如图 4-72 所示。

- IN：Type 选择为 velocity-inlet（速度入口边界条件），在 Velocity Magnitude（速度大小）中输入 5。
- OUT：Type 选择为 outflow（自由出流边界条件）。

步骤 10 执行 Solution→Controls 命令，弹出 Solution Controls（设置松弛因子）面板，保持默认值，单击 OK 按钮退出。

步骤 11 执行 Solution→Initialize 命令，弹出 Solution Initialization（设置初始值）面板，Compute From 选择 in，单击 Initialize 按钮进行计算初始化。

步骤 12 执行 Solution→Monitors→Residual 命令，设置各个参数的收敛残差值为 1e-3，单击 OK 按钮确认。

步骤 13 执行 Solution→Run Calculation 命令，迭代步数设为 300，单击 Calculate 按钮开始计算。

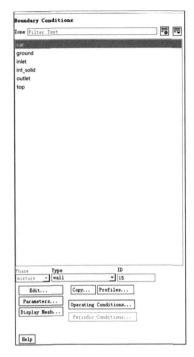

图 4-72 边界条件面板

步骤 14 执行 Display→Graphics and Animations→Contours 命令，Contours of 选择 Velocity Magnitude，单击 Display 按钮显示速度云图，如图 4-73 所示。

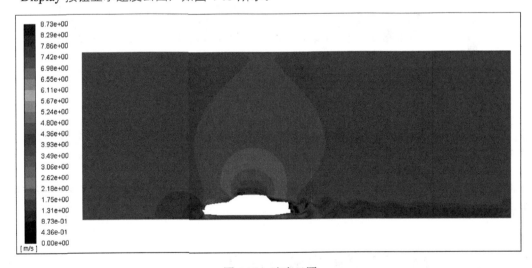

图 4-73 速度云图

步骤 15 执行 Display→Graphics and Animations→Contours 命令，Contours of 选择 Velocity Magnitude，单击 Display 按钮显示速度矢量图，如图 4-74 所示。

步骤 16 执行 Display→Graphics and Animations→Contours 命令，Contours of 选择 Static Pressure，单击 Display 按钮显示压力云图，如图 4-75 所示。

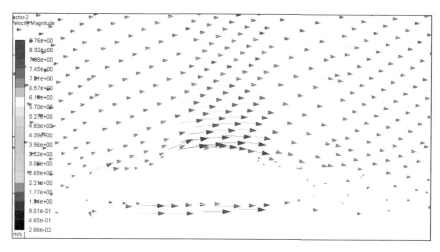

图 4-74 速度矢量图

从上述计算结果可以看出,生成的网格能够满足计算的要求,并且能够较好地模拟二维平面流动问题。

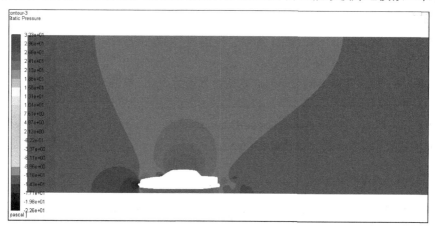

图 4-75 压力云图

4.4 变径管流模型结构网格划分

本节将通过一个变径管流的实例,让读者对 ANSYS ICEM CFD 19.0 进行二维平面模型结构网格划分的过程有一个初步了解。

4.4.1 启动 ICEM CFD 并建立分析项目

步骤01 在 Windows 系统下执行 "开始" → "所有程序" → "ANSYS 19.0" → Meshing → "ICEM CFD 19.0" 命令,启动 ICEM CFD 19.0,进入 ICEM CFD 19.0 界面。

步骤02 执行 File→Save Project 命令,弹出 Save Project As(保持项目)对话框,在 "文件名" 中输入 bianjingguan,单击确认,关闭对话框。

4.4.2 创建几何模型

步骤01 对有关创建几何模型的选项进行设置。单击菜单栏 Settings 弹出下拉列表，单击 Selection 弹出设置面板，如图 4-76 所示，勾选 Auto Pick Mode 复选框。单击菜单栏 Settings 弹出下拉列表，单击 Geometry Options 弹出设置面板，如图 4-77 所示，勾选 Name new geometry 复选框并选中 Create new part 单选按钮。

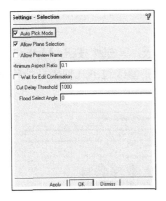

图 4-76 设置自动拾取

图 4-77 设置几何图形属性

步骤02 通过输入坐标的方法创建点。执行标签栏中的 Geometry 命令，单击 按钮，弹出设置面板。单击 按钮，选择 Create 1 point（创建一个点），输入 Part 名称为 POINTS，Name 使用默认名称，输入坐标值 pnt.00（0,0,0），单击 Apply 按钮创建点，如图 4-78 所示。其余各点创建方法与之相似，坐标分别为 pnt.01（0,100,0）、pnt.02（200,100,0）、pnt.03（200,50,0）、pnt.04（500,50,0）、pnt.05（500,0,0）。创建所有点后，显示点名称，右击模型树窗口中的 Points，在弹出的目录树中选择 Show Point Names，如图 4-79 所示。

步骤03 通过连接点的方式创建直线。执行标签栏中的 Geometry 命令，单击 按钮，弹出设置面板，输入 Part 名称为 CURVES，Name 使用默认名称，单击 按钮，如图 4-80 所示。利用鼠标左键选择分别点 pnt.00 和 pnt.01，单击鼠标中键确认，创建直线 crv.00。利用同样的方法创建以下直线：pnt.01 和 pnt.02 组成 crv.01，pnt.02 和 pnt.03 组成 crv.02，pnt.03 和 pnt.04 组成 crv.03，pnt.04 和 pnt.05 组成 crv.04，pnt.05 和 pnt.00 组成 crv.05。利用与显示点名称相似的方法显示线名称，如图 4-81 所示。

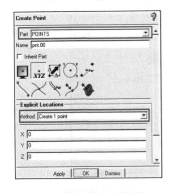

图 4-78 坐标创建点

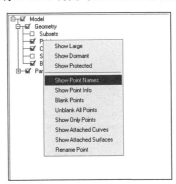

图 4-79 显示点名称

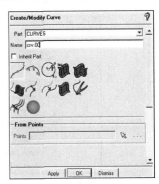

图 4-80 连接点方式创建线

图 4-81　显示点线名称

步骤 04 执行标签栏中的 Geometry 命令，单击 按钮，弹出设置面板，单击 按钮，选中 Centroid of 2 points 单选按钮，如图 4-82 所示。利用鼠标左键选择点 pnt.01 和 pnt.03，单击鼠标中键确认，完成材料点的创建，更改名称为 FLUID。

步骤 05 执行标签栏中的 Geometry 命令，单击 按钮，弹出设置面板，单击 按钮，Method 选择 From 2-4 Curves，通过 Curve 创建 Surface，如图 4-83 所示。依次选中修改过的几何模型外轮廓边线，单击鼠标中键确认。

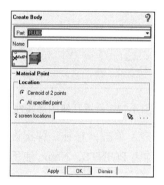

图 4-82　创建材料点

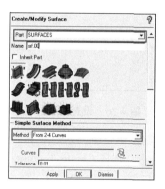

图 4-83　由线建面

步骤 06 对于二维问题，计算边界即为 Curve。在该算例中，边界条件主要由入口（INLET）、出口（OUTLET）和壁面（WALL）几部分构成。

步骤 07 定义入口 Part。右击模型树中的 Model→Parts（见图 4-84），选择 Create Parts，弹出 Create Part 设置面板，如图 4-85 所示。输入想要定义的 Part 名称为 INTET，单击 按钮选择几何元素，选择 crv.00，单击鼠标中键确认，此时 crv.00 将自动改变颜色。采用相同的方法定义其他边界条件：定义壁面 Part 名称为 WALL，选择 crv.01、crv.02 和 crv.03；定义出口 Part 名称为 OUTLET，选择 crv.04；定义对称边界 Part 名称为 SYM，选择边线 crv.05。

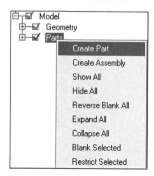

图 4-84　选择 Create Part

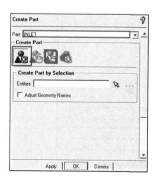

图 4-85　Create Part 设置面板

步骤08 完成几何模型的创建,如图 4-86 所示。执行 File→Geometry→Save Geometry As 命令,保存当前几何模型为 bianjingguan.tin。

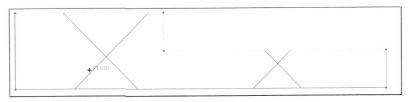

图 4-86 创建完成的几何模型

4.4.3 创建 Block

步骤01 创建 Block。执行标签栏中的 Blocking 命令,单击按钮弹出 Block 创建设置面板,如图 4-87 所示。在 Part 栏中选中生成材料点时的名称 FLUID,单击 按钮,在 Initialize Blocks→Type 下拉列表中选择 2D Planar,单击 Apply 按钮直接生成 Block,如图 4-88 所示。

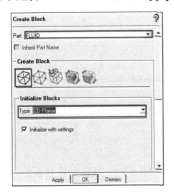

图 4-87 创建 Block

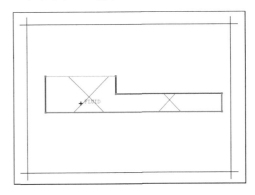

图 4-88 创建 Block 后的效果

步骤02 分割 Block。执行标签栏中的 Blocking 命令,单击 按钮弹出 Block 分割设置面板(见图 4-89),单击 按钮,其余保持默认状态。选择水平方向的 Edge,按住鼠标左键不放拖动光标,选择合适的位置,单击鼠标中键确认,完成垂直分割 Block,如图 4-90 所示。

图 4-89 分割 Block

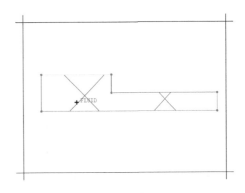

图 4-90 分割后的 Block

步骤 03 单独显示 Block。根据 Block 的拓扑结构分析，需要对步骤（2）中的 Block 进一步分割，即单独分割右侧 Block，因此只需要显示图 4-91 右侧 Block 即可。右击模型树中的 Model→Blocking（见图 4-92），选择 Index Control，在屏幕右下方弹出操作面板，单击 Select corners 按钮，在图 4-93 中选择所需保留部分 Block 的对角线两点，即可完成保留所需部分 Block 操作。

图 4-91 选择 Index Control

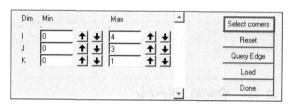

图 4-92 Block 操作面板

步骤 04 按步骤（2）的操作方法继续分割 Block，然后单击 Block 操作面板中 Reset 按钮，重新显示所有 Block，如图 4-94 所示。

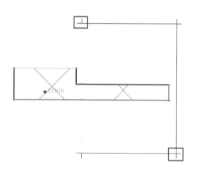

图 4-93 显示部分 Block

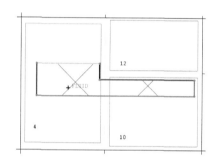

图 4-94 显示完整 Block

步骤 05 删除 Block。执行标签栏中的 Blocking 命令，单击 ![icon] 按钮进入 Block 删除设置面板（见图 4-95），单击 ![icon] 按钮，根据步骤（1）中分析的拓扑结构形状选中多余的 Block（图 4-22 所示编号为 12 的 Block），单击鼠标中键确认，完成 Block 的删除操作。

步骤 06 创建 Vertex 到 Point 的映射。执行标签栏中的 Blocking 命令，单击 ![icon] 按钮弹出建立映射关系的设置面板，如图 4-96 所示，单击 ![icon] 按钮进入创建 Vertex 映射设置界面。在 Entity 中选择 Point，建立 Vertex 到 Point 的映射关系，分别建立如图 4-97 所示 Vertex 到 Point 的映射关系。

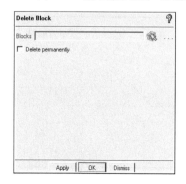

图 4-95 删除 Block 设置面板

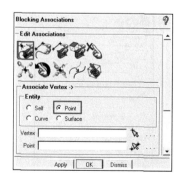

图 4-96 建立映射关系设置面板

步骤 07 创建 Vertex 到 Curve 的映射。执行标签栏中的 Blocking 命令，单击 按钮弹出建立映射关系的设置面板，单击 按钮进入创建 Vertex 映射设置界面，如图 4-98 所示。在 Entity 中选择 Curve，建立 Vertex 到 Curve 的映射关系，Vertex33 对应 Curve。

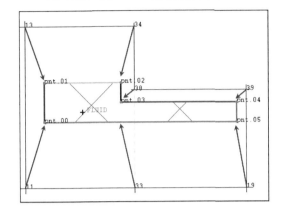

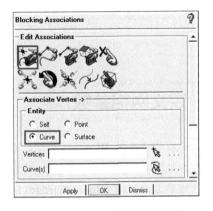

图 4-97 创建 Vertex 和 Point 的映射关系　　　　　图 4-98 Vertex 映射设置界面

步骤 08 移动 Vertex。执行标签栏中的 Blocking 命令，单击 按钮弹出移动 Vertex 的设置面板，单击 按钮进入移动 Vertex 设置界面，如图 4-99 所示。

 Movement Constraints 选项中是限制 Vertex 移动方向的，想要限制哪个方向的移动，就开启相应的选项。由于本例中 Vertex 已经对应到相应的 Curve 上，所以不必限制方向，Vertex 就只能在相应 Curve 上移动。单击 按钮，选择想要移动的 Vertex33，按住鼠标左键不放，拖动到合适的位置，释放鼠标左键即可完成操作。

步骤 09 创建 Edge 到 Curve 的映射关系。执行标签栏中的 Blocking 命令，单击 按钮弹出建立映射关系的设置面板（见图 4-100），单击 按钮进入创建 Edge 映射设置界面，选择 Edge11-13（表示由 Vertex11 和 Vertex13 连接成的 Edge）并单击鼠标中键确认，选择 cur.00 并单击鼠标中键确认。此时，Edge 颜色变为绿色，表示 Edge 和 Curve 的映射关系已经建立。采用同样的方法建立其他映射关系，最终效果如图 4-101 所示。

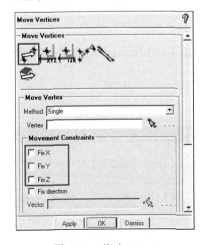

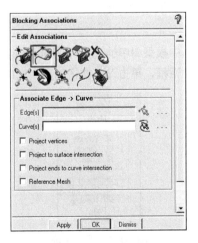

图 4-99 移动 Vertex　　　　　　　　　　图 4-100 建立映射关系的设置面板

图 4-101　建立的映射结果

4.4.4　定义网格参数

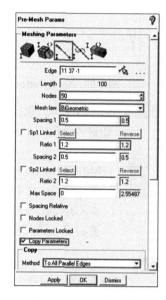

步骤 01　执行标签栏中的 Blocking 命令，单击 按钮，弹出网格参数设置面板，如图 4-102 所示。单击 按钮定义 Edge 节点参数，在 Edge 中选择需要设置的 Edge，如 Edge11-13，在 Mesh Law 下拉列表中选择 BiGeometric，在 Nodes 中输入 50，输入 Spacing 1=0.5、Spacing 2=0.5、Ratio 1=1.2、Ratio 2=1.2，勾选 Copy Parameters 复选框，单击 Apply 按钮确认。

步骤 02　采用步骤（1）中的方法定义其余 Edge。在 Edge13-34 上 Nodes=60、Spacing 1=0.5、Spacing 2=1、Ratio 1=1.2、Ratio 2=1.2，在 Edge34-38 上 Nodes=26、Spacing 1=0、Spacing 2=0.5、Ratio 1=2、Ratio 2=1.2，在 Edge38-39 上 Nodes=100、Spacing 1=1、Spacing 2=0.5、Ratio 1=2、Ratio 2=1.2，在 Edge39-19 上 Nodes=25、Spacing 1=0.5、Spacing 2=0.5、Ratio 1=1.2、Ratio 2=1.2。

步骤 03　执行 File→Blocking→Save Blocking As 命令，保存当前 Block 文件为 bianjingguan.blk。

图 4-102　网格参数定义

4.4.5　网格生成

步骤 01　选中模型树中的 Model→Blocking→Pre-Mesh 复选框，如图 4-103 所示。弹出如图 4-104 所示的 Mesh 对话框，单击 Yes 按钮确定，生成网格如图 4-105 所示。

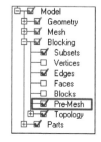

图 4-103　网格生成

图 4-104　Mesh 对话框

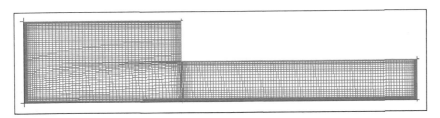

图 4-105　生成的网格

步骤 02　执行标签栏中的 Blocking 命令，单击 按钮，弹出检查网格质量设置面板，如图 4-106（a）所示，在 Criterion 下拉列表中选择 Angle，其余设置保持默认状态，单击 Apply 按钮，网格质量显示如图 4-106（b）所示。

　　　　　　　　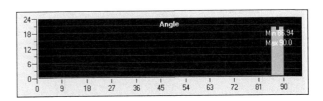

（a）检查网格质量　　　　　　　　　　　　　（b）网格质量分布

图 4-106　以 Angle 为标准检查网格质量

结构网格质量的判断标准有很多，在 Criterion 下拉列表中选择另外一种标准 Determinant2×2×2，其余保持默认设置，单击 Apply 按钮，网格质量如图 4-107 所示。

步骤 03　如图 4-108 所示，右键单击模型树中 Model→Blocking→Pre-mesh，选择 Convert to Unstruct Mesh，然后执行 File→Mesh→Save Mesh As 命令，保存当前网格文件为 bianjingguan.uns。

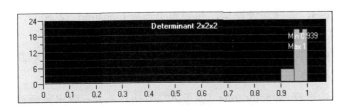　　　　　　　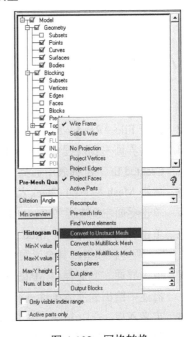

图 4-107　以 Determinant2×2×2 为标准的网格质量分布　　　　图 4-108　网格转换

因为在进行数值计算时所选用的 FLUENT 是一款计算非结构网格的软件，所以在保存网格文件之前要将其将换成非结构网格。

4.4.6 导出网格

步骤 01 执行标签栏中的 Output 命令，单击 ■ 按钮，弹出选择求解器设置面板，如图 4-109 所示，在 Output Solver 下拉列表中选择 ANSYS Fluent，单击 Apply 按钮确定。

步骤 02 执行标签栏中的 Output 命令，单击 ■ 按钮，弹出设置面板，保存 fbc 和 atr 文件为默认名，在弹出的对话框中单击 No 按钮，不保存当前项目文件，在随后弹出的对话框中选择保存的文件 bianjingguan.uns。

步骤 03 弹出如图 4-110 所示的对话框，在 Grid dimension 栏中选中 2D 单选按钮，表示输出二维网格，在 Boco file 栏中将文件名改为 bianjingguan.fbc，单击 Done 按钮导出网格。导出完成后可在步骤 (2) 中设定的工作目录中找到 bianjingguan.mesh。

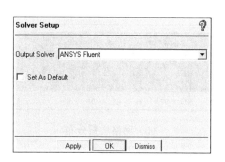

图 4-109 选择求解器

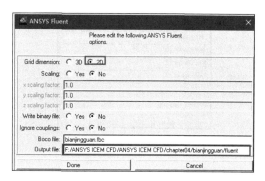

图 4-110 导出网格

4.4.7 计算与后处理

步骤 01 打开 FLUENT，选择 2D 求解器。

步骤 02 执行 File→Read→Mesh 命令，选择生成的网格 Pipe Junction.mesh。

步骤 03 单击界面左侧流程中 General，单击 Mesh 栏下的 Scale 定义网格单位，弹出对话框，在 Mesh Was Created In 下拉列表中选择 mm，单击 Scale 按钮，单击 Close 按钮关闭对话框。

步骤 04 单击 Mesh 栏下的 Check 检查网格质量，其中 Minimum Volume 应大于 0。

步骤 05 单击界面左侧流程中 General，在 Solver 栏下分别选择基于密度的稳态平面求解器。如图 4-111 所示。

步骤 06 单击界面左侧流程中 Models，双击 Viscous，选择湍流模型，在列表中选择 k-epsilon (2 eqn)，即 k-ε 两方程模型，其余设置保持默认即可，单击 OK 按钮。

步骤 07 单击界面左侧流程中 Materials，定义材料。双击选择 Fluid→Water-liquid，弹出对话框，根据问题描述中给出的流体条件进行设置，如图 4-112 所示。

步骤 08 定义入口。选中 inlet，在 Type 下拉列表中选择 velocity-inlet（速度入口）边界条件，弹出对话框。单击 Yes 按钮，弹出另一个对话框，如图 4-113 所示，在 Momentum 栏中，设置 Velocity Magnitude 值为 0.2，Turbulent Intensity 值为 5，Turbulent Viscosity Ratio 值为 0.2。

选中 outlet，在 Type 下拉列表中选择 outflow（自由出口）边界条件，弹出对话框，保持默认设置，单击 OK 按钮。

图 4-111　选择求解器　　　　　　　　图 4-112　定义材料属性

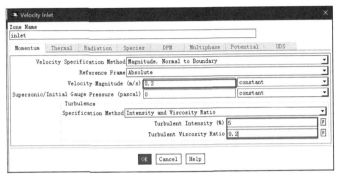

图 4-113　设置入口边界条件

选中 wall，在 Type 下拉列表中选择 wall（壁面）边界条件，弹出对话框，单击 Yes 按钮，弹出另一个对话框，保持默认设置，单击 OK 按钮。

选中 sym，在 Type 下拉列表中选择 axis（轴）边界条件，弹出对话框，保持默认设置，单击 OK 按钮。

步骤 09　定义参考值。单击界面左侧流程中 Reference Values，对计算参考值进行设置，在 Compute from 下拉列表中选中 inlet1 即可，参数值保持默认。

步骤 10　定义求解方法。单击界面左侧流程中 Solution Methods，对求解方法进行设置，为了提高精度均可选用 Second Order Upwind（二阶迎风格式），如图 4-114 所示，其余设置保持默认即可。

步骤 11　定义克朗数和松弛因子。单击界面左侧流程中 Solution Controls，保持默认设置。

步骤 12　定义收敛条件。单击界面左侧流程中 Monitors，双击 Residual 设置收敛条件，将 continuity 值修改为 1e-05，其余值保持不变，单击 OK 按钮。

步骤 13　初始化。单击界面左侧流程中 Solution Initialization，在 Compute from 下拉列表中选中 inlet，其余保持默认设置，单击 Initialize 按钮。

步骤 14　求解。单击界面左侧流程中 Run Calculation，设置迭代次数为 200，单击 Calculate 按钮，开始迭代计算。由于残差设置值较小大约 140 步收敛，如图 4-115 所示为残差变化情况。

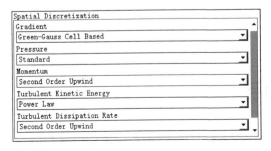
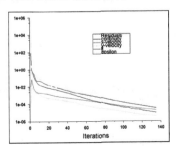

图 4-114　定义求解格式　　　　　　　　图 4-115　残差变化

步骤15 显示云图。单击界面左侧流程中 Graphics and Animations，双击 Contours，弹出对话框。在 Options 中勾选 Filled 复选框，在 Contours of 栏中分别选择 Velocity 和 Velocity Magnitude、Pressure 和 Static Pressure，显示速度标量和静温云图，如图 4-116 所示。

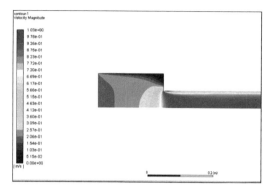

（a）速度标量云图　　　　　　　　　（b）压力云图

图 4-116　云图分布

步骤16 显示流线图。单击界面左侧流程中 Graphics and Animations，双击 Pathlines，弹出对话框。在 Style 下拉列表中选择 line-arrows，单击 Attributes 按钮，定义 Scale 值为 0.1，设定箭头大小。在 Path Skip 栏中输入 150，设置流线间距，单击 Display 按钮，得到如图 4-117 所示的流线图。

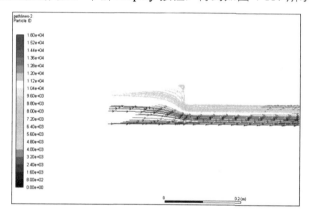

图 4-117　流线图

4.5　导弹二维模型结构网格划分

本节将生成二维导弹的外流场结构化网格，并计算导弹在 0.6 马赫数、攻角为 0°时的受力情况。

4.5.1　启动 ICEM CFD 并建立分析项目

步骤01 在 Windows 系统下执行"开始"→"所有程序"→"ANSYS 19.0"→"Meshing"→"ICEM CFD 19.0"命令，启动 ICEM CFD 19.0，进入 ICEM CFD 19.0 界面。

步骤02 执行 File→Save Project 命令,弹出 Save Project As(保持项目)对话框,在"文件名"中输入 daodan,单击确认,关闭对话框。

4.5.2 创建几何模型

步骤01 对有关创建几何模型的选项进行设置。单击菜单栏 Settings 弹出下拉列表,单击 Selection 弹出设置面板,如图 4-118 所示,勾选 Auto Pick Mode 复选框。单击菜单栏 Settings 弹出下拉列表,单击 Geometry Options 弹出设置面板,如图 4-119 所示,勾选 Name new geometry 复选框并选中 Create new part 单选按钮。

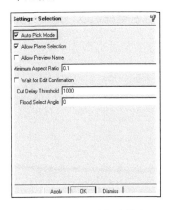

图 4-118　设置自动拾取

图 4-119　设置几何图形属性

步骤02 通过输入坐标的方法创建点。执行标签栏中的 Geometry 命令,单击 按钮,弹出设置面板,单击 按钮,选择 Create 1 point(创建一个点),输入 Part 名称为 POINTS,Name 使用默认名称,输入坐标值 pnt.00 (0,0,0),单击 Apply 按钮创建点,如图 4-120 所示。其余各点创建方法与之相似,弹体点坐标分别为 pnt.01 (200,80,0)、pnt.02 (400,100,0)、pnt.03 (1000,100,0)、pnt.04 (1070,170,0)、pnt.05 (1270,170,0)、pnt.06 (1310,100,0)、pnt.07 (1810,100,0)、pnt.08 (1880,170,0)、pnt.09 (1950,170,0)、pnt.10 (1950,85,0)、pnt.11 (2060,85,0)、pnt.12 (2130,40,0)、pnt.13 (2130,0,0)。外域点坐标分别为 pnt.14 (-15000,6000,0)、pnt.15 (-15000,-6000,0)、pnt.16 (20000,-6000,0)、pnt.17 (20000,6000,0),创建所有点后,显示点名称,右击模型树中的 Points,选择 Show Point Names,如图 4-121 所示。

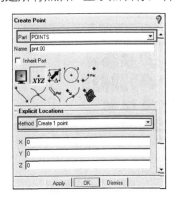

图 4-120　坐标创建点

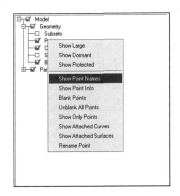

图 4-121　显示点名称

步骤03 通过连接点的方式创建直线。执行标签栏中的 Geometry 命令，单击 按钮，弹出设置面板，输入 Part 名称为 CURVES，Name 使用默认名称，单击 按钮，如图 4-122 所示。利用鼠标左键选择分别点 pnt.00、pnt.01 和 pnt.02，单击鼠标中键确认，创建曲线 crv.00。

步骤04 利用同样的方法创建弹体直线：pnt.02 和 pnt.03 组成 crv.01，pnt.03 和 pnt.04 组成 crv.02，pnt.04 和 pnt.05 组成 crv.03，pnt.05 和 pnt.06 组成 crv.04，pnt.06 和 pnt.07 组成 crv.05，pnt.07 和 pnt.08 组成 crv.06，pnt.08 和 pnt.09 组成 crv.07，pnt.09 和 pnt.10 组成 crv.08，pnt.10 和 pnt.11 组成 crv.09，pnt.11 和 pnt.12 组成 crv.10，pnt.12 和 pnt.13 组成 crv.11。

步骤05 外域直线：pnt.14 和 pnt.17 组成 crv.12，pnt.16 和 pnt.17 组成 crv.13，pnt.15 和 pnt.16 组成 crv.14，pnt.14 和 pnt.15 组成 crv.15。利用与显示点名称相似的方法显示线名称。

步骤06 镜像几何模型。执行标签栏中的 Geometry 命令，单击 按钮，弹出设置面板，如图 4-123 所示，单击 按钮，勾选 Copy 复选框，平面轴为 Y 轴，利用鼠标左键框选以创建部分弹体的全部点和线，单击鼠标中键确认，弹体镜像结果如图 4-124 所示。

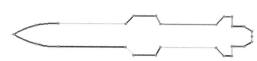

图 4-122 连接点方式创建线　　图 4-123 镜像设置面板　　图 4-124 弹体镜像结果

步骤07 执行标签栏中的 Geometry 命令，单击 按钮，弹出设置面板，单击 按钮，选择 Centroid of 2 points，如图 4-125 所示。利用鼠标左键选择点 pnt.00 和 pnt.14，单击鼠标中键确认，完成材料点的创建，更改名称为 FLUID。

步骤08 执行标签栏中的 Geometry 命令，单击 按钮，弹出设置面板，单击 按钮，选择 From 2-4 Curves，通过 Curve 创建 Surface，如图 4-126 所示。依次选中组成外域的 4 条轮廓边线，单击鼠标中键确认。

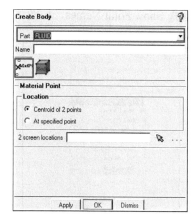

图 4-125 创建材料点　　图 4-126 由线建面

步骤 09 定义入口 Part。右击模型树中 Model→Parts（见图 4-127），选择 Create Parts，弹出 Create Parts 设置面板，如图 4-128 所示。输入想要定义的 Part 名称 INLET，单击 按钮选择几何元素，选择外域的 4 条轮廓线，单击鼠标中键确认，此时选中的线将自动改变颜色。采用相同的方法定义其他边界条件，定义壁面 Part 名称为 WALL，选择组成弹体的轮廓线。

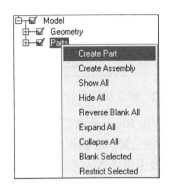

图 4-127 单击 Create Part

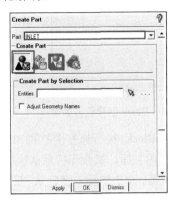

图 4-128 Create Part 设置面板

步骤 10 检查创建 Part 是否成功。完成几何模型的创建，如图 4-129 所示。保存几何模型，执行 File→Geometry→Save Geometry As 命令，保存当前几何模型为 daodan .tin。

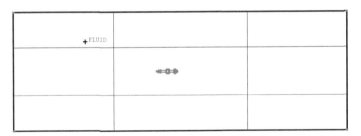

图 4-129 创建完成的几何模型

4.5.3 创建 Block

步骤 01 Block 是生成结构化网格的基础，是几何模型拓扑结构的表现形式，本例相对有些复杂，得到的拓扑结构如图 4-130 所示。

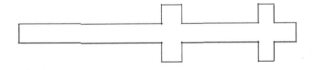

图 4-130 导弹图谱结构

步骤 02 创建 Block。执行标签栏中的 Blocking 命令，单击 按钮，弹出 Block 创建设置面板，如图 4-131 所示。在 Part 中选中生成材料点时的名称 FLUID，单击 按钮，在 Initialize Blocks→Type 下拉列表中选择 2D Planar，单击 Apply 按钮直接生成 Block，如图 4-132 所示。

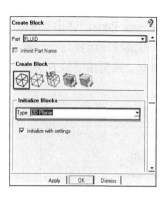
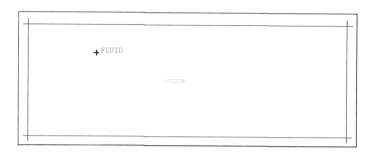

图 4-131 Block 创建设置面板　　　　　图 4-132 创建 Block 后的效果

步骤 03 分割 Block。执行标签栏中的 Blocking 命令，单击  按钮，弹出 Block 分割设置面板（见图 4-133），单击 按钮，其余保持默认状态。选择水平方向的 Edge，按住鼠标左键不放拖动光标，选择合适的位置，单击鼠标中键确认，完成垂直分割 Block。进而完成围绕弹体的两纵两横分割，如图 4-134 所示。

步骤 04 右击模型树中 Model→Blocking（见图 4-135），选择 Index Control，在屏幕右下方弹出操作面板，如图 4-136 所示，单击 Select cornets 按钮，在图 4-137 中选择所需保留部分 Block 的对角线两点，即可完成保留所需部分 Block 操作。

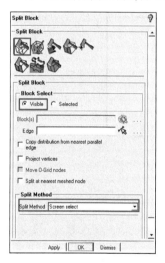
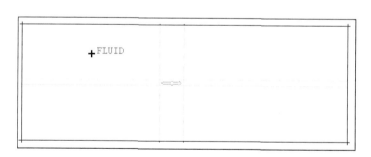

图 4-133 Block 分割设置面板　　　　　图 4-134 分割后的 Block

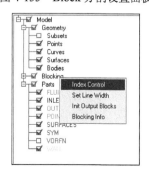
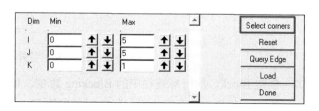

图 4-135 选择 Index Control　　　　　图 4-136 Block 操作面板

图 4-137 显示部分 Block

步骤 05 按步骤（2）的操作方法继续分割 Block，弹体周围 Block 分布情况，如图 4-138 所示。

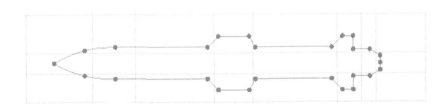

图 4-138 弹体周围 Block

步骤 06 删除 Block。执行标签栏中的 Blocking 命令，单击 按钮，进入 Block 删除设置面板，单击 按钮，根据步骤（1）中分析的拓扑结构形状选中多余的 Block（图 4-139 所示编号为 26、43、46、28、31、34、37、40 的 Block），单击鼠标中键确认，完成 Block 的删除操作。

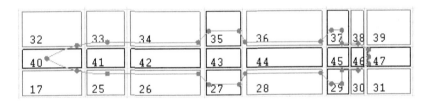

图 4-139 删除 Block

步骤 07 弹体周围 Vertex 到 Point、Vertex 到 Curve 的映射关系，如图 4-140 所示。

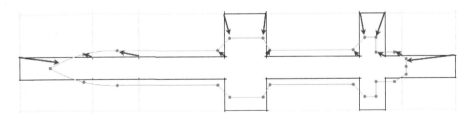

图 4-140 映射关系

步骤 08 创建 Vertex 到 Point 的映射。执行标签栏中的 Blocking 命令，单击 按钮，弹出建立映射关系的设置面板，如图 4-141 所示。单击 按钮，进入创建 Vertex 映射设置界面，在 Entity 中选择 Point，建立 Vertex 到 Point 的映射关系，包括外域 Vertex 到 Point 的映射关系。

步骤09 创建 Vertex 到 Curve 的映射。执行标签栏中的 Blocking 命令，单击 按钮，弹出建立映射关系的设置面板，单击 按钮，进入创建 Vertex 映射设置界面，如图 4-142 所示，在 Entity 中选择 Curve，建立 Vertex 到 Curve 的映射关系。

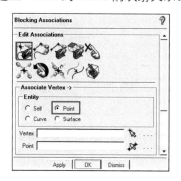
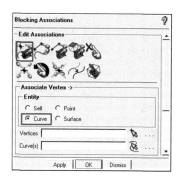

图 4-141 创建 Vertex 和 Point 的映射关系　　　　图 4-142 创建 Vertex 和 Curve 的映射关系

步骤10 移动 Vertex。执行标签栏中的 Blocking 命令，单击 按钮，弹出移动 Vertex 的设置面板，单击 按钮，进入移动 Vertex 设置界面，如图 4-143 所示。

步骤11 创建 Edge 到 Curve 的映射关系。执行标签栏中的 Blocking 命令，单击 按钮，弹出建立映射关系的设置面板，如图 4-144 所示。单击 按钮，进入创建 Edge 映射设置界面，选择 Edge116-68（表示由 Vertex116 和 Vertex68 连接成的 Edge）并单击鼠标中键确认，选择 cur.01 并单击鼠标中键确认。此时，Edge 颜色变为绿色，表示 Edge 和 Curve 的映射关系已经建立。利用同样的方法建立其他映射关系，如图 4-145 所示。

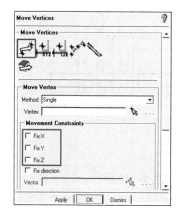
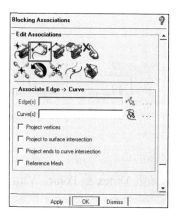

图 4-143 移动 Vertex 设置界面　　　　图 4-144 创建 Edge 到 Curve 的映射

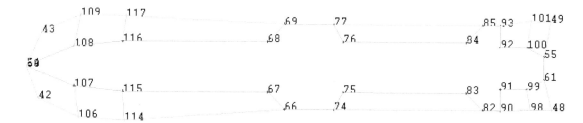

图 4-145 建立的映射结果

4.5.4 定义网格参数

步骤 01 执行标签栏中的 Blocking 命令,单击 按钮,弹出网格参数设置面板,如图 4-146 所示,单击 按钮,定义 Edge 节点参数,在 Edge 栏中选择需要设置的 Edge,如 Edge116-68,在 Mesh Law 下拉列表中选择 BiGeometric,在 Nodes 中输入 40,输入 Spacing 1=0、Spacing 2=0、Ratio 1=2、Ratio 2=2,勾选 Copy Parameters 复选框,单击 Apply 按钮确定。

步骤 02 采用步骤(1)中的方法定义弹体周围 Edge。在 Edge54-108 上 Nodes=20、Spacing 1=0、Spacing 2=0、Ratio 1=2、Ratio 2=2,在 Edge108-116 上 Nodes=15、Spacing 1=0、Spacing 2=0、Ratio 1=2、Ratio 2=2,在 Edge68-69 上 Nodes=10、Spacing 1=2.5、Spacing 2=0、Ratio 1=1.2、Ratio 2=2,在 Edge69-77 上 Nodes=20、Spacing 1=0、Spacing 2=0、Ratio 1=2、Ratio 2=2,在 Edge76-84 上 Nodes=40、Spacing 1=0、Spacing 2=0、Ratio 1=2、Ratio 2=2,在 Edge85-93、92-100、55-61 上 Nodes=10、Spacing 1=0、Spacing 2=0、Ratio 1=2、Ratio 2=2,在 Edge100-55 上 Nodes=8、Spacing 1=0、Spacing 2=0、Ratio 1=2、Ratio 2=2。定义外域 Edge,Edge13-34 上 Nodes=50、Spacing 1=0、Spacing 2=5、Ratio 1=2、Ratio 2=1.2,在 Edge38-21 上 Nodes=60、Spacing 1=7、Spacing 2=0、Ratio 1=1.2、Ratio 2=2,在 Edge13-41 上 Nodes=50、Spacing 1=10、Spacing 2=0、Ratio 1=1.2、Ratio 2=2,在 Edge47-11 上 Nodes=50、Spacing 1=0、Spacing 2=5、Ratio 1=2、Ratio 2=1.2。

步骤 03 执行标签栏中的 Blocking 命令,单击 按钮,弹出 Block 分割设置面板,如图 4-147 所示。单击 按钮,勾选 Around blocks 复选框,设置 Offset 值为 1,单击 按钮,弹出 Block 选择工具栏,如图 4-148 所示。单击 按钮,弹出选择对话框,选择 VORFN,单击 Accept 按钮,出现如图 4-149 所示的情况,最后单击 Apply 按钮。

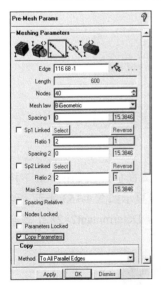

图 4-146 网格参数定义

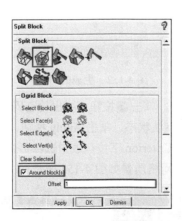

图 4-147 Ogrid 设置面板

图 4-148 Block 选择工具栏

步骤 04 根据步骤(1)中的方法设置 Ogrid 中 Edge,Nodes=20、Spacing 1=0、Spacing 2=0.1、Ratio 1=2、Ratio 2=1.2。

步骤 05 执行 File→Blocking→Save Blocking As 命令,保存当前的 Block 文件为 daodan.blk。

图 4-149 选择要生成 Ogrid 的 Block

4.5.5 网格生成

步骤 01 选中模型树中 Model→Blocking→Pre-Mesh 复选框,如图 4-150 所示,弹出如图 4-151 所示的对话框,单击 Yes 按钮确定,生成网格如图 4-152 所示。

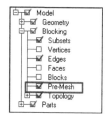

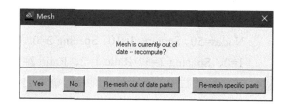

图 4-150 生成网格   图 4-151 Mesh 对话框

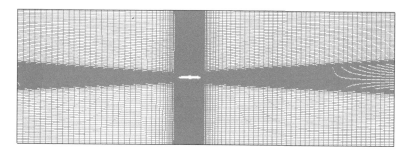

图 4-152 生成的网格

步骤 02 执行标签栏中的 Blocking 命令,单击 按钮,弹出检查网格质量设置面板,在 Criterion 下拉列表中选择 Angle,其余设置保持默认状态。单击 Apply 按钮,网格质量显示如图 4-153 所示。结构网格质量的判断标准有很多,在 Criterion 下拉列表中选择另外一种标准 Determinant2×2×2,其余保持默认设置,单击 Apply 按钮,网格质量如图 4-154 所示。

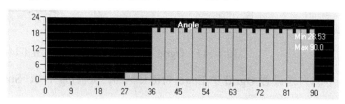

图 4-153 以 Angle 为标准检查网格质量

第 4 章 二维平面模型结构网格划分

步骤 03 如图 4-155 所示，右键单击模型树中 Model→Blocking→Pre-Mesh，选择 Convert to Unstruct Mesh。然后执行 File→Mesh→Save Mesh As 命令，保存当前网格文件为 daodan .uns。

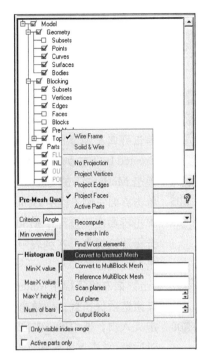

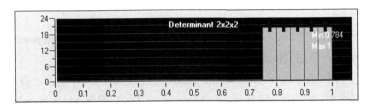

图 4-154 以 Determinant2×2×2 为标准的网格质量分布

图 4-155 网格转换

4.5.6 导出网格

步骤 01 执行标签栏中的 Output 命令，单击 按钮，弹出选择求解器设置面板，如图 4-156 所示。在 Output Solver 下拉列表中选择 ANSYS Fluent，单击 Apply 按钮确定。

步骤 02 执行标签栏中的 Output 命令，单击 按钮，弹出设置面板，保存 fbc 和 atr 文件为默认名，在弹出的对话框中单击 No 按钮，不保存当前项目文件，在随后弹出的对话框中选择保存的文件 daodan .uns。

步骤 03 弹出如图 4-157 所示的对话框，在 Grid dimension 栏中选中 2D 单选按钮，表示输出二维网格，在 Boco file 栏中将文件名修改为 daodan.fbc，单击 Done 按钮导出网格。导出完成后可在已设定的工作目录中找到 daodan .mesh。

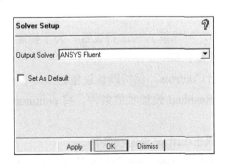

图 4-156 选择求解器

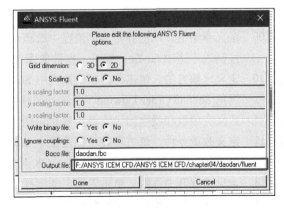

图 4-157 导出网格

4.5.7 计算与后处理

步骤01 打开 FLUENT，选择 2D 求解器。

步骤02 执行 File→Read→Mesh 命令，选择生成的网格 daodan .mesh。

步骤03 单击界面左侧流程中 General，单击 Mesh 栏下的 Scale 定义网格单位，弹出对话框，在 Mesh Was Created In 下拉列表中选择 mm，单击 Scale 按钮，单击 Close 按钮关闭对话框。

步骤04 单击 Mesh 栏下的 Check 检查网格质量，注意 Minimum Volume 应大于 0。

步骤05 单击界面左侧流程中 General，在 Solver 栏下分别选择基于密度的稳态平面求解器，如图 4-158 所示。

步骤06 单击界面左侧流程中 Models，双击 Energy 弹出对话框，启动能量方程，单击 OK 按钮。双击 Viscous，选择湍流模型，在列表中选择 k-epsilon (2 eqn)，即 k-ε 两方程模型，其余设置保持默认即可，单击 OK 按钮。

步骤07 单击界面左侧流程中 Materials，定义材料。双击 Fluid→air，弹出对话框，在 Density 栏中选择 ideal-gas，其余选项保持默认，单击 Change/Create，单击 Close 关闭对话框。

步骤08 定义入口。选中 far_field，在 Type 下拉列表中选择 pressure-far-field（压力远场）边界条件，弹出对话框，单击 Yes 按钮，弹出另一个对话框，如图 4-159 所示。在 Momentum 栏中，设置 Mach Number 值为 0.6，Gauge Pressure 值为 101325。选中 body，在 Type 下拉列表中选择 wall（壁面）边界条件，弹出对话框，单击 Yes 按钮，弹出另一个对话框，保持默认设置，单击 OK 按钮。

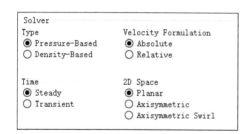

图 4-158 选择求解器　　　　　图 4-159 设置入口边界条件

步骤09 定义参考值。单击界面左侧流程中 Reference Values，对计算参考值进行设置，在 Compute from 下拉列表中选中 far-field 即可，参数值保持默认。

步骤10 定义求解方法。单击界面左侧流程中 Solution Methods，对求解方法进行设置，为了提高精度均选用 Second Order Upwind（二阶迎风格式），其余设置默认即可。

步骤11 定义克朗数和松弛因子。单击界面左侧流程中 Solution Controls，保持默认设置。

步骤12 定义收敛条件。单击界面左侧流程中 Monitors，双击 Residual 设置收敛条件，将 continuity 值修改为 1e-04，其余值保持不变，单击 OK 按钮。

步骤13 定义监视升力系数。单击界面左侧流程中 Monitors，双击 Lift 设置监视条件。

步骤14 初始化。单击界面左侧流程中 Solution Initialization，在 Compute from 下拉列表中选中 far-field，其余保持默认，单击 Initialize 按钮。

步骤15 求解。单击界面左侧流程中 Run Calculation，设置迭代次数为 2000，单击 Calculate 按钮，开始迭代计算。由于残差设置值较小大约 1300 步收敛，图 4-160 所示为残差变化情况。

步骤16 显示云图。单击界面左侧流程中 Graphics and Animations，双击 Contours，弹出对话框。在 Options 中勾选 Filled 复选框，在 Contours of 栏中分别选择 Velocity 和 Velocity Magnitude、Temperature 和 Static Temperature、Pressure 和 Static Pressure，显示速度标量、静温云图和压力云图，分别如图 4-161～图 4-163 所示。

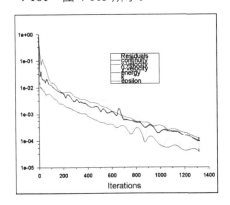

图 4-160 残差变化

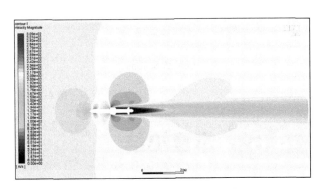

图 4-161 速度标量云图

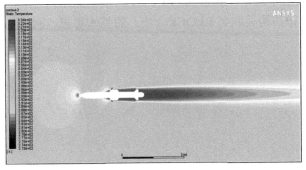

图 4-162 温度云图

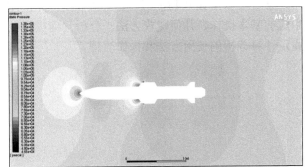

图 4-163 压力云图

步骤17 显示速度矢量图。单击界面左侧流程中 Graphics and Animations，双击 Vectors，弹出对话框。在 Style 下拉列表中选择 arrow，定义 Scale 值为 20，设定箭头大小，在 Skip 中输入值 1，设置矢量间距，在 Vectors of 中选择 Velocity，单击 Display 按钮，得到如图 4-164 所示的速度矢量图。

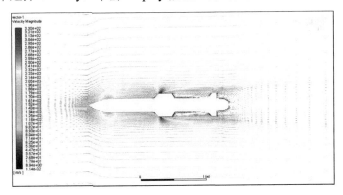

（a）全局

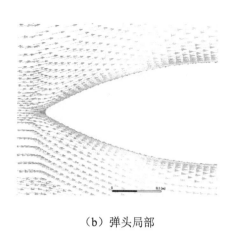 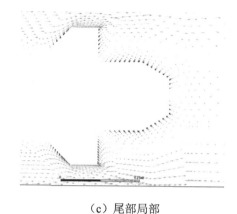

　　　　　（b）弹头局部　　　　　　　　　　　　　（c）尾部局部

图 4-164　速度矢量图

4.6　本章小结

　　本章结合典型实例介绍了 ICEM CFD 二维平面结构化网格生成的基本过程。通过对本章内容的学习，读者可以掌握 ICEM CFD 二维平面结构化网格的基本知识，熟悉 ICEM CFD 二维平面结构化网格生成的基本操作、几何建模方法、分析几何模型的拓扑结构关联到 BLOCK（块）的基本思想、网格生成及计算分析的使用方法和操作流程。

第 5 章

三维模型结构网格划分

导言

第 4 章介绍了二维模型结构网格划分方法，三维模型结构网格划分与二维类似，也需要创建合适的块，进行关联，设定网格尺寸，导出网格等步骤。本章将重点介绍 ICEM CFD 中块的创建策略和三维模型结构网格划分步骤。

学习目标

- ★ ICEM CFD 中块的创建策略
- ★ 三维模型结构网格划分步骤
- ★ 三维结构网格质量的检查方法
- ★ 网格输出的基本步骤

5.1 三维模型结构网格生成流程

通过对第 4 章内容的学习，已经对 ICEM CFD 生成结构网格有了一定的认识，本节将简要总结生成结构网格的基本步骤并详细介绍 Block（块）创建策略。

ICEM CFD 生成结构网格的流程如图 5-1 所示。

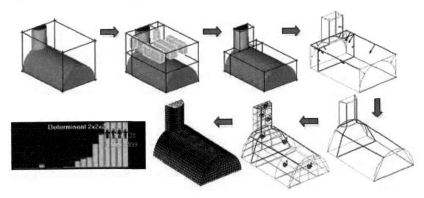

图 5-1　ICEM CFD 生成结构网格的流程

- Create Block（生成块）：创建整体块。
- Split Block（分割块）：分析几何体，根据基本的分块思想划分块。

- Merge Vertices（合并顶点）：将两个以上的顶点合并成一个顶点。
- Edit Blocks（编辑块）：通过编辑块的方法得到特殊的网格形式。
- Delete Blocks（删除块）：删除多余的块。
- Transform Blocks（变换块）：根据具体问题对块进行平移、镜像等操作。
- Associate（生成关联）：在块与几何模型之间生成关联关系。
- Move Vertices（移动顶点）：根据需要移动顶点。
- Edit Edges（编辑边界）：通过对块的边界进行修整以适应几何模型。
- Check Blocks（检查块）：检查块的结构。
- Pre-Mesh Params（预设网格参数）：指定网格参数供用户预览。
- Pre-Mesh Quality（预览网格质量）：预览网格质量，从而修正网格。
- Pre- Mesh Smooth（预网格平滑）：平滑网格提高网格质量。

实际操作中不一定严格按照上述步骤进行，而且某些操作还会交叉进行。

5.2 Block（块）创建策略

从第 4 章二维结构网格划分可以看出，创建合理的 Block（块）是生成结构化网格最基础和重要的一环，本节将重点介绍 Block（块）创建策略。

5.2.1 Block（块）的生成方法

ICEM 生成 Block（块）的方法主要有以下两种。

1. 自顶向下创建

自顶向下创建方法类似于雕塑，这种方式的划分思路为先创建一个整体块，然后对块进行切割、合并等操作完成最终块。

这种分块方式的主要优势在于可以从整体上把握拓扑结构。但是在几何比较复杂或切割次数过多的情况下，由于块的数量较多，而导致 Edge 及 Face 的数量过多，在进行关联选取时会不方便。

将如图 5-2 所示的几何模型自顶向下创建拓扑结构的思路如图 5-3 所示。

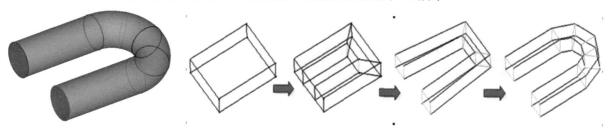

图 5-2　几何模型　　　　　　　　图 5-3　自顶向下创建拓扑结构

2. 自下而上创建

自下而上创建方法类似于建造建筑，从无到有一步步地以添加的方式构建符合块。自下而上创建拓扑结构的思路如图 5-4 所示。

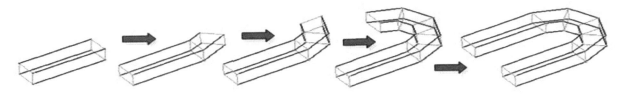

图 5-4　自下而上创建拓扑结构

 这种方式与自顶向下方式的主要区别在于块的生成方式不同。其他诸于关联、网格尺寸设定等均采用相同的操作方式。

5.2.2　Block（块）的操作流程

1. 初始分块

创建一个新的块结构，需要先生成一个初始块。在 ICEM CFD 中初始块类型分为以下三种。

- 3D Bounding Box：对于三维模型创建的块环绕在几何体周围，如图 5-5 所示。
- 2D Surface Blocking：对于二维模型创建的块在第 4 章中已介绍过，如图 5-6 所示。
- 2D Planar：在 z = 0 的 XY 平面内环绕 2D 几何实体创建 2D 块，即使几何体不是 2D 形式。

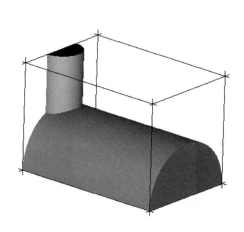

图 5-5　3D 初始块

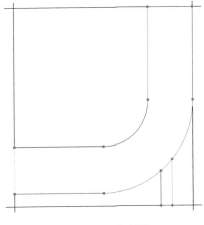

图 5-6　2D 初始块

2. 分割删除块

根据几何模型的形状特征分割初始块并对无用的块进行删除，如图 5-7 所示。

3. 关联几何体和块

通常将边和曲线建立关联，在最后的网格中边将投影到这些曲线，如图 5-8 所示。

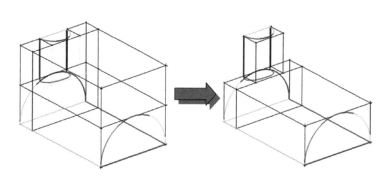
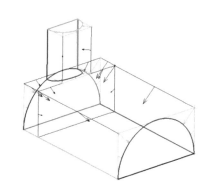

图 5-7 分割删除块 　　　　　　　　　图 5-8 关联几何体和块

几何体和块不同几何元素的对照关系可参见表 5-1。

表 5-1 几何体和块几何元素对照表

Geometry 几何	Blocking 块
Point 点	Vertex 顶点
Curve 曲线	Edge 边
Surface 曲面	Face 面
Volume 体	Block 块

4．移动块顶点

在关联块和几何体之后，需要移动顶点以更好地表现几何体的形状，以便所有显示的顶点可以立刻投影到几何体。在移动顶点时，可以单独在几何体上移动它们，也可以一次移动多个点，还可以沿着固定平面或线/矢量移动，如图 5-9 所示。

在移动顶点时，图形显示的颜色表明了关联类型及顶点可以进行的移动方式。

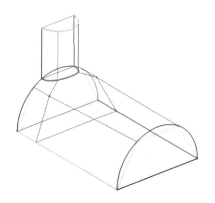

- 红色：表示约束到几何点（point），除非改变关联，否则不可移动，如图 5-10（a）所示。
- 绿色：表示约束到曲线（curve），在特定的曲线上滑动，如图 5-10（b）所示。

图 5-9 移动块顶点

- 白色：表示约束到曲面（surfaces），在任何 ACTIVE 曲面上滑动（在模型树中打开显示的曲面），如果不在曲面上，就跳到最近的 ACTIVE 曲面上移动，如图 5-10（c）所示。
- 蓝色：表示自由（通常是内部）顶点，选择顶点附近的边并在其上移动，如图 5-10（d）所示。

（a）红色　　　　　　　　　　　　　　（b）绿色

图 5-10 几何约束

（c）白色

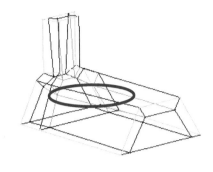

（d）蓝色

图 5-10　几何约束（续）

5．设置网格尺寸

通过设置曲面和曲线网格尺寸快速定义六面体网格尺寸或设置 edge-by-edge 对网格进行细化调整。

6．预览网格

在预览网格之前要对块进行更新，尤其是修改了单元尺寸之后，预览网格如图 5-11 所示。

7．检查网格质量

ICEM CFD 中以网格质量直方图的形式显示网格的质量，如图 5-12 所示。需要考虑的主要参数包括：

图 5-11　预览网格

- Determinant（决定指标），用来描述测量单元变形，大部分求解器接受 >0.1，推荐 >0.2。
- Angle（角度），用来表示单元最小内角，推荐>18°。
- Aspect ratio（纵横比）。
- Volume（体积）。
- Warpage（扭曲），推荐 <45°。

通过设置直方图，可以显示指定质量范围内的网格单元，如图 5-13 所示。

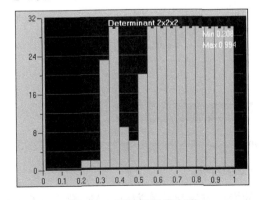

图 5-12　网格质量直方图

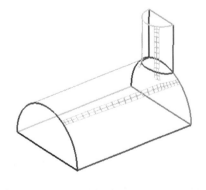

图 5-13　指定质量范围内网格单元显示

5.2.3 O-Block 基础

在进行结构化网格划分过程中,当几何模型为圆柱或比较复杂的几何体时,为保证分割块位于曲线或曲面上时减少歪斜、提高壁面附近聚集的网格点的效率,可以采用 O-Block 方法来提高网格质量,如图 5-14 所示。同时,O-Block 方法还可以解决环绕固体区域的边界层问题而不必增加网格点数目,如图 5-15 所示。

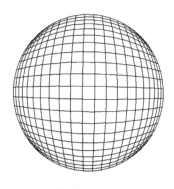
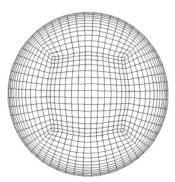

(a) 没有采用 O-Block   (b) 采用 O-Block

图 5-14 O-Block 网格

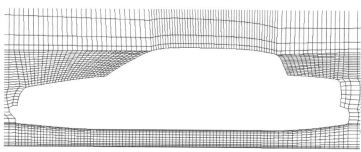

(a) 没有采用 O-Block

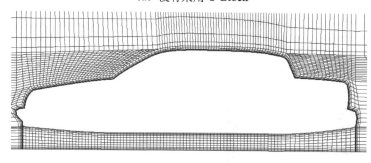

(b) 采用 O-Block

图 5-15 环绕固体区域的边界层网格

结构化网格按照网格分布有三种基本类型,采用相同的操作方法都被称为 O-Grids,分别为 O-Grid、C-grid(半个 O-Grid)、L-grid(四分之一 O-Grid),如图 5-16 所示。

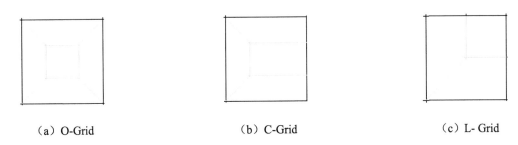

（a）O-Grid　　　　　　　（b）C-Grid　　　　　　　（c）L-Grid

图 5-16　O-grid 基本类型

在 ICEM CFD 中，O-Block 的操作面板如图 5-17 所示，基本操作功能包括：

- O-Grid 选择块，可以通过 visible（可视）、all（全部）、part、around face（环绕面）、around edge（环绕边）、around vertex（环绕点）、2 corner method（对角点）选择，如图 5-18 所示。

 内部块含有所有内部边和顶点。

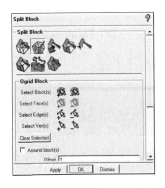
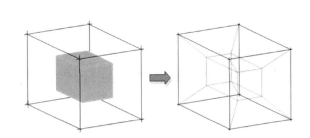

图 5-17　O-Block 的操作面板　　　　　　图 5-18　O-Grid 选择块

- O-Grid 选择面，一般情况下在"平坦部分"添加面，增加一个面实际上等价于增加了面两侧的 block 块，如图 5-19 所示。

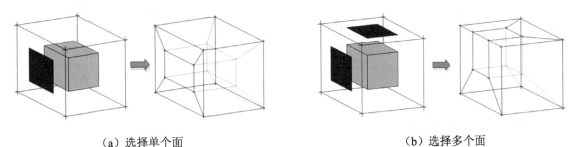

（a）选择单个面　　　　　　　　　　（b）选择多个面

图 5-19　O-Grid 选择面

- Around block（s）创建 O-Grid 环绕选定的块，用于创建环绕固体对象的网格，如图 5-20 所示。
- 比例缩放 O-Grids，在创建过程中或创建后 O-Grids 可以改变尺寸，默认情况下 O-Grid 尺寸设置为使网格扭曲最小。实际上通过设定选择的边，可以缩放所有平行的 O-Grid 边，如图 5-21 所示。

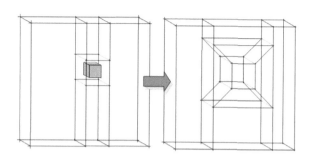

图 5-20 创建 O-Grid 环绕选定的块

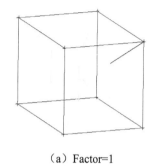

（a）Factor=1

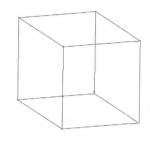

（b）Factor=0.3

图 5-21 比例缩放 O-Grids

5.3 管接头模型结构网格划分

本节将通过一个管接头几何模型网格生成的例子，介绍三维模型结构网格划分方法和操作流程。

5.3.1 启动 ICEM CFD 并建立分析项目

- 步骤01 在 Windows 系统下执行"开始"→"所有程序"→"ANSYS 19.0"→Meshing→"ICEM CFD 19.0"命令，启动 ICEM CFD 19.0，进入 ICEM CFD 19.0 界面。
- 步骤02 执行 File→Save Project 命令，弹出 Save Project As（保持项目）对话框，在"文件名"中输入 Pipes，单击确认，关闭对话框。

5.3.2 导入几何模型

- 步骤01 执行 File→Import Model 命令，弹出 Select Import Model file（选择文件）对话框，在"文件名"中输入 3dpipe.x_t，单击"打开"按钮确认。
- 步骤02 在弹出如图 5-22 所示的 Import Model（导入模型文件）面板中，Units 选择 Inches，单击 OK 按钮确认。
- 步骤03 导入几何文件后，在图形显示区将显示几何模型，如图 5-23 所示。

图 5-22 导入模型文件面板

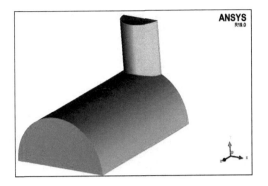

图 5-23 几何模型

5.3.3 模型建立

步骤 01 单击功能区内 Geometry（几何）选项卡中的 （修复模型）按钮，弹出如图 5-24 所示的 Repair Geometry（修复模型）面板，单击 按钮，在 Tolerance 中输入 0.1，勾选 Filter points 复选框和 Filter curves 过滤，在 Feature angle 中输入 30，单击 OK 按钮确认，几何模型将修复完毕，如图 5-25 所示。

图 5-24 修复模型面板

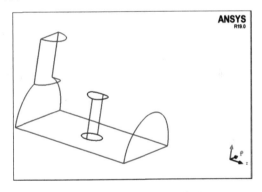

图 5-25 修复后的几何模型

步骤 02 在操作控制树中右键单击 Parts，弹出如图 5-26 所示的目录树，选择 Create Part，弹出如图 5-27 所示的 Create Part 面板。Part 选择 IN，单击 按钮选择边界，单击鼠标中键确认，生成入口边界条件如图 5-28 所示。

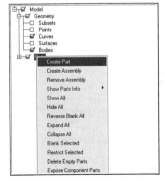

图 5-26 选择生成边界命令

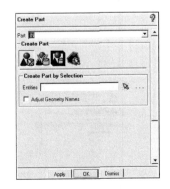

图 5-27 生成边界面板

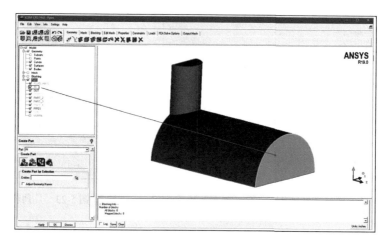

图 5-28　入口边界条件

步骤 03　同步骤（2）方法生成出口边界条件，命名为 OUT，如图 5-29 所示。

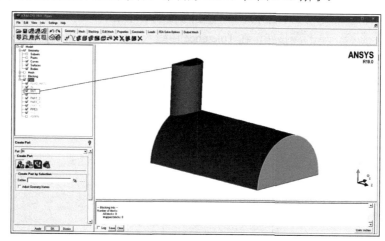

图 5-29　出口边界条件

步骤 04　同步骤（2）方法生成新的 Part，命名为 PIPES，如图 5-30 所示。

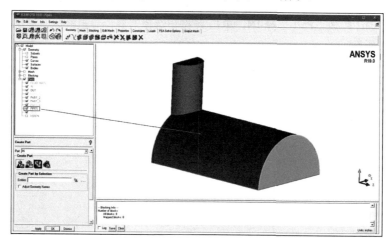

图 5-30　PIPES

步骤 05 同步骤（2）方法生成新的 Part，命名为 ROD，如图 5-31 所示。

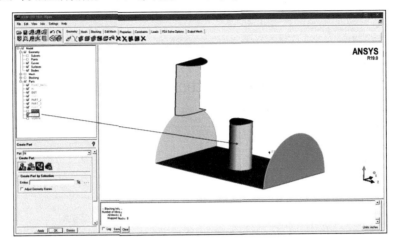

图 5-31 ROD

步骤 06 在操作控制树中，右键单击 Parts，弹出如图 5-32 所示的目录树，选择 Delete Empty Parts。

步骤 07 单击功能区内 Geometry（几何）选项卡中的 （生成体）按钮，弹出如图 5-33 所示的 Create Body（生成体）面板，单击 按钮，在 Part 中输入 FLUID_MATL，选择如图 5-34 所示的两个屏幕位置，单击鼠标中键确认。

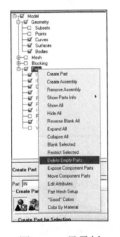
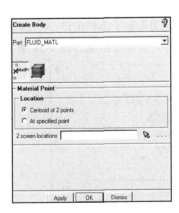

图 5-32 目录树　　　　　　　　图 5-33 生成体面板

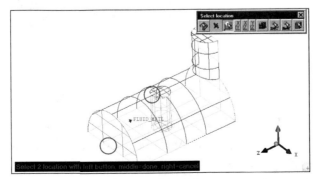

图 5-34 选择点位置

5.3.4 生成块

步骤01 单击功能区内 Blocking（块）选项卡中的 (创建块) 按钮，弹出如图 5-35 所示的 Create Block （创建块）面板，单击 按钮，Part 选择 FLUID_MATL，Type 选择 3D Bounding Box，单击 OK 按钮确认，创建初始块如图 5-36 所示。

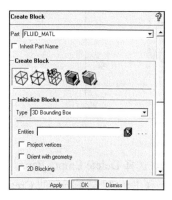

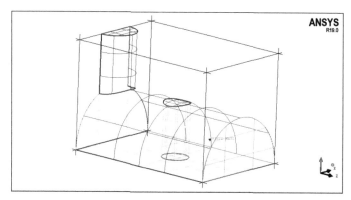

图 5-35 创建块面板　　　　　　　　　　　图 5-36 创建初始块

步骤02 单击功能区内 Blocking（块）选项卡中的 (分割块) 按钮，弹出如图 5-37 所示的 Split Block（分割块）面板。单击 按钮，单击 Edge 旁的 按钮，在几何模型上单击要分割的边，新建一条边，新建边垂直于选择的边，利用鼠标左键拖动新建边到合适的位置，单击鼠标中键或 Apply 按钮完成操作，创建分割块如图 5-38 所示。

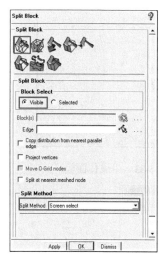

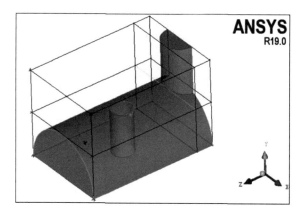

图 5-37 分割块面板　　　　　　　　　　　图 5-38 分割块

步骤03 单击功能区内 Blocking（块）选项卡中的 (删除块) 按钮，弹出如图 5-39 所示的 Delete Block （删除块）面板，选择顶角的块后单击 Apply 按钮确认，删除块效果如图 5-40 所示。

步骤04 同步骤（2）方法另外增加两个分割块，如图 5-41 所示。

步骤05 同步骤（3）方法删除新增加两个分割块，雕刻出小圆柱，如图 5-42 所示。

图 5-39　删除块面板

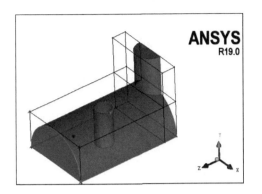
图 5-40　删除块

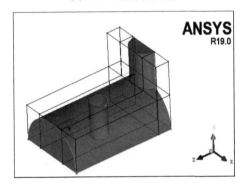
图 5-41　新增分割

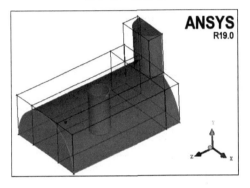
图 5-42　删除新增块

步骤 06　单击功能区内 Blocking（块）选项卡中的 ![icon]（关联）按钮，弹出如图 5-43 所示的 Blocking Associations（块关联）面板，单击 ![icon]（Edge 关联）按钮，勾选 Project vertices 复选框，单击 ![icon] 按钮，选择块上环绕大圆柱自由端的 5 条边（INLET 侧）并单击鼠标中键确认，然后单击 ![icon] 按钮，选择模型下面的曲线（半圆弧）并单击鼠标中键或 Apply 按钮确认，选择的曲线会自动组成一组，关联边和曲线的选取如图 5-44 所示。

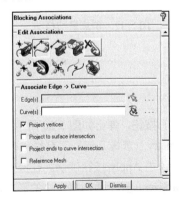
图 5-43　Edge 关联面板

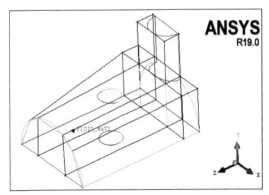
图 5-44　边关联

选择块上的边将以红色高亮显示，选择模型上的曲线将以白色高亮显示，当选择的边变成绿色，表明它们与曲线关联（约束）并且块的顶点将会移到曲线上。

步骤07 同步骤（6）方法关联块与几何其他对应的边，如图 5-45 所示。

步骤08 在操作控制树中右键单击 Blocking 中的 Edges，弹出如图 5-46 所示的目录树，选择 Show association，显示如图 5-47 所示的顶点和边的关联关系。

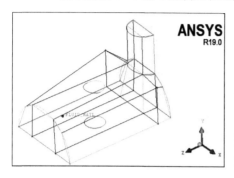

图 5-45 边关联 　　　图 5-46 目录树 　　　图 5-47 边的关联关系显示

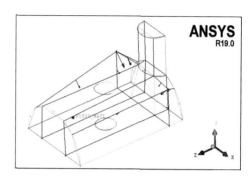

 可以用重新关联来纠正有错误的关联（不需要 undo 来纠正）。

步骤09 在 Blocking Associations（块关联）面板中单击 （捕捉投影点）按钮（见图 5-48），ICEM CFD 将自动捕捉顶点到最近的几何位置，如图 5-49 所示。

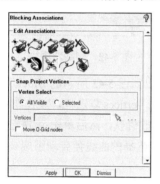

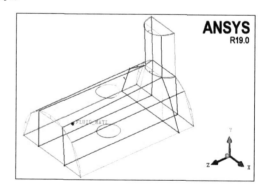

图 5-48 Edge 关联面板 　　　　　　图 5-49 顶点自动移动

5.3.5 网格生成

步骤01 单击功能区内 Mesh（网格）选项卡中的 （表面网格设定）按钮，弹出如图 5-50 所示 Surface Mesh Setup（表面网格设定）面板，单击 按钮弹出 Select geometry（选择几何）工具栏，单击 （选择全部）按钮，选择所有平面，在 Maximum size 中输入 5，单击 Apply 按钮确认。在操作控制树中右键单击 Surfaces，弹出如图 5-51 所示的目录树，选择 Hexa Sizes，显示面网格大小的形式，如图 5-52 所示。

步骤02 单击功能区内 Blocking（块）选项卡中的 （预览网格）按钮，弹出如图 5-53 所示的 Pre-Mesh Params（预览网格）面板，单击 按钮，选中 Update All 单选按钮，单击 Apply 按钮确认，显示预览网格如图 5-54 所示。

第 5 章 三维模型结构网格划分

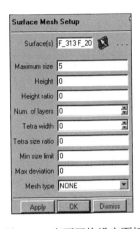

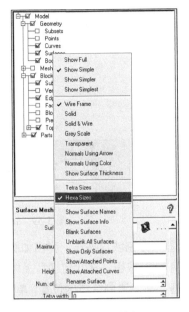

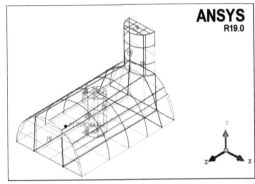

图 5-50　表面网格设定面板　　图 5-51　目录树　　图 5-52　显示面网格大小的形式

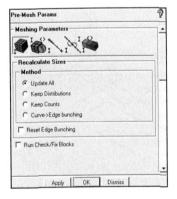

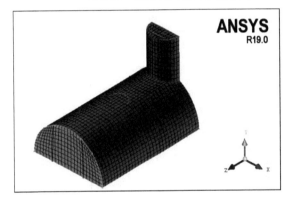

图 5-53　预览网格面板　　　　　　　　　　图 5-54　预览网格显示

步骤 03 在 Pre-Mesh Params（预览网格）面板中单击 ![] 按钮（见图 5-55），单击 ![] 按钮选取边，如图 5-56 所示。在 Nodes 中输入 10，单击 Apply 按钮确认，显示预览网格如图 5-57 所示。

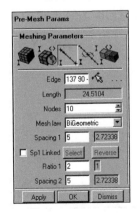

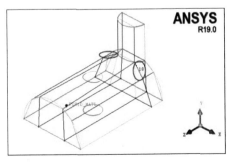

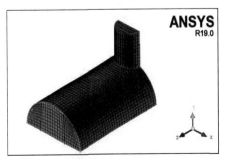

图 5-55　预览网格面板　　　　图 5-56　选取边显示　　　　图 5-57　预览网格显示

111

步骤 04 在操作控制树中右键单击 Blocking，弹出如图 5-58 所示的目录树，选择 Index Control，弹出如图 5-59 所示的面板，在 I 中设置 Min 为 2，Max 为 3。

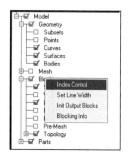

图 5-58　目录树　　　　　　　　　　　　图 5-59　Index Control 面板

步骤 05 单击功能区内 Blocking（块）选项卡中 （分割块）按钮，弹出如图 5-60 所示的 Split Block（分割块）面板。单击 按钮，单击 Edge 旁的 按钮，在几何模型上单击要分割的边，新建一条边，新建边垂直于选择的边，利用鼠标左键拖动新建边到合适的位置，单击鼠标中键或 Apply 按钮完成操作，创建分割块如图 5-61 所示。

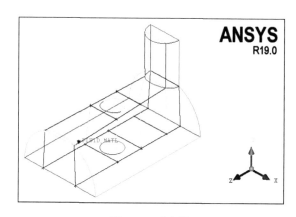

图 5-60　分割块面板　　　　　　　　　　　图 5-61　分割块

步骤 06 单击功能区内 Blocking（块）选项卡中的 （移动顶点）按钮，弹出如图 5-62 所示的 Move Vertices（移动顶点）面板，单击 按钮，选择一个反映杆长度的边及位于杆顶端的一个顶点，如图 5-63 所示。设置 Move in plane 为 XZ，单击鼠标中键完成操作，顶点移动后位置如图 5-64 所示。

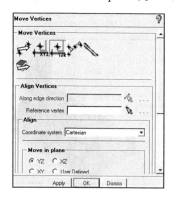

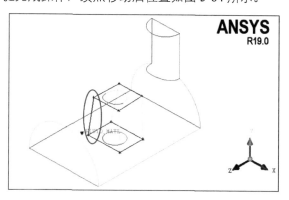

图 5-62　移动顶点面板　　　　　　　　　　图 5-63　选择边及顶点

步骤07 执行 File→Blocking→Save Blocking As 命令，弹出如图 5-65 所示的"另存为"对话框，在"文件名"中输入 Pipes2.blk，单击"保存"按钮确认。

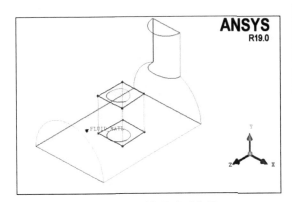

图 5-64 顶点移动后位置　　　　　　　　　　图 5-65 "另存为"对话框

步骤08 单击功能区内 Blocking（块）选项卡中的 (O-Grid) 按钮，如图 5-66 所示，单击 Select Faces 旁的 按钮，选择相应的 Faces，单击 Apply 按钮完成操作，选择面如图 5-67 所示。

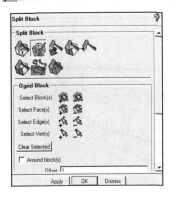 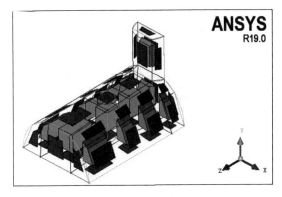

图 5-66 分割块面板　　　　　　　　　　图 5-67 选择面显示

步骤09 单击功能区内 Blocking（块）选项卡中的 (关联) 按钮，弹出如图 5-68 所示的 Blocking Associations（块关联）面板，单击 (Edge 关联) 按钮，勾选 Project vertices 复选框，单击 按钮，选择杆每端的 4 个边并单击鼠标中键或 Apply 按钮确认，然后单击 按钮，选择模型最近的两个曲线并单击鼠标中键或 Apply 按钮确认，选择的曲线会自动组成一组，关联边和曲线的选取如图 5-69 所示。

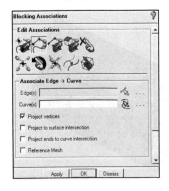 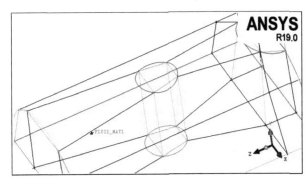

图 5-68 Edge 关联面板　　　　　　　　　　图 5-69 边关联

步骤 10 单击功能区内 Blocking（块）选项卡中的 ![icon]（删除块）按钮，弹出如图 5-70 所示的 Delete Block（删除块）面板，选择杆中间的块并单击 Apply 按钮确认，删除块效果如图 5-71 所示。

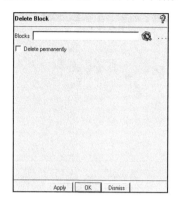

图 5-70 删除块面板

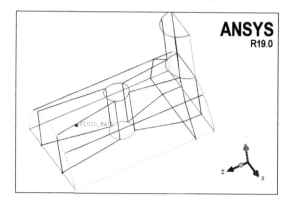

图 5-71 删除块

步骤 11 在 Blocking Associations（块关联）面板中单击 ![icon]（捕捉投影点）按钮（见图 5-72），ICEM CFD 将自动捕捉顶点到最近的几何位置，如图 5-73 所示。

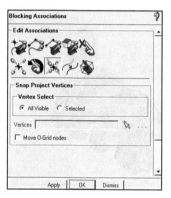

图 5-72 Edge 关联面板

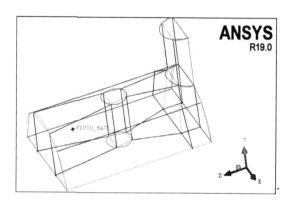

图 5-73 顶点自动移动

步骤 12 单击功能区内 Blocking（块）选项卡中的 ![icon]（预览网格）按钮，弹出如图 5-74 所示的 Pre-Mesh Params（预览网格）面板，单击 ![icon] 按钮，选中 Update All 单选按钮，单击 Apply 按钮确认，显示预览网格如图 5-75 所示。

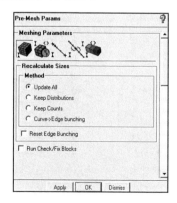

图 5-74 预览网格面板

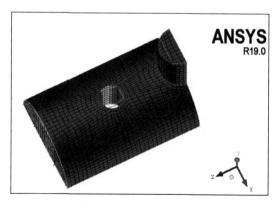

图 5-75 预览网格显示

5.3.6 网格质量检查

单击功能区内 Edit Mesh（网格编辑）选项卡中的 （检查网格）按钮，弹出如图 5-76 所示的 Pre-Mesh Quality（网格质量）面板，设置 Min-X value 为 0，Max-X value 为 1，Max-Y height 为 20，单击 Apply 按钮确认，在信息栏中显示网格质量信息，如图 5-77 所示。单击网格质量信息图中的长度条，在这个范围内的网格单元会显示出来，如图 5-78 所示。

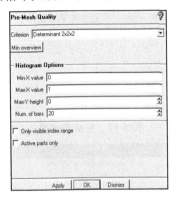

图 5-76　网格质量面板

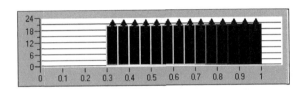

图 5-77　网格质量信息

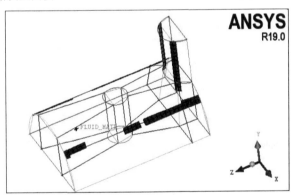

图 5-78　网格显示

5.3.7 网格输出

步骤 01　在操作控制树中右键单击 Blocking 中的 Pre-Mesh，弹出如图 5-79 所示的目录树，选择 Convert to Unstruct Mesh，生成网格如图 5-80 所示。

步骤 02　单击功能区内 Output（输出）选项卡中的 （选择求解器）按钮，弹出如图 5-81 所示的 Select Solver（选择求解器）面板，在 Output Solver 选择 ANSYS Fluent，单击 Apply 按钮确认。

步骤 03　单击功能区内 Output（输出）选项卡中的　（输出）按钮，弹出"打开网格文件"对话框，选择文件，单击"打开"按钮，弹出如图 5-82 所示 ANSYS Fluent 对话框，Grid dimension 选择 3D，单击 Done 按钮确认完成。

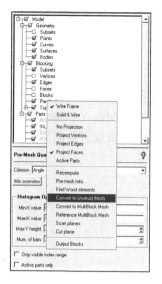

图 5-79　目录树

图 5-80　生成的网格

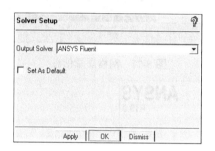

图 5-81　选择求解器面板

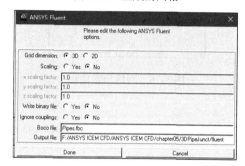

图 5-82　ANSYS Fluent 对话框

5.3.8　计算与后处理

步骤01　在 Windows 系统下执行"开始"→"所有程序"→"ANSYS 19.0"→Fluid Dynamics→"FLUENT 19.0"命令，启动 FLUENT 19.0，进入 FLUENT Launcher 界面。

步骤02　Dimension 选择 3D，单击 OK 按钮进入 FLUENT 界面。

步骤03　执行 File→Read→Mesh 命令，读入 ICEM CFD 生成的网格文件，如图 5-83 所示。

步骤04　在任务栏单击 ![保存] (保存)按钮进入 Write Case (保存项目) 对话框，在 File name（文件名）中输入 fluent.cas，单击 OK 按钮保存项目文件。

步骤05　执行 Mesh→Check 命令，检查网格质量，应保证 Minimum Volume 大于 0。

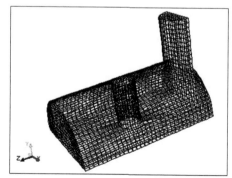

图 5-83　显示几何模型

步骤06　执行 Mesh→Scale 命令，打开 Scale Mesh 面板，定义网格尺寸单位，在 Mesh Was Created In 中选择 mm，单击 Scale 按钮。

步骤 07 执行 Define→General 命令,在 Time 中选择 Steady。

步骤 08 执行 Define→Material 命令,在 FLUENT Fluid Materials 下拉列表中选择 water-liquid,如图 5-84 所示。

步骤 09 执行 Define→Model→Viscous 命令,选择 k-epsilon(2 eqn)模型。

步骤 10 执行 Define→Boundary Condition 命令,定义边界条件,如图 5-85 所示。

- IN: Type 选择为 velocity-inlet(速度入口边界条件),在 Velocity Magnitude(速度大小)中输入 0.2。
- OUT: Type 选择为 outflow(自由出流边界条件)。

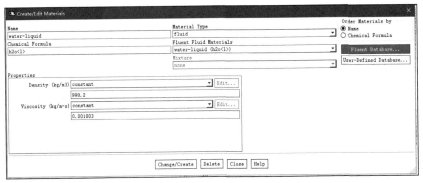

图 5-84 定义材料对话框

图 5-85 边界条件面板

步骤 11 执行 Solve→Controls 命令,弹出 Solution Controls(设置松弛因子)面板,保持默认值,单击 OK 按钮退出。

步骤 12 执行 Solve→Initialize 命令,弹出 Solution Initialization(设置初始值)面板,Compute From 选择 in,单击 Initialize 按钮进行计算初始化。

步骤 13 执行 Solve→Monitors→Residual 命令,设置各个参数的收敛残差值为 1e-3,单击 OK 按钮确认。

步骤 14 执行 Solve→Run Calculation 命令,迭代步数设为 300,单击 Calculate 按钮开始计算。

步骤 15 执行 Surface→ISO Surface 命令,设置生成 X=0m 的平面,命名为 x0,设置生成 y=0.02m 的平面,命名为 y0。

步骤 16 执行 Display→Graphics and Animations→Contours 命令,Contours of 选择 Velocity Magnitude,surfaces 选择 x0/y0,单击 Display 按钮显示速度云图,如图 5-86 所示。

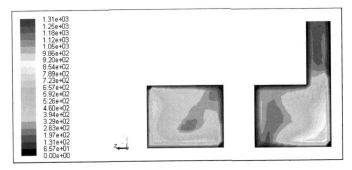

(a) x0 平面

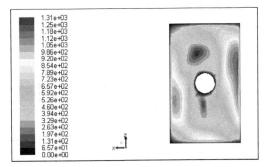

(b) y0 平面

图 5-86 速度云图

步骤⑰ 执行 Display→Graphics and Animations→Contours 命令，Contours of 选择 Velocity Magnitude，surfaces 选择 x0/y0，单击 Display 按钮，显示速度矢量图，如图 5-87 所示。

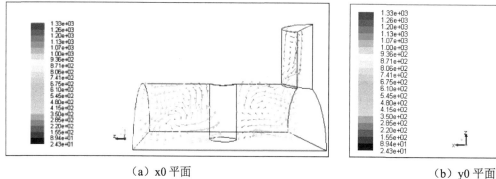
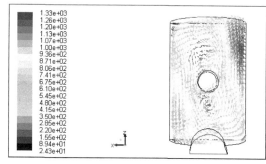

（a）x0 平面　　　　　　　　　　　　　　（b）y0 平面

图 5-87　速度矢量图

步骤⑱ 执行 Display→Graphics and Animations→Contours 命令，Contours of 选择 Static Pressure，surfaces 选择 x0/y0，单击 Display 按钮显示压力云图，如图 5-88 所示。

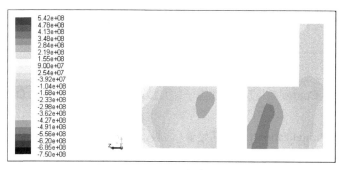
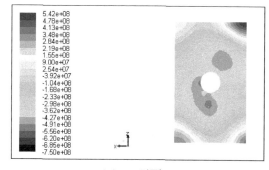

（a）x0 平面　　　　　　　　　　　　　　（b）y0 平面

图 5-88　压力云图

从上述计算结果可以看出，生成的网格能够满足计算的要求，并且能够较好地模拟二维平面流动问题。

5.4　管内叶片模型结构网格划分

本节将对一个管内叶片几何模型进行结构网格划分，并对其进行稳态流动计算分析。

5.4.1　启动 ICEM CFD 并建立分析项目

步骤① 在 Windows 系统下执行"开始"→"所有程序"→"ANSYS 19.0"→Meshing→"ICEM CFD 19.0"命令，启动 ICEM CFD 19.0，进入 ICEM CFD 19.0 界面。

步骤② 执行 File→Save Project 命令，弹出 Save Project As（保持项目）对话框，在"文件名"中输入 PipeBlade，单击确认，关闭对话框。

5.4.2 导入几何模型

执行 File→Geometry→Open Geometry 命令,弹出"打开"对话框,在"文件名"中输入 geometry.tin,单击"打开"按钮确认。导入几何文件后,在图形显示区将显示几何模型,如图 5-89 所示。

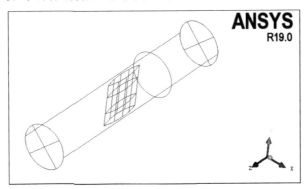

图 5-89　几何模型

5.4.3 模型建立

步骤 01 单击功能区内 Geometry(几何)选项卡中的 (修复模型)按钮,弹出如图 5-90 所示的 Repair Geometry (修复模型)面板,单击 按钮,在 Tolerance 中输入 0.1,勾选 Filter points 和 Filter curves 复选框过滤,在 Feature angle 中输入 30,单击 OK 按钮确认,几何模型将修复完毕,如图 5-91 所示。

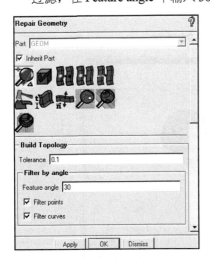

图 5-90　修复模型面板

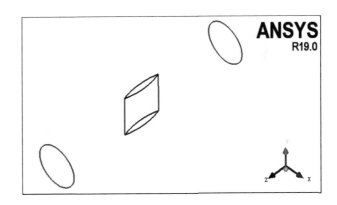

图 5-91　修复后的几何模型

步骤 02 在操作控制树中右键单击 Parts,弹出如图 5-92 所示的目录树,选择 Create Part,弹出如图 5-93 所示的 Create Part 面板,在 Part 中输入 IN,单击 按钮,选择边界并单击鼠标中键确认,生成入口边界条件如图 5-94 所示。

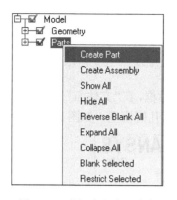

图 5-92 选择生成边界命令

图 5-93 生成边界面板

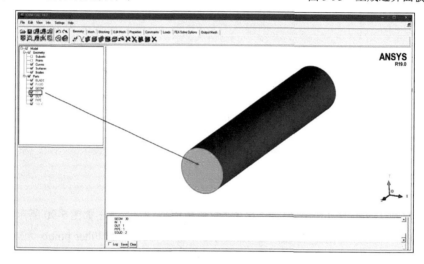

图 5-94 入口边界条件

步骤 03 同步骤（2）方法生成出口边界条件，命名为 OUT，如图 5-95 所示。

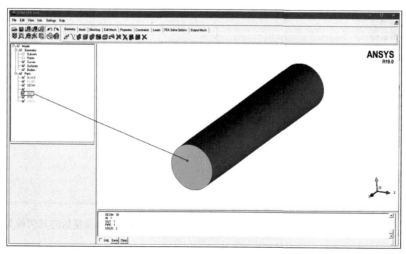

图 5-95 出口边界条件

步骤 04 同步骤（2）方法生成新的 Part，命名为 BLADE，如图 5-96 所示。

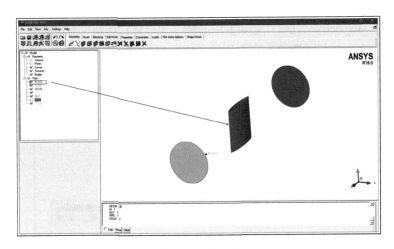

图 5-96　BLADE

步骤 05 同步骤（2）方法生成新的 Part，命名为 PIPE，如图 5-97 所示。

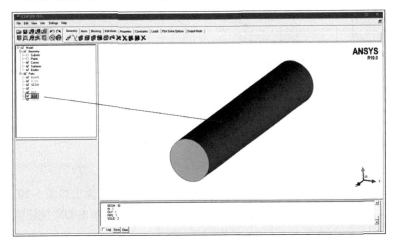

图 5-97　PIPE

步骤 06 单击功能区内 Geometry（几何）选项卡中的 ![] （生成体）按钮，弹出如图 5-98 所示的 Create Body（生成体）面板。单击 ![] 按钮，输入 Part 名称为 FLUID，选择如图 5-99 所示的两个屏幕位置，单击鼠标中键确认并确保物质点在管的内部同时在叶片的外部。

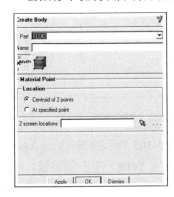

图 5-98　生成体面板

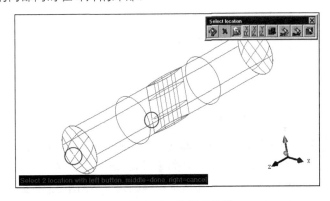

图 5-99　选择点位置

步骤07 单击功能区内 Geometry（几何）选项卡中的 ■（生成体）按钮，弹出如图 5-100 所示 Create Body（生成体）面板。单击 ■ 按钮，输入 Part 名称为 SOLID，选择如图 5-101 所示的两个屏幕位置，单击鼠标中键确认并确保物质点在叶片的内部。

步骤08 在操作控制树中右键单击 Parts，弹出如图 5-102 所示的目录树，选择 "Good" Colors 命令。

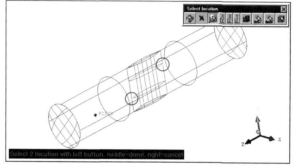

图 5-100　生成体面板　　　图 5-101　选择点位置　　　图 5-102　选择 "Good" Colors 命令

5.4.4　生成块

步骤01 单击功能区内 Blocking（块）选项卡中的 ■（创建块）按钮，弹出如图 5-103 所示的 Create Block（创建块）面板，单击 ■ 按钮，Type 选择 3D Bounding Box，单击 OK 按钮确认，创建初始块如图 5-104 所示。

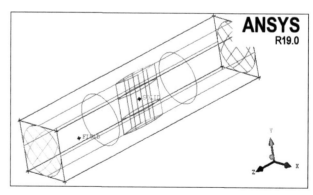

图 5-103　创建块面板　　　　　　图 5-104　创建初始块

步骤02 单击功能区内 Blocking(块)选项卡中的 ■(关联)按钮,弹出如图 5-105 所示的 Blocking Associations（块关联）面板，单击 ■（Vertex 关联）按钮，Entity 类型选择为 Point，单击 ■ 按钮，选择块上的一个顶点并单击鼠标中键确认，然后单击 ■ 按钮，选择模型上一个对应的几何点，块上的顶点会自动移动到几何点上，关联顶点和几何点的选取如图 5-106 所示。

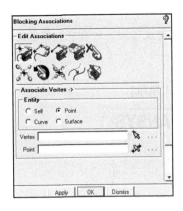

图 5-105 块关联面板

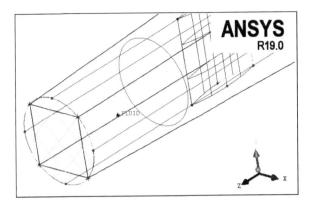

图 5-106 顶点关联

在操作控制树中右键单击 Geometry 中的 Point，弹出如图 5-107 所示的目录树，选择 Show Dormant，显示圆弧上的点。顶点将变为红色，说明已经建立了关联。

步骤 03 同步骤（2）方法将另外 4 个顶点（管的另一侧）和最近的几何点建立关联，如图 5-108 所示。

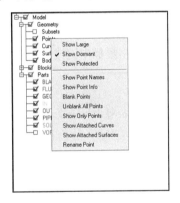

图 5-107 目录树

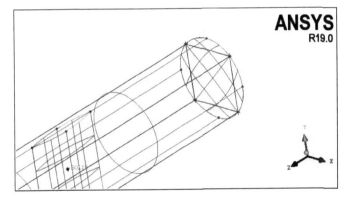

图 5-108 顶点关联

步骤 04 在 Blocking Associations（块关联）面板中单击 (Edge 关联) 按钮（见图 5-109），单击 按钮，选择块上的 4 个边并单击鼠标中键确认，然后单击 按钮，选择模型上对应的 4 条曲线并单击鼠标中键确认，选择的曲线会自动组成一组，关联边和曲线的选取如图 5-110 所示。

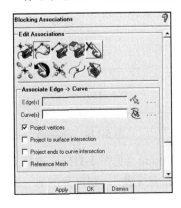

图 5-109 Edge 关联面板

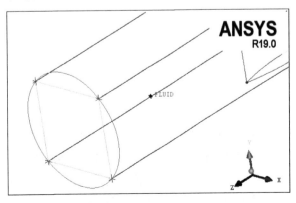

图 5-110 边关联

边的颜色变为绿色，说明已经建立了连接。在同一侧的曲线变成了同一种颜色，颜色变成第一个被选择曲线的颜色，表示合成为一条曲线。

步骤 05 同步骤（4）方法将管的另一侧边和曲线建立关联，如图 5-111 所示。

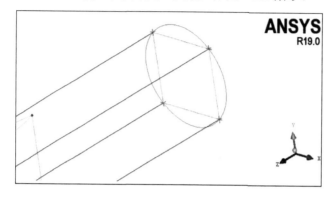

图 5-111 边关联

步骤 06 单击功能区内 Blocking（块）选项卡中的 （分割块）按钮，弹出如图 5-112 所示的 Split Block（分割块）面板。单击 按钮，单击 Edge 旁的 按钮，在几何模型上单击要分割的边，新建一条边，新建边垂直于选择的边，利用鼠标左键拖动新建边到合适的位置，单击鼠标中键或 Apply 按钮完成操作，创建分割块如图 5-113 所示。

 将鼠标移动到三维坐标的上面，并将鼠标靠近 Y-axis 直到 "+Y" 方向出现高亮后，单击鼠标左键即可显示 Y 轴正方向视图。

步骤 07 同步骤（6）方法在中心和另一端进行分割，如图 5-114 所示。

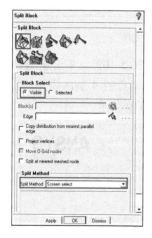

图 5-112 分割块面板

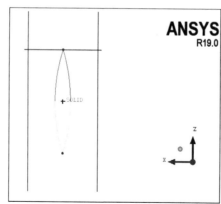

图 5-113 分割块

图 5-114 分割块

步骤 08 在 Split Block（分割块）面板中，Split Method 选择 Prescribed point（见图 5-115），选择上一步分割后的一条边和叶片侧边的一个点，单击鼠标中键或 Apply 按钮完成操作，对叶片的另一边进行重复操作，创建分割块如图 5-116 所示。

图 5-115　分割块面板

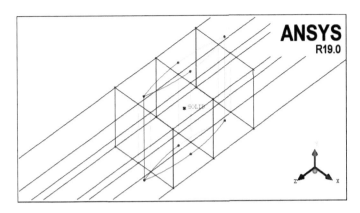

图 5-116　分割块

 将鼠标移动到三维坐标处，并且靠近 ball 直到 ISO 高亮，单击鼠标右键即可显示三维视图。

步骤 09 在操作控制树中右键单击 Parts 中的 SOLID，弹出如图 5-117 所示的目录树，选择 Add to Part，弹出如图 5-118 所示的 Add to Part 面板，单击  按钮设置 Blocking Material,Add Blocks to Part，选择叶片中心的两个块，单击鼠标中键确认，如图 5-119 所示。

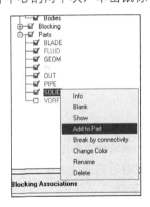

图 5-117　目录树

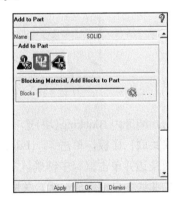

图 5-118　Add to Part 面板

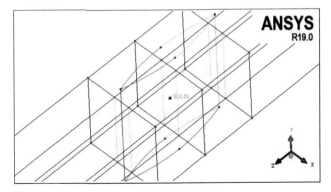

图 5-119　分割块

步骤⑩ 单击功能区内 Blocking（块）选项卡中的 (合并顶点) 按钮，弹出如图 5-120 所示的 Merge Vertices（合并顶点）面板，单击 按钮，单击 Edge 旁的 按钮，选择要坍塌的边（见图 5-121）并且选择在管两端的块，单击鼠标中键或 Apply 按钮完成操作，如图 5-122 所示。

图 5-120 合并顶点

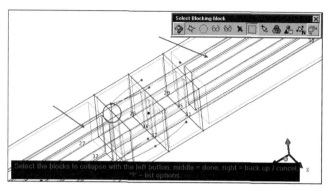

图 5-121 选择边和块

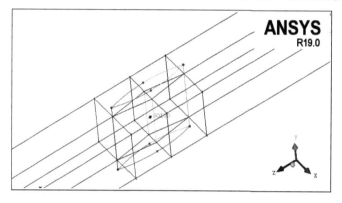

图 5-122 块的坍塌变形

步骤⑪ 单击功能区内 Blocking（块）选项卡中的 (关联) 按钮，弹出如图 5-123 所示的 Blocking Associations（块关联）面板，单击 (Edge 关联) 按钮，勾选 Project vertices。单击 按钮，选择绑定叶片的两条边并单击鼠标中键确认，然后单击 按钮，选择模型最近的曲线并单击鼠标中键确认，选择的曲线会自动组成一组，关联边和曲线的选取如图 5-124 所示。

图 5-123 Edge 关联面板

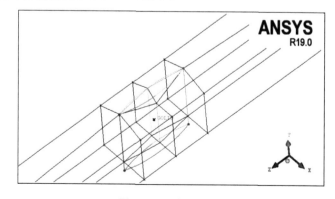

图 5-124 边关联

步骤⑫ 同步骤（11）方法对叶片其他部分进行重复操作，如图 5-125 所示。

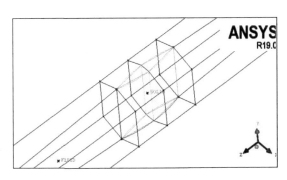

图 5-125 边关联

5.4.5 网格生成

步骤 01 单击功能区内 Mesh（网格）选项卡中的 （部件网格尺寸设定）按钮，弹出如图 5-126 所示的 Part Mesh Setup（部件网格尺寸设定）对话框，设定所有参数，单击 Apply 按钮确认并单击 Dismiss 按钮退出。

图 5-126 部件网格尺寸设定对话框

步骤 02 单击功能区内 Blocking（块）选项卡中的（预览网格）按钮，弹出如图 5-127 所示的 Pre-Mesh Params（预览网格）面板，单击按钮，选中 Update All 单选按钮，单击 Apply 按钮确认，显示预览网格如图 5-128 所示。

图 5-127 预览网格面板

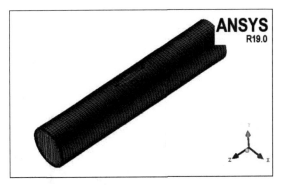

图 5-128 预览网格显示

步骤 03 单击功能区内 Blocking（块）选项卡中的（O-Grid）按钮，如图 5-129 所示，单击 Select Blocks 旁按钮，选择所有的块，单击 Select Faces 旁的按钮，选择管两端的面，单击 Apply 按钮完成操作，选择面如图 5-130 所示。

步骤 04 同步骤（2）方法重新生成网格如图 5-131 所示。

图 5-129 分割块面板

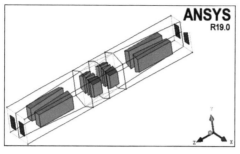

图 5-130 选择面

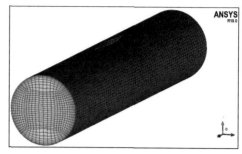

图 5-131 预览网格

5.4.6 网格质量检查

单击功能区内 Edit Mesh（网格编辑）选项卡中的 （检查网格）按钮，弹出如图 5-132 所示的 Pre-Mesh Quality（网格质量）面板，设置 Min-X value 为 0，Max-X value 为 1，Max-Y height 为 20，单击 Apply 按钮确认，在信息栏中显示网格质量信息如图 5-133 所示。单击网格质量信息图中的长度条，在这个范围内的网格单元会显示出来，如图 5-134 所示。

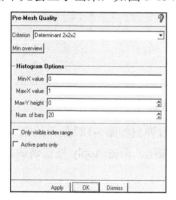

图 5-132 网格质量面板

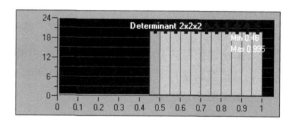

图 5-133 网格质量信息

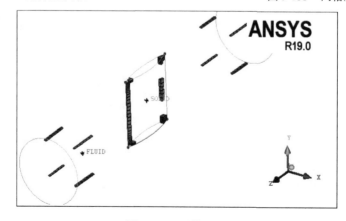

图 5-134 网格显示

5.4.7 网格输出

步骤 01 在操作控制树中右键单击的 Blocking 中的 Pre-Mesh，弹出如图 5-135 所示的目录树，选择 Convert to Unstruct Mesh，生成的网格如图 5-136 所示。

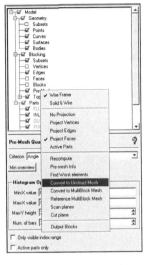

图 5-135 目录树

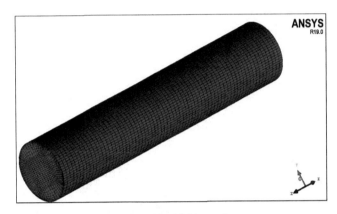

图 5-136 生成的网格

步骤 02 单击功能区内 Output（输出）选项卡中的 ![] （选择求解器）按钮，弹出如图 5-137 所示的 Select Solver（选择求解器）面板，Output Solver 选择 ANSYS Fluent，单击 Apply 按钮确认。

步骤 03 单击功能区内 Output（输出）选项卡中的 ![] （输出）按钮，弹出"打开网格文件"对话框，选择文件，单击"打开"按钮，弹出如图 5-138 所示的 ANSYS Fluent 对话框，Grid dimension 选择 3D，单击 Done 按钮确认完成。

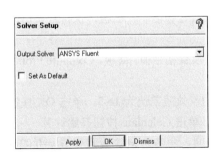

图 5-137 选择求解器面板

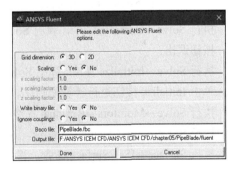

图 5-138 ANSYS Fluent 对话框

5.4.8 计算与后处理

步骤 01 在 Windows 系统下执行"开始"→"所有程序"→"ANSYS 19.0"→Fluid Dynamics→"FLUENT 19.0"命令，启动 FLUENT 19.0，进入 FLUENT Launcher 界面。

步骤02 Dimension 选择 3D，单击 OK 按钮进入 FLUENT 界面。

步骤03 执行 File→Read→Mesh 命令，读入 ICEM CFD 生成的网格文件，如图 5-139 所示。

步骤04 在任务栏单击 ■（保存）按钮进入 Write Case（保存项目）对话框，在 File name（文件名）中输入 fluent.cas，单击 OK 按钮保存项目文件。

步骤05 执行 Mesh→Check 命令，检查网格质量，应保证 Minimum Volume 大于 0。

步骤06 执行 Define→General 命令，在 Time 中选择 Steady。

步骤07 执行 Define→Model→Viscous 命令，选择 k-epsilon（2 eqn）模型。

步骤08 执行 Define→Boundary Condition 命令，定义边界条件，如图 5-140 所示。

- IN：Type 选择为 velocity-inlet（速度入口边界条件），在 Velocity Magnitude（速度大小）中输入 1。
- OUT：Type 选择为 pressure-outlet（压力出口），将 Gauge Pressure 设置为 0。

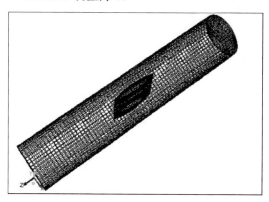

图 5-139 显示几何模型

图 5-140 边界条件面板

步骤09 执行 Solve→Controls 命令，弹出 Solution Controls（设置松弛因子）面板，保持默认值，单击 OK 按钮退出。

步骤10 执行 Solve→Initialize 命令，弹出 Solution Initialization（设置初始值）面板，Compute From 选择 in，单击 Initialize 按钮进行计算初始化。

步骤11 执行 Solve→Monitors→Residual 命令，设置各个参数的收敛残差值为 1e-3，单击 OK 按钮确认。

步骤12 执行 Solve→Run Calculation 命令，迭代步数设为 300，单击 Calculate 按钮开始计算。

步骤13 执行 Surface→ISO Surface 命令，设置生成 X=0m 的平面，命名为 x0，设置生成 y=0.02m 的平面，命名为 y0。

步骤14 执行 Display→Graphics and Animations→Contours 命令，Contours of 选择 Velocity Magnitude，surfaces 选择 x0/y0，单击 Display 按钮显示速度云图，如图 5-141 所示。

步骤15 执行 Display→Graphics and Animations→Contours 命令，Contours of 选择 Velocity Magnitude，surfaces 选择 x0/y0，单击 Display 按钮显示速度矢量图，如图 5-142 所示。

步骤16 执行 Display→Graphics and Animations→Contours 命令，Contours of 选择 Static Pressure，surfaces 选择 x0/y0，单击 Display 按钮显示压力云图，如图 5-143 所示。

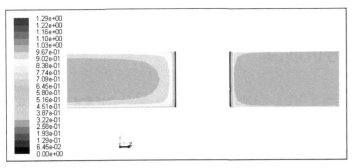
（a）x0 平面

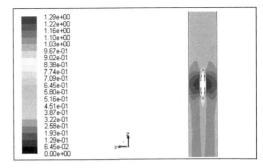
（b）y0 平面

图 5-141　速度云图

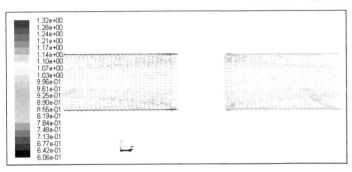
（a）x0 平面

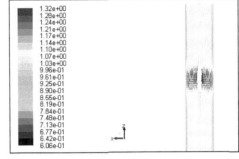
（b）y0 平面

图 5-142　速度矢量图

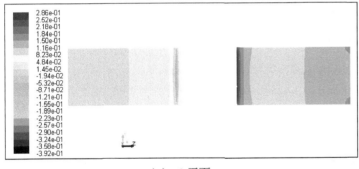
（a）x0 平面

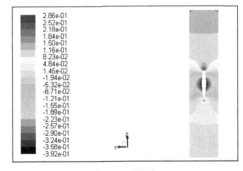
（b）y0 平面

图 5-143　压力云图

从上述计算结果可以看出，生成的网格能够满足计算的要求，并且能较好地模拟三维叶片流场问题。

5.5　半球方体模型结构网格划分

本节将通过一个半球方体几何模型网格生成的例子，让读者对 ANSYS ICEM CFD 19.0 进行三维模型结构网格划分，特别是对 O-Grid 的使用方法有一个初步了解。

5.5.1 启动 ICEM CFD 并建立分析项目

步骤 01 在 Windows 系统下执行"开始"→"所有程序"→"ANSYS 19.0"→Meshing→"ICEM CFD 19.0"命令，启动 ICEM CFD 19.0，进入 ICEM CFD 19.0 界面。

步骤 02 执行 File→Save Project 命令，弹出 Save Project As（保持项目）对话框，在"文件名"中输入 icemcfd.prj，单击确认，关闭对话框。

5.5.2 导入几何模型

执行 File→Geometry→Open Geometry 命令，弹出"打开"对话框，在"文件名"中输入 geometry.tin，单击"打开"按钮确认。导入几何文件后，在图形显示区将显示几何模型，如图 5-144 所示。

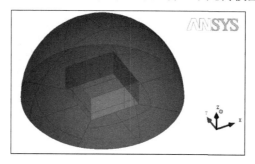

图 5-144　几何模型

5.5.3 模型建立

步骤 01 单击功能区内 Geometry（几何）选项卡中的 ![] (修复模型) 按钮，弹出如图 5-145 所示的 Repair Geometry（修复模型）面板，单击 ![] 按钮，在 Tolerance 中输入 0.1，勾选 Filter points 和 Filter curves 复选框过滤，在 Feature angle 中输入 30，单击 OK 按钮确认，几何模型将修复完毕，如图 5-146 所示。

图 5-145　修复模型面板

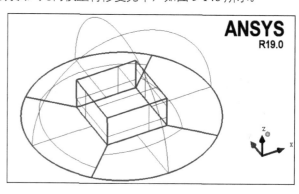

图 5-146　修复后的几何模型

步骤02 在操作控制树中右键单击 Parts，弹出如图 5-147 所示的目录树，选择 Create Part，弹出如图 5-148 所示的 Create Part 面板，在 Part 中输入 SPHERE，单击 按钮，选择边界并单击鼠标中键确认，生成边界条件如图 5-149 所示。

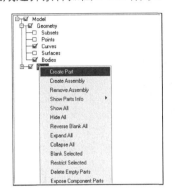

图 5-147 选择生成边界命令

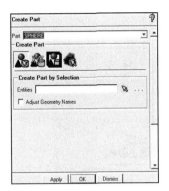

图 5-148 生成边界面板

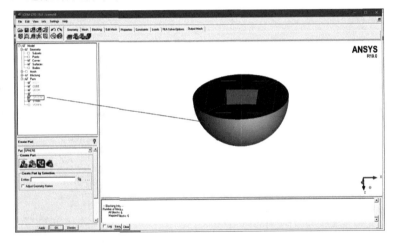

图 5-149 边界命名

步骤03 同步骤（2）方法生成边界，命名为 CUBE，如图 5-150 所示。

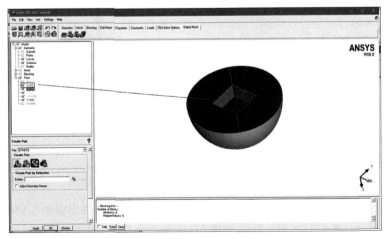

图 5-150 边界命名

步骤 04 同步骤（2）方法生成新的 Part，命名为 SYMM，如图 5-151 所示。

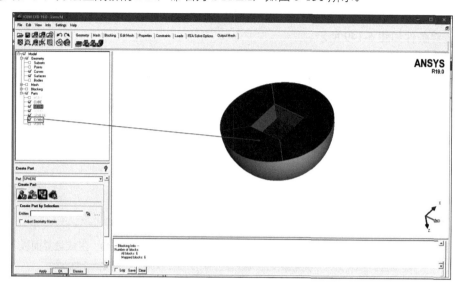

图 5-151　边界命名

步骤 05 单击功能区内 Geometry（几何）选项卡中的 ![icon]（生成体）按钮，弹出如图 5-152 所示的 Create Body（生成体）面板，单击 ![icon] 按钮，单击 OK 按钮确认生成体。

步骤 06 在操作控制树中右键单击 Parts，弹出如图 5-153 所示的目录树，选择"Good" Colors 命令。

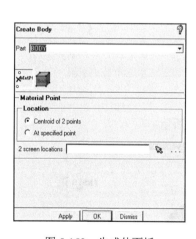

图 5-152　生成体面板

图 5-153　选择"Good" Colors 命令

5.5.4 生成块

步骤 01 单击功能区内 Blocking（块）选项卡中的 ![icon]（创建块）按钮，弹出如图 5-154 所示的 Create Block（创建块）面板，单击 ![icon] 按钮，Type 选择 3D Bounding Box，单击 OK 按钮确认，创建初始块，如图 5-155 所示。

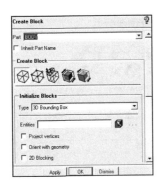

图 5-154 创建块面板

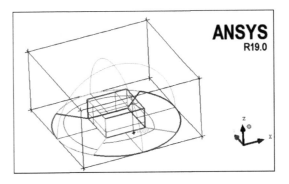

图 5-155 创建初始块

步骤02 单击功能区内 Blocking（块）选项卡中的 (O-Grid) 按钮，如图 5-156 所示，单击 Select Blocks 旁 按钮，选择所有的块，单击 Select Faces 旁的 按钮，选择管两端的面，单击 Apply 按钮完成操作，选择面如图 5-157 所示。

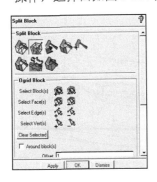

图 5-156 分割块面板

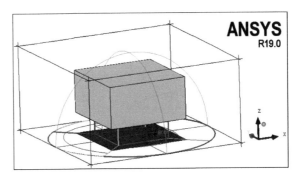

图 5-157 选择面显示

步骤03 单击功能区内 Blocking（块）选项卡中的 (删除块) 按钮，弹出如图 5-158 所示的 Delete Block（删除块）面板，使用 2 角点方法选择如图 5-159 所示对角的两个顶点，单击鼠标中键确认，删除块如图 5-160 所示。

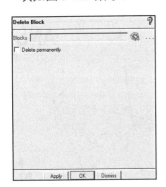

图 5-158 删除块面板

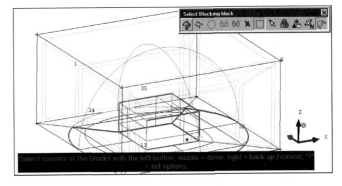

图 5-159 选择块显示

步骤04 单击功能区内 Blocking（块）选项卡中的 (关联) 按钮，弹出如图 5-161 所示的 Blocking Associations（块关联）面板。单击 (Vertex 关联) 按钮，Entity 类型选择为 Point，单击 按钮，选择块上的一个顶点并单击鼠标中键确认，然后单击 按钮，选择模型上一个对应的几何点，块上的顶点会自动移动到几何点上，关联顶点和几何点的选取如图 5-162 所示。

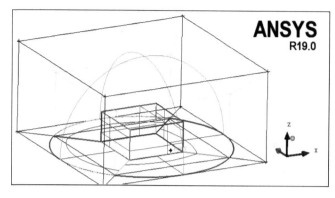

图 5-160 删除块显示

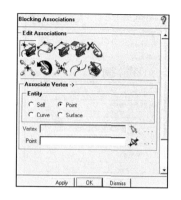

图 5-161 块关联面板

步骤 05　同步骤（4）方法将另外 7 个顶点和最近的几何点建立关联，如图 5-163 所示。

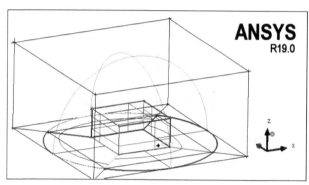

图 5-162 顶点关联

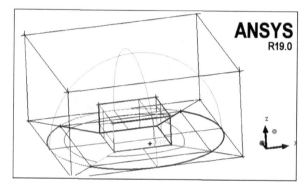

图 5-163 顶点关联

步骤 06　在 Blocking Associations（块关联）面板中单击 (Edge 关联) 按钮（见图 5-164），勾选 Project vertices 复选框，单击 按钮，选择初始块上的 4 个底边并单击鼠标中键确认，然后单击 按钮，选择模型上对应的 4 条曲线并单击鼠标中键确认，选择的曲线会自动组成一组，关联边和曲线的选取如图 5-165 所示。

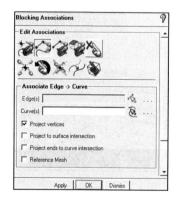

图 5-164 Edge 关联面板

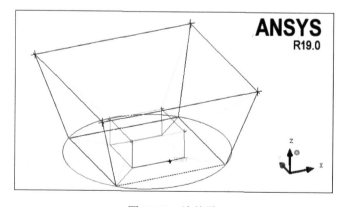

图 5-165 边关联

步骤 07　单击功能区内 Blocking（块）选项卡中的 (移动顶点) 按钮，弹出如图 5-166 所示的 Move Vertices（移动顶点）面板，单击 按钮，单击 按钮，选择块上的一个顶点，然后按住鼠标左键拖动顶点到 SPHERE 曲面上，单击鼠标中键完成操作，顶点移动后的位置如图 5-167 所示。

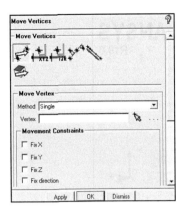
图 5-166 移动顶点面板

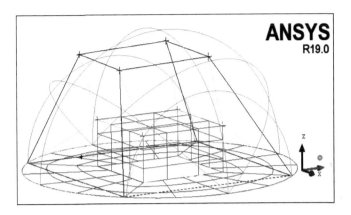
图 5-167 顶点移动后的位置

5.5.5 网格生成

步骤 01 单击功能区内 Mesh（网格）选项卡中的 ![] （表面网格设定）按钮，弹出如图 5-168 所示的 Surface Mesh Setup（表面网格设定）面板，单击 ![] 按钮，弹出 Select geometry（选择几何）工具栏，单击 ![] 按钮，选择 CUBE 和 SPHERE，在 Maximum size 中输入 1，在 Height 中输入 0.1，在 Height ratio 中输入 1.2，单击 Apply 按钮确认。

在操作控制树中右键单击 surfaces，弹出如图 5-169 所示的目录树，选择 Hexa Sizes，显示面网格大小的形式，如图 5-170 所示。

图 5-168 表面网格设定面板

图 5-169 目录树

步骤 02 单击功能区内 Blocking（块）选项卡中的 ![] （预览网格）按钮，弹出如图 5-171 所示的 Pre-Mesh Params（预览网格）面板，单击 ![] 按钮，选中 Update All 单选按钮，单击 Apply 按钮确认，显示预览网格如图 5-172 所示。

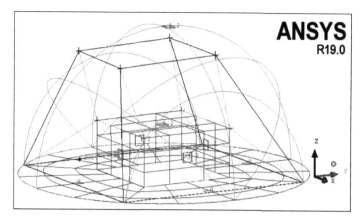

图 5-170　显示面网格大小的形式

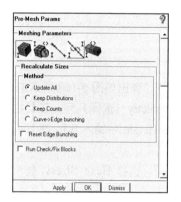

图 5-171　预览网格面板

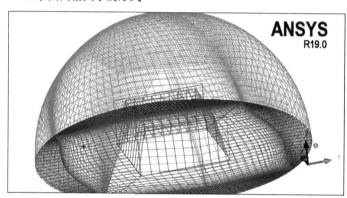

图 5-172　预览网格显示

5.5.6　网格质量检查

单击功能区内 Edit Mesh（网格编辑）选项卡中的 （检查网格）按钮，弹出如图 5-173 所示的 Pre-Mesh Quality（网格质量）面板，设置 Min-X value 为 0，Max-X value 为 1，Max-Y height 为 0，单击 Apply 按钮确认，在信息栏中显示网格质量信息，如图 5-174 所示。

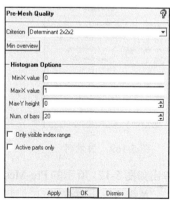

图 5-173　检查网格面板

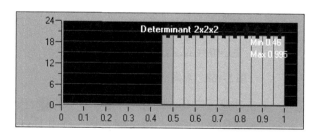

图 5-174　网格质量信息

5.5.7 网格输出

步骤 01 在操作控制树中右键单击 Blocking 中的 Pre-Mesh，弹出如图 5-175 所示的目录树，选择 Convert to Unstruct Mesh，生成的网格如图 5-176 所示。

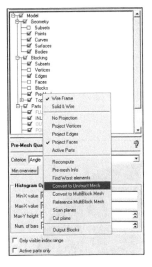

图 5-175 目录树

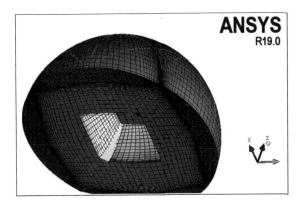

图 5-176 生成的网格

步骤 02 单击功能区内 Output（输出）选项卡中的 （选择求解器）按钮，弹出如图 5-177 所示的 Select Solver（选择求解器）面板，Output Solver 选择 ANSYS Fluent，单击 Apply 按钮确认。

步骤 03 单击功能区内 Output（输出）选项卡中的（输出）按钮，弹出如图 5-178 所示的"打开网格文件"对话框，选择文件，单击"打开"按钮，弹出 ANSYS Fluent 对话框，Grid dimension 选择 3D，单击 Done 按钮确认完成。

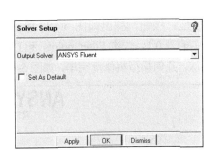

图 5-177 选择求解器面板

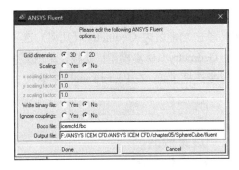

图 5-178 ANSYS Fluent 对话框

5.6 弯管部件模型结构网格划分

本节将介绍一个弯管部件几何模型结构化网格生成的例子，弯管是机械工程中常见的部件，同时也对发动机气道模型的网格划分具有一定的指导意义。

5.6.1 启动 ICEM CFD 并建立分析项目

步骤01 在 Windows 系统下执行"开始"→"所有程序"→"ANSYS 19.0"→Meshing→"ICEM CFD 19.0"命令，启动 ICEM CFD 19.0，进入 ICEM CFD 19.0 界面。

步骤02 执行 File→Save Project 命令，弹出 Save Project As（保持项目）对话框，在"文件名"中输入 icemcfd.prj，单击确认，关闭对话框。

5.6.2 导入几何模型

执行 File→Geometry→Open Geometry 命令，弹出"打开"对话框，在"文件名"中输入 geometry.tin，单击"打开"按钮确认。导入几何文件后，在图形显示区将显示几何模型，如图 5-179 所示。

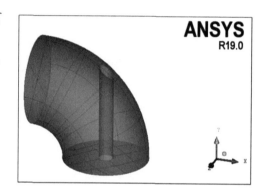

图 5-179　几何模型

5.6.3 模型建立

步骤01 单击功能区内 Geometry（几何）选项卡中的 ![icon]（修复模型）按钮，弹出如图 5-180 所示的 Repair Geometry（修复模型）面板，单击 ![icon] 按钮，在 Tolerance 中输入 0.1，勾选 Filter points 和 Filter curves 复选框过滤，在 Feature angle 中输入 30，单击 OK 按钮确认，几何模型将修复完毕，如图 5-181 所示。

图 5-180　修复模型面板

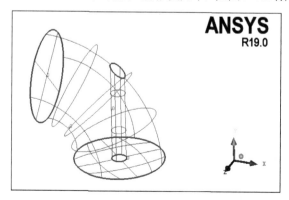

图 5-181　修复后的几何模型

步骤02 在操作控制树中右键单击 Parts，弹出如图 5-182 所示的目录树，选择 Create Part，弹出如图 5-183 所示 Create Part 面板，在 Part 中输入 IN，单击 按钮，选择边界并单击鼠标中键确认，生成边界条件如图 5-184 所示。

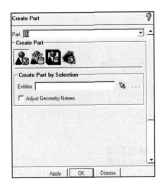

图 5-182　选择生成边界命令　　　　　　　图 5-183　生成边界面板

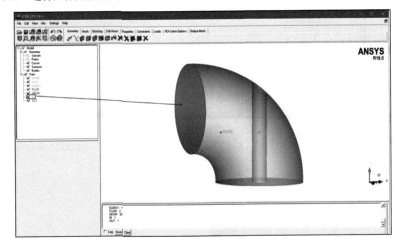

图 5-184　边界命名

步骤03 同步骤（2）方法生成边界，命名为 OUT，如图 5-185 所示。

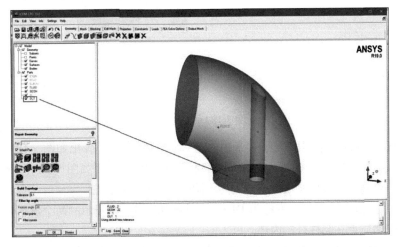

图 5-185　OUT

步骤 04 同步骤（2）方法生成新的 Part，命名为 ELBOW，如图 5-186 所示。

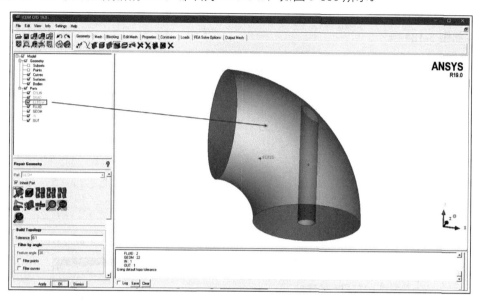

图 5-186　ELBOW

步骤 05 同步骤（2）方法生成新的 Part，命名为 CYLIN，如图 5-187 所示。

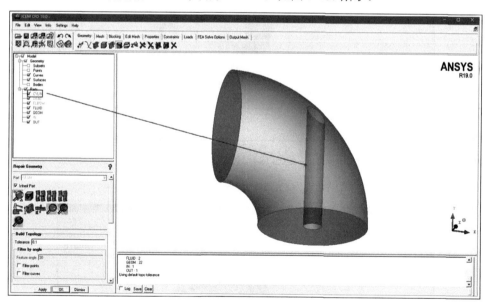

图 5-187　CYLIN

步骤 06 单击功能区内 Geometry（几何）选项卡中的 ![] （生成体）按钮，弹出如图 5-188 所示的 Create Body（生成体）面板，单击 ![] 按钮，输入 Part 名称为 FLUID，选择如图 5-189 所示的两个屏幕位置，单击鼠标中键确认并确保物质点在管的内部同时在圆柱杆的外部。

步骤 07 同步骤（6）方法，输入 Part 名称为 DEAD，选择如图 5-190 所示的两个屏幕位置，单击鼠标中键确认并确保物质点在圆柱杆的内部。

步骤 08 在操作控制树中右键单击 Parts，弹出如图 5-191 所示的目录树，选择"Good"Colors 命令。

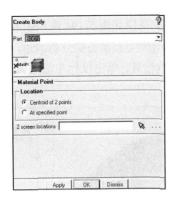

图 5-188　生成体面板

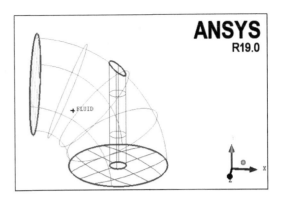

图 5-189　选择点位置

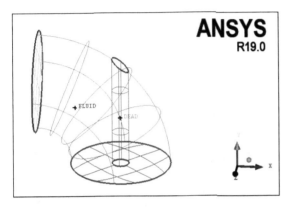

图 5-190　选择点位置

图 5-191　选择"Good"Colors 命令

5.6.4　生成块

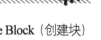

步骤 01　单击功能区内 Blocking（块）选项卡中的 （创建块）按钮，弹出如图 5-192 所示 Create Block（创建块）面板，单击 按钮，Type 选择 3D Bounding Box，单击 OK 按钮确认，创建初始块如图 5-193 所示。

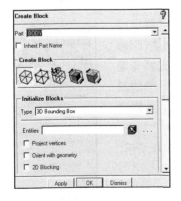

图 5-192　创建块面板

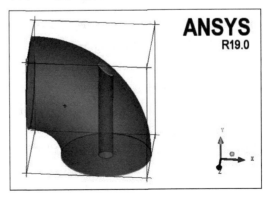

图 5-193　创建初始块

143

步骤02 单击功能区内 Blocking（块）选项卡中的 按钮，弹出如图 5-194 所示的 Split Block（分割块）面板。单击 ![icon] 按钮，单击 Edge 旁的 ![icon] 按钮，在几何模型上单击要分割的边，新建一条边，新建边垂直于选择的边，利用鼠标左键拖动新建边到合适的位置，单击鼠标中键或 Apply 按钮完成操作，创建分割块如图 5-195 所示。

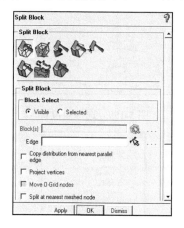

图 5-194　分割块面板

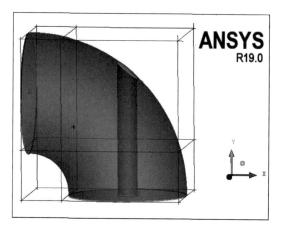

图 5-195　分割块

步骤03 单击功能区内 Blocking（块）选项卡中的 ![icon]（删除块）按钮，弹出如图 5-196 所示 Delete Block（删除块）面板，选择顶角的块后单击 Apply 按钮确认，删除块效果如图 5-197 所示。

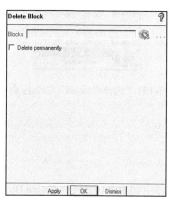

图 5-196　删除块面板

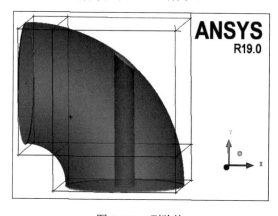

图 5-197　删除块

步骤04 单击功能区内 Blocking（块）选项卡中的 ![icon]（关联）按钮，弹出如图 5-198 所示的 Blocking Associations（块关联）面板。单击 ![icon]（Edge 关联）按钮，勾选 Project vertices 复选框，单击 ![icon] 按钮，选择弯管一侧的边并单击鼠标中键确认，然后单击 ![icon] 按钮，选择同一侧的四条曲线并单击鼠标中键确认，选择的曲线会自动组成一组，关联边和曲线的选取如图 5-199 所示。

步骤05 同步骤（4）方法将弯管的另一端进行重复操作，如图 5-200 所示。

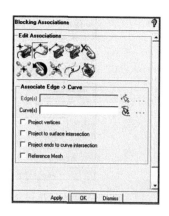

图 5-198　Edge 关联面板

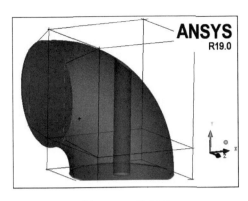
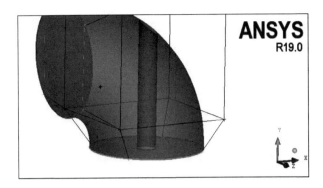

图 5-199 边关联　　　　　　　　　图 5-200 顶点关联

步骤 06　单击功能区内 Blocking（块）选项卡中的 （移动顶点）按钮，弹出如图 5-201 所示的 Move Vertices（移动顶点）面板。单击 按钮，单击 Ref. Vetrex 旁的 按钮，选择出口上的一个顶点，然后勾选 Modify X 复选框，单击 Vertices to Set 旁的 按钮，选择 ELBOW 顶部的一个顶点，单击鼠标中键完成操作，顶点移动后的位置如图 5-202 所示。

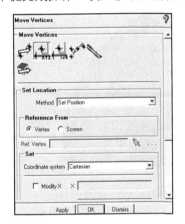
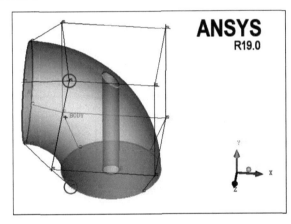

图 5-201 移动顶点面板　　　　　　图 5-202 顶点移动后的位置

步骤 07　同步骤（6）方法移动 ELBOW 顶部的另外三个顶点，如图 5-203 所示。

步骤 08　单击功能区内 Blocking（块）选项卡中的 （关联）按钮，弹出如图 5-204 所示的 Blocking Associations（块关联）面板，单击 （捕捉投影点）按钮，ICEM CFD 将自动捕捉顶点到最近的几何位置，如图 5-205 所示。

步骤 09　单击功能区内 Blocking（块）选项卡中的 （O-Grid）按钮，如图 5-206 所示，单击 Select Blocks 旁的 按钮，选择所有的块，单击 Select Faces 旁的 按钮，选择管两端的面，单击 Apply 按钮完成操作，选择面如图 5-207 所示。

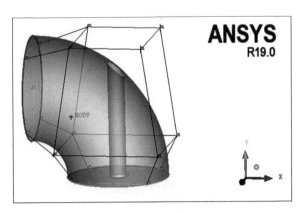

图 5-203 顶点移动后位置

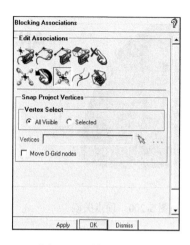

图 5-204 块关联面板

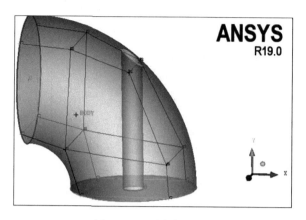

图 5-205 顶点自动移动

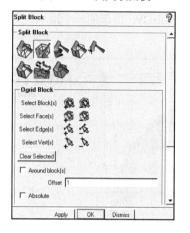

图 5-206 分割块面板

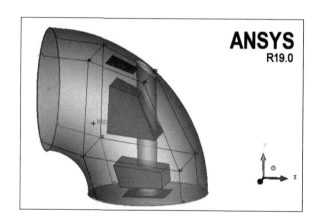

图 5-207 选择面显示

步骤 10 在操作控制树中右键单击 Parts 中的 DEAD，弹出如图 5-208 所示的目录树，选择 Add to Part，弹出如图 5-209 所示的 Add to Part 面板，单击 按钮设置 Blocking Material，Add Blocks to Part，选择中心的两个块，单击鼠标中键确认，如图 5-210 所示。

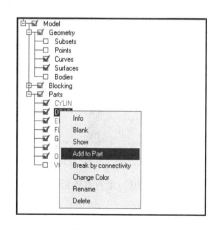

图 5-208 目录树

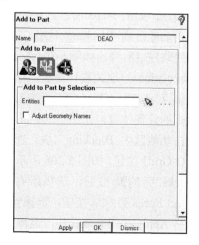

图 5-209 Add to Part 面板

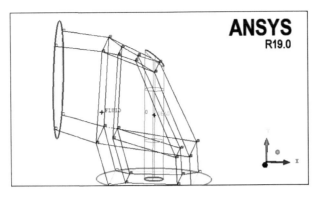

图 5-210　分割块

步骤 11　单击功能区内 Blocking（块）选项卡中的 ⊗（关联）按钮，弹出如图 5-211 所示的 Blocking Associations（块关联）面板，单击 ✂（捕捉投影点）按钮，ICEM CFD 将自动捕捉顶点到最近的几何位置，如图 5-212 所示。

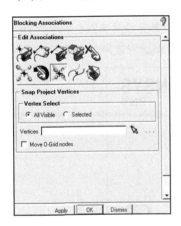

图 5-211　块关联面板

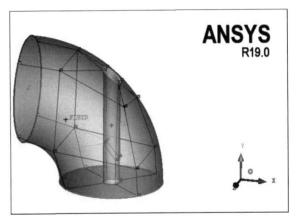

图 5-212　顶点自动移动

步骤 12　单击功能区内 Blocking（块）选项卡中的 ⬈（移动顶点）按钮，弹出如图 5-213 所示的 Move Vertices（移动顶点）面板，单击 ✚ 按钮，沿着圆柱长度方向选择一条边，选择在 OUTLET 一段的顶点，如图 5-214 所示，单击鼠标中键完成操作。

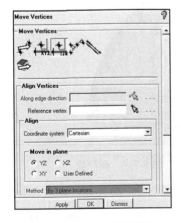

图 5-213　移动顶点面板

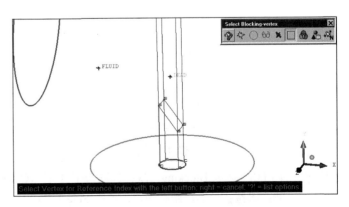

图 5-214　顶点移动后的位置

步骤13 在 Move Vertices（移动顶点）面板中单击 按钮（见图 5-215），设置 Method 为 Set Position，对于 Ref. Location，选择如图 5-216 所示的边，大体上在中点的位置。勾选 Modify Y 复选框，Vertices to Set 选择 OUTLET 上方的 4 个顶点，单击 Apply 按钮确认，顶点移动后的位置如图 5-217 所示。

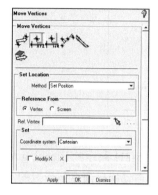

图 5-215 移动顶点面板

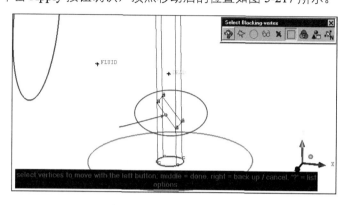

图 5-216 选择点位置

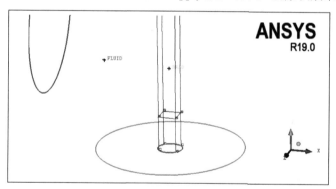

图 5-217 顶点移动后的位置

步骤14 单击功能区内 Blocking（块）选项卡中的 （删除块）按钮，弹出如图 5-218 所示的 Delete Block（删除块）面板，选择圆柱中两个块并单击 Apply 按钮确认，删除块效果如图 5-219 所示。

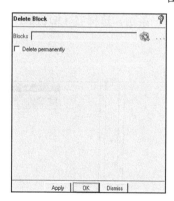

图 5-218 删除块面板

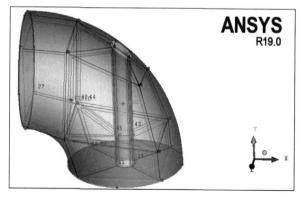

图 5-219 删除块

步骤15 单击功能区内 Blocking（块）选项卡中的 （O-Grid）按钮，如图 5-220 所示，单击 Select Blocks 旁的 按钮，选择所有的块，单击 Select Faces 旁 按钮，选择 IN 和 OUT 上的所有的面，单击 Apply 按钮完成操作，选择面如图 5-221 所示。

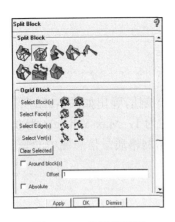
图 5-220　分割块面板

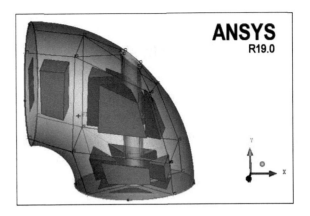
图 5-221　选择面显示

5.6.5　网格生成

步骤01 单击功能区内 Mesh（网格）选项卡中的（部件网格尺寸设定）按钮，弹出如图 5-222 所示的 Part Mesh Setup（部件网格尺寸设定）对话框，设定所有参数，单击 Apply 按钮确认并单击 Dismiss 按钮退出。

图 5-222　部件网格尺寸设定对话框

步骤02 单击功能区内 Blocking（块）选项卡中的 按钮，弹出如图 5-223 所示的 Pre-Mesh Params（预览网格）面板，单击 ![] 按钮，选中 Update All 单选按钮，单击 Apply 按钮确认，显示预览网格如图 5-224 所示。

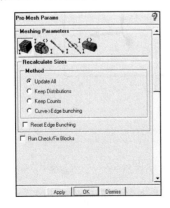
图 5-223　预览网格面板

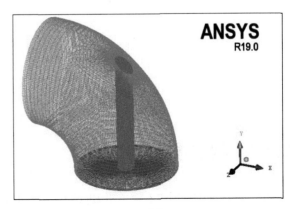
图 5-224　预览网格显示

5.6.6 网格质量检查

单击功能区内 Edit Mesh（网格编辑）选项卡中的（检查网格）按钮，弹出如图 5-225 所示的 Pre-Mesh Quality（网格质量）面板，设置 Min-X value 为 0，Max-X value 为 1，Max-Y height 为 0，单击 Apply 按钮确认，在信息栏中显示网格质量信息，如图 5-226 所示。单击网格质量信息图中的长度条，在这个范围内的网格单元会显示出来，如图 5-227 所示。

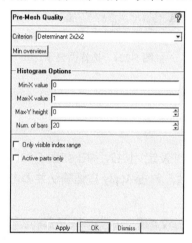

图 5-225　检查网格面板

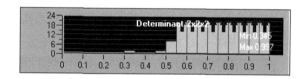

图 5-226　网格质量信息

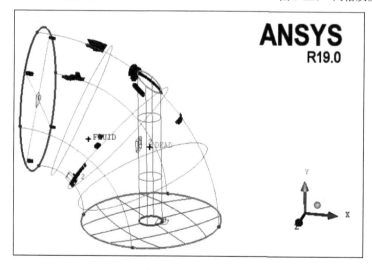

图 5-227　网格显示

5.6.7 网格输出

步骤 01　在操作控制树中右键单击 Blocking 中的 Pre-Mesh，弹出如图 5-228 所示的目录树，选择 Convert to Unstruct Mesh，生成的网格如图 5-229 所示。

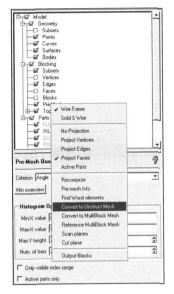

图 5-228　目录树

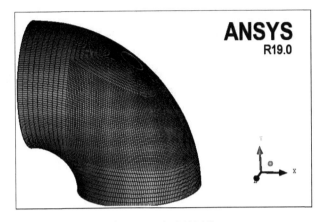

图 5-229　生成的网格

步骤 02　单击功能区内 Output（输出）选项卡中的 （选择求解器）按钮，弹出如图 5-230 所示的 Select Solver（选择求解器）面板，Output Solver 选择 ANSYS Fluent，单击 Apply 按钮确认。

步骤 03　单击功能区内 Output（输出）选项卡中的 （输出）按钮，弹出"打开网格文件"对话框，选择文件，单击"打开"按钮，弹出如图 5-231 所示的 ANSYS Fluent 对话框，Grid dimension 选择 3D，单击 Done 按钮确认完成。

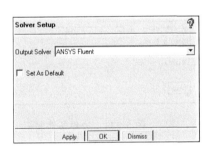

图 5-230　选择求解器面板

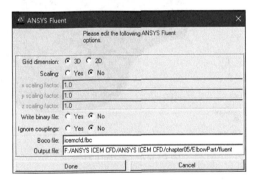

图 5-231　ANSYS Fluent 对话框

5.6.8　计算与后处理

步骤 01　在 Windows 系统下执行"开始"→"所有程序"→"ANSYS 19.0"→Fluid Dynamics→"FLUENT 19.0"命令，启动 FLUENT 19.0，进入 FLUENT Launcher 界面。

步骤 02　Dimension 选择 3D，单击 OK 按钮进入 FLUENT 界面。

步骤 03　执行 File→Read→Mesh 命令，读入 ICEM CFD 生成的网格文件，如图 5-232 所示。

步骤 04　在任务栏单击 （保存）按钮进入 Write Case（保存项目）对话框，在 File name（文件名）中输入 fluent.cas，单击 OK 按钮保存项目文件。

步骤 05 执行 Mesh→Check 命令，检查网格质量，应保证 Minimum Volume 大于 0。

步骤 06 执行 Mesh→Scale 命令，打开 Scale Mesh 面板，定义网格尺寸单位，在 Mesh Was Created In 中选择 mm，单击 Scale 按钮。

步骤 07 执行 Define→General 命令，在 Time 中选择 Steady。

步骤 08 执行 Define→Model→Viscous 命令，选择 k-epsilon (2 eqn) 模型。

步骤 09 执行 Define→Boundary Condition 命令，定义边界条件，如图 5-233 所示。

- IN: Type 选择为 velocity-inlet（速度入口边界条件），在 Velocity Magnitude（速度大小）中输入 5。
- OUT: Type 选择为 pressure-outlet（压力出口），将 Gauge Pressure 设置为 0。

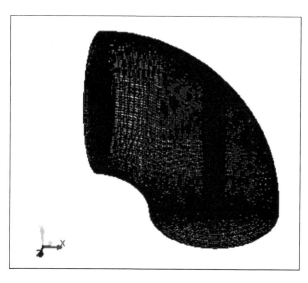

图 5-232　显示几何模型

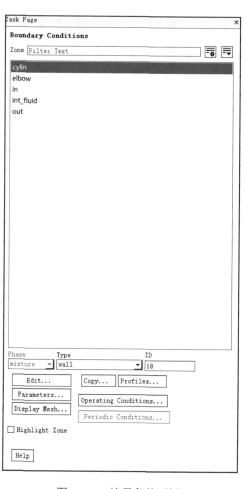

图 5-233　边界条件面板

步骤 10 执行 Solve→Controls 命令，弹出 Solution Controls（设置松弛因子）面板，保持默认值，单击 OK 按钮退出。

步骤 11 执行 Solve→Initialize 命令，弹出 Solution Initialization（设置初始值）面板，Compute From 选择 in，单击 Initialize 按钮进行计算初始化。

步骤 12 执行 Solve→Monitors→Residual 命令，设置各个参数的收敛残差值为 1e-3，单击 OK 按钮确认。

步骤 13 执行 Solve→Run Calculation 命令，迭代步数设为 300，单击 Calculate 按钮开始计算。

步骤 14 执行 Surface→ISO Surface 命令，设置生成 Z=0m 的平面，命名为 z0。

步骤 15 执行 Display→Graphics and Animations→Contours 命令，Contours of 选择 Velocity Magnitude，surfaces 选择 z0，单击 Display 按钮显示速度云图，如图 5-234 所示。

步骤 16 执行 Display→Graphics and Animations→Contours 命令，Contours of 选择 Velocity Magnitude，surfaces 选择 z0，单击 Display 按钮显示速度矢量图，如图 5-235 所示。

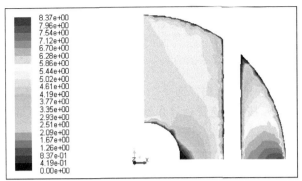
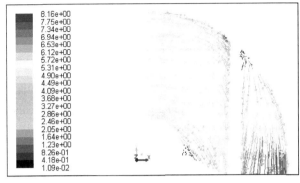

图 5-234　速度云图　　　　　　　　　　　图 5-235　速度矢量图

从上述计算结果可以看出，生成的网格能够满足计算的要求并且能够较好地模拟弯管部件内流场问题。

5.7　水槽三维模型结构网格划分

本节将通过一个水槽几何模型网格生成的例子，让读者对 ANSYS ICEM CFD 19.0 进行带有二维薄片的三维模型进行结构网格划分的处理方法有一个初步了解。

5.7.1　启动 ICEM CFD 并建立分析项目

步骤 01　在 Windows 系统下执行"开始"→"所有程序"→"ANSYS 19.0"→Meshing→"ICEM CFD 19.0"命令，启动 ICEM CFD 19.0，进入 ICEM CFD 19.0 界面。

步骤 02　执行 File→Save Project 命令，弹出如 Save Project As（保持项目）对话框，在"文件名"中输入 water.prj，单击确认，关闭对话框。

5.7.2　导入几何模型

执行 File→Geometry→Open Geometry 命令，弹出"打开"对话框，在"文件名"中输入 water.tin，单击"打开"按钮确认。导入几何文件后，在图形显示区将显示几何模型，如图 5-236 所示。

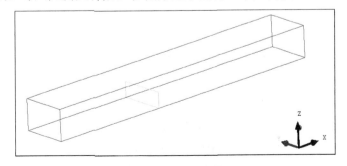

图 5-236　几何模型

ANSYS ICEM CFD 网格划分从入门到精通

5.7.3 模型建立

步骤01 在操作控制树中右键单击 Parts，弹出如图 5-237 所示的目录树，选择 Create Part，弹出如图 5-238 所示的 Create Part 面板，在 Part 中输入 IN，单击 按钮，选择边界并单击鼠标中键确认，生成边界条件如图 5-239 所示。

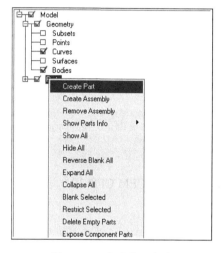

图 5-237　生成边界命令

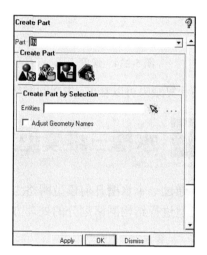

图 5-238　生成边界面板

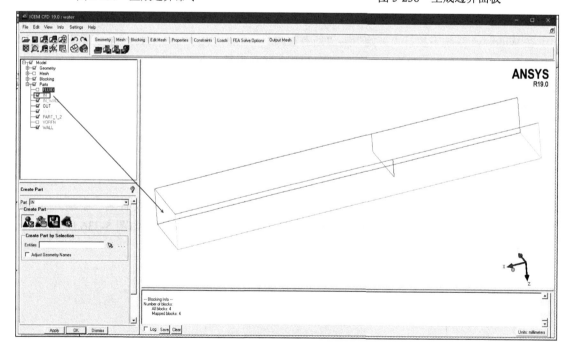

图 5-239　边界命名

步骤02 同步骤（1）方法生成边界，命名为 OUT，如图 5-240 所示。

步骤03 同步骤（1）方法生成新的 Part，命名为 WALL，如图 5-241 所示。

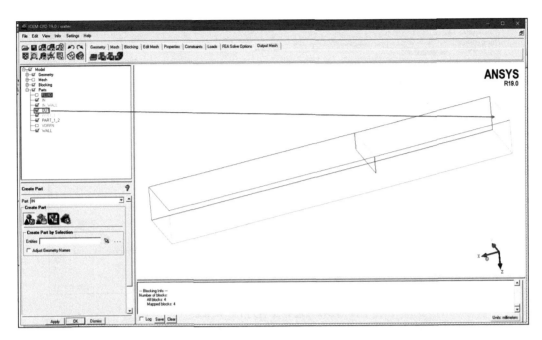

图 5-240　边界命名为 OUT

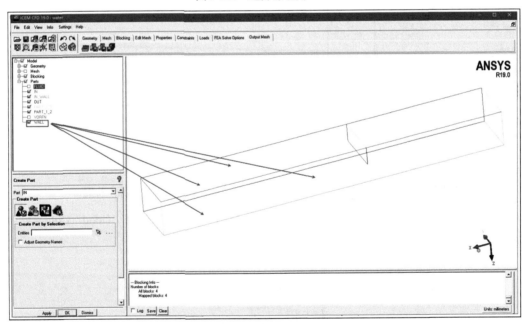

图 5-241　边界命名为 WALL

步骤 04　同步骤（1）方法生成新的 Part，命名为 IN_WALL，如图 5-242 所示。

在建立模型时，不可采用模型修复，一旦进行模型修复三维模型中的二维面将被删除。

步骤 05　单击功能区内 Geometry（几何）选项卡中的 按钮，弹出如图 5-243 所示的 Create Body（生成体）面板，单击 按钮，输入 Part 名称为 FLUID-MATL，选择如图 5-244 所示的两个屏幕位置，单击中键确认并确保物质点在管的内部同时在叶片的外部。

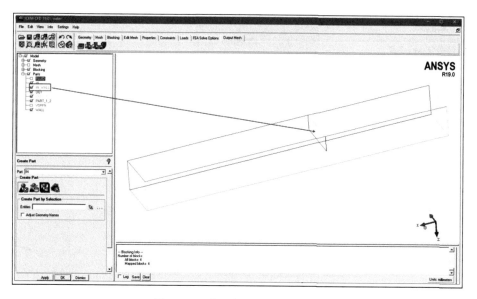

图 5-242 边界命名为 IN_WALL

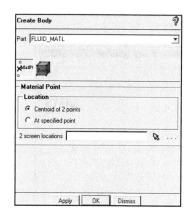

图 5-243 生成体面板

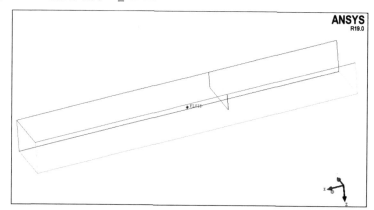

图 5-244 选择点位置

步骤 06 在操作控制树中右键单击 Parts，弹出如图 5-245 所示的目录树，选择"Good" Colors 命令。

图 5-245 选择"Good" Colors 命令

5.7.4 生成块

步骤01 单击功能区内 Blocking（块）选项卡中的 （创建块）按钮，弹出如图 5-246 所示的 Create Block（创建块）面板，单击 按钮，Type 选择 3D Bounding Box，单击 OK 按钮确认，创建初始块如图 5-247 所示。

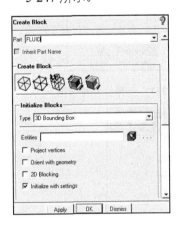
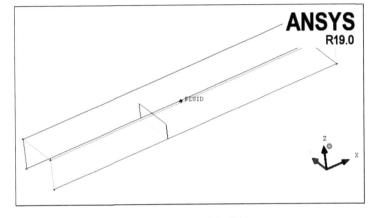

图 5-246　创建块面板　　　　　　　　　　图 5-247　创建初始块

步骤02 单击功能区内 Blocking（块）选项卡中的 （分割块）按钮，弹出如图 5-248 所示的 Split Block（分割块）面板，Split Method 选择 Prescribed point。单击 按钮，单击 Edge 旁的 按钮，在几何模型上单击要分割的边，单击 Point 旁边的 按钮，选择中间二维平面上的点，单击鼠标中键或 Apply 按钮完成操作，创建分割块如图 5-249 所示。

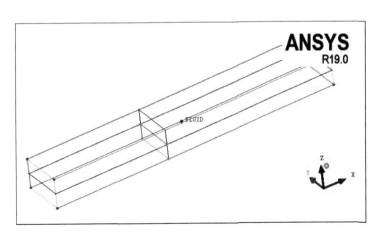

图 5-248　分割块面板　　　　　　　　　　图 5-249　分割块

步骤03 单击功能区内 Blocking（块）选项卡中的 （关联）按钮，弹出如图 5-250 所示的 Blocking Associations（块关联）面板，单击 （Surface 关联）按钮，Method 选择 Part。单击 按钮，选择中间二维平面上对应的面并单击鼠标中键确认，然后单击 按钮，弹出如图 5-251 所示的选择部件对话框，勾选 IN_WALL 复选框，单击 Accept 按钮确认，关联的曲面选取如图 5-252 所示。

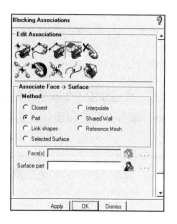
图 5-250　Surface 关联面板

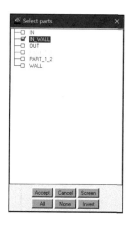
图 5-251　选择部件对话框

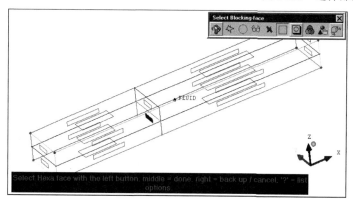
图 5-252　面关联

 关联面这一步骤十分重要，若不关联中间的二维面，则生成的网格中将不会存在这一平面。

步骤 04　单击功能区内 Blocking（块）选项卡中的 ⊗（关联）按钮，弹出如图 5-253 所示的 Blocking Associations（块关联）面板，单击 （Vertex 关联）按钮，Entity 类型选择为 Point。单击 按钮，选择块上的一个顶点并单击鼠标中键确认，然后单击 按钮，选择模型上一个对应的几何点，块上的顶点会自动移动到几何点上，关联顶点和几何点的选取如图 5-254 所示。

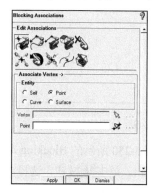
图 5-253　块关联面板

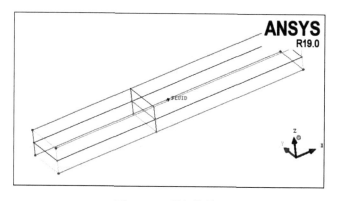
图 5-254　顶点关联

5.7.5 网格生成

步骤01 单击功能区内 Mesh（网格）选项卡中的 ▩（全局网格设定）按钮，弹出如图 5-255 所示的 Global Mesh Setup（全局网格设定）面板，在 Max element 中输入 5，单击 Apply 按钮确认。

步骤02 单击功能区内 Blocking（块）选项卡中的 ▩（预览网格）按钮，弹出如图 5-256 所示的 Pre-Mesh Params（预览网格）面板，单击 ▩ 按钮，选中 Update All 单选按钮，单击 Apply 按钮确认，显示预览网格如图 5-257 所示。

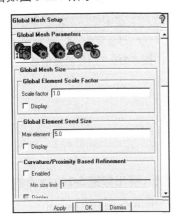
图 5-255　全局网格设定面板

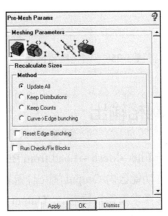
图 5-256　预览网格面板

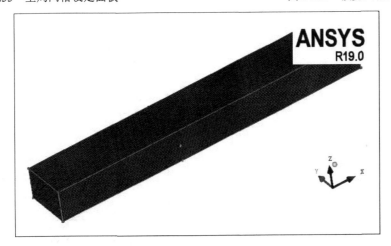
图 5-257　预览网格显示

5.7.6 网格质量检查

单击功能区内 Blocking（块）选项卡中的 ▩（检查网格）按钮，弹出如图 5-258 所示的 Pre-Mesh Quality（网格质量）面板，设置 Min-X value 为 0，Max-X value 为 1，Max-Y height 为 0，单击 Apply 按钮确认，在信息栏中显示网格质量信息，如图 5-259 所示。

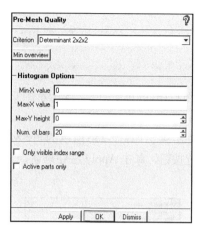

图 5-258 网格质量面板

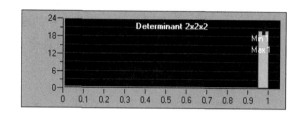

图 5-259 网格质量信息

5.7.7 网格输出

步骤 01 执行 File→Mesh→Load from Blocking 命令，导入网格。

步骤 02 单击功能区内 Output（输出）选项卡中的 ▦（选择求解器）按钮，弹出如图 5-260 所示的 Select Solver（选择求解器）面板，Output Solver 选择 ANSYS Fluent，单击 Apply 按钮确认。

步骤 03 单击功能区内 Output（输出）选项卡中的 ▦（输出）按钮，弹出"打开网格文件"对话框，选择文件，单击"打开"按钮，弹出如图 5-261 所示的 ANSYS Fluent 对话框，Grid dimension 选择 3D，单击 Done 按钮确认完成。

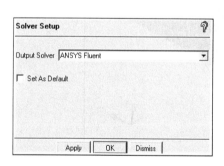

图 5-260 选择求解器面板

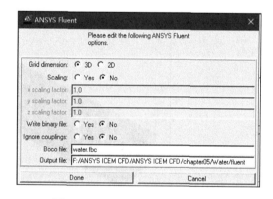

图 5-261 ANSYS Fluent 对话框

5.7.8 计算与后处理

步骤 01 在 Windows 系统下执行 "开始" → "所有程序" → "ANSYS 19.0" →Fluid Dynamics→ "FLUENT 19.0" 命令，启动 FLUENT 19.0，进入 FLUENT Launcher 界面。

步骤 02 Dimension 选择 3D，单击 OK 按钮进入 FLUENT 界面。

步骤 03 执行 File→Read→Mesh 命令，读入 ICEM CFD 生成的网格文件，如图 5-262 所示。

步骤 04 在任务栏单击 ■（保存）按钮进入 Write Case（保存项目）对话框，在 File name（文件名）中输入 fluent.cas，单击 OK 按钮保存项目文件。

步骤 05 执行 Mesh→Check 命令，检查网格质量，应保证 Minimum Volume 大于 0。

步骤 06 执行 Mesh→Scale 命令，打开 Scale Mesh 面板，定义网格尺寸单位，在 Mesh Was Created In 中选择 mm，单击 Scale 按钮。

步骤 07 执行 Define→General 命令，在 Time 中选择 Steady。

步骤 08 执行 Define→Material 命令，在 FLUENT Fluid Materials 下拉菜单中选择 water-liquid，如图 5-263 所示。

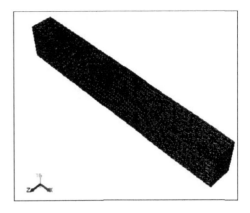

图 5-262　显示几何模型

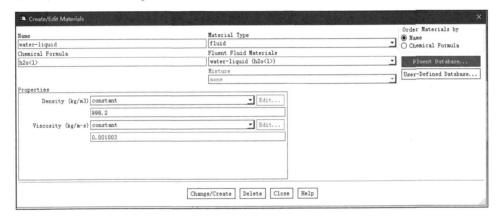

图 5-263　定义材料对话框

步骤 09 执行 Define→Model→Viscous 命令，选择 k-epsilon（2 eqn）模型。

步骤 10 执行 Define→Boundary Condition 命令，定义边界条件，如图 5-264 所示。

- IN：Type 选择为 velocity-inlet（速度入口边界条件），在 Velocity Magnitude（速度大小）中输入 0.2。
- OUT：Type 选择为 outflow（自由出流边界条件）。

步骤 11 执行 Solve→Controls 命令，弹出 Solution Controls（设置松弛因子）面板，保持默认值，单击 OK 按钮退出。

步骤 12 执行 Solve→Initialize 命令，弹出 Solution Initialization（设置初始值）面板，Compute From 选择 in，单击 Initialize 按钮进行计算初始化。

步骤 13 执行 Solve→Monitors→Residual 命令，设置各个参数的收敛残差值为 1e-3，单击 OK 按钮确认。

步骤 14 执行 Solve→Run Calculation 命令，迭代步数设为 300，单击 Calculate 按钮开始计算。

步骤 15 执行 Surface→ISO Surface 命令，设置生成 Y=0.075m 的平面，命名为 y0。

图 5-264　边界条件面板

步骤 16 执行 Display→Graphics and Animations→Contours 命令，Contours of 选择 Velocity Magnitude, surfaces 选择 y0，单击 Display 按钮显示速度云图，如图 5-265 所示。

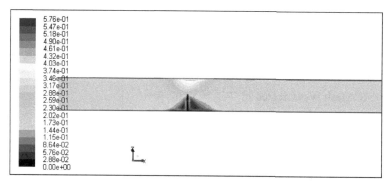

图 5-265　速度云图

步骤 17 执行 Display→Graphics and Animations→Contours 命令，Contours of 选择 Velocity Magnitude, surfaces 选择 y0，单击 Display 按钮显示速度矢量图，如图 5-266 所示。

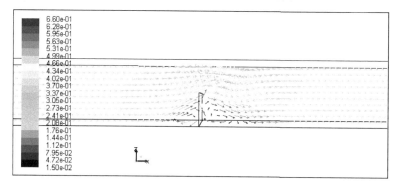

图 5-266　速度矢量图

从上述计算结果可以看出，生成的网格能够满足计算的要求，并且能够较好地模拟三维实体中存在二维平面的内流场问题。

5.8　本章小结

本章结合典型实例介绍了 ICEM CFD 三维模型结构化网格生成的基本过程。三维模型结构化网格生成方法与二维相同，都是创建合理的拓扑结构，建立映射关系，给定节点数，最后生成网格。通过对本章内容的学习，读者可以掌握 ICEM CFD 三维模型结构化网格生成的使用方法，学会分析拓扑结构、移动节点、调整网格等操作方法。

第 6 章
四面体网格自动生成

导言

在现实计算中，很多情况下的计算模型都非常复杂，而四面体网格具备很好的几何适应性、生成简单等特点，在工程实际中被广泛应用。

虽然要达到相同的计算精度，四面体网格数量要多余结构网格，但是随着计算机求解能力的增加，这些问题都可以得到较好的解决。目前很多 CFD 求解器均带有网格自适应功能，而四面体网格的自适应能力是远大于结构网格的。因此，掌握四面体网格的划分技巧，对于实际的工作应用是十分必要的。

本章将介绍 ICEM CFD 中四面体网格自动生成方法，并通过具体实例详细讲解使用 ICEM CFD 自动生成四面体网格的工作流程。

学习目标

★ 掌握 ICEM CFD 自动生成四面体网格的方法和流程
★ 掌握生成网格的查看方法

6.1 四面体网格概述

大多数四面体网格生成器生成四面体网格的流程是先在几何模型的每一个表面上生成三角形网格，然后基于面网格生成体网格。这是一种传统的自下而上的网格生成方法，生成的网格如图 6-1 所示。这种方法的缺点是要处理几何模型的每一个表面，一旦几何模型存在细长表面、缝隙等缺陷，将给网格的生成带来很大的困难。

ICEM CFD 在具备自下而上的网格生成方法的基础上，还具有一种自上而下的网格生成方法，即先生成体网格，然后生成表面网格，对于复杂的几何模型不需要大量的时间来处理几何表面的修补和面网格的生成，生成的网格如图 6-2 所示。

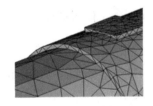

图 6-1 自下而上的网格生成方法

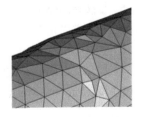

图 6-2 自上而下的的网格生成方法

6.1.1 四面体网格生成方法

在 ICEM CFD 中生成四面体网格需要设定 Mesh type（网格类型）为 Tetra/Mixed。Tetra/Mixed 是一种应用广泛的非结构网格类型，默认情况下自动生成四面体网格（Tetra），通过设定可以创建三棱柱边界层网格（Prism），也可以在计算域内部生成以六面体单位为主的体网格（Hexcore），或者生成既包含边界层又包含六面体单元的网格。

ICEM CFD 具有多种四面体网格生成方法。Mesh Method（网格生成方法）主要有以下几种可供选择。

- Robust（Octree）：该方法使用八叉树方法生成四面体网格，是一种自上而下的网格生成方法，即先生成体网格，然后生成面网格。对于复杂模型，不需要花费大量时间用于几何修补和面网格的生成。
- Quick（Delaunay）：适用于 Tetra/Mixed 网格类型，该方法生成四面体网格，是一种自下而上的网格生成方法，即先生成面网格，然后生成体网格。
- Smooth（Advancing Front）：适用于 Tetra/Mixed 网格类型，该方法生成四面体网格，是一种自下而上的网格生成方法，即先生成面网格，然后生成体网格。与 Quick 方法不同的是，近壁面网格尺寸变化平缓，对初始的面网格质量要求较高。
- TGrid：适用于 Tetra/Mixed 网格类型，该方法生成四面体网格，是一种自下而上的网格生成方法，能够使近壁面网格尺寸变化平缓。

6.1.2 四面体网格生成流程

ICEM CFD 自动生成四面体网格的流程如下。

（1） Global Mesh Setup（全局网格设定）。

- （全局网格尺寸）：设定最大网格尺寸及比例来确定全局网格尺寸。
- （体网格尺寸）：设定体网格类型及生成方法。

（2） Mesh Size for Parts（部件网格尺寸设定）。

（3） Surface Mesh Setup（表面网格设定）：通过鼠标选择几何模型中一个或几个面，设定其网格尺寸。

（4） Curve Mesh Parameters（曲线网格参数）：设定几何模型中指定曲线的网格尺寸。

（5） Create Mesh Density（网格加密）：通过选取几何模型上的一点，指定加密宽度、网格尺寸和比例，生成以指定点为中心的网格加密区域。

（6） Define Connections（定义连接）：通过定义连接两个不同的实体。

（7） Mesh Curve（生成曲线网格）：为一维曲线生成网格。

（8） Compute Mesh（计算网格）：根据前面的设置生成三维体网格。

6.2 阀门模型四面体网格生成

本节将通过一个阀门几何模型网格生成的例子，让读者对 ANSYS ICEM CFD 19.0 进行四面体网格自动生成的过程有一个初步了解。

6.2.1 启动 ICEM CFD 并建立分析项目

步骤01 在 Windows 系统下执行"开始"→"所有程序"→"ANSYS 19.0"→Meshing→"ICEM CFD 19.0"命令，启动 ICEM CFD 19.0，进入 ICEM CFD 19.0 界面。

步骤02 执行 File→Save Project 命令，弹出 Save Project As（保持项目）对话框，在"文件名"中输入 valve，单击确认，关闭对话框。

6.2.2 导入几何模型

步骤01 执行 File→Import Model 命令，弹出 Select Import Model file（选择文件）对话框，在"文件名"中输入 valve.x_t，单击"打开"按钮确认。

步骤02 在弹出如图 6-3 所示的 Import Model（导入模型）面板中，Units 选择 Millimeter，单击 OK 按钮确认。

步骤03 导入几何文件后，在图形显示区将显示几何模型，如图 6-4 所示。

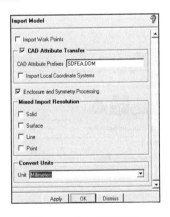

图 6-3　导入模型面板

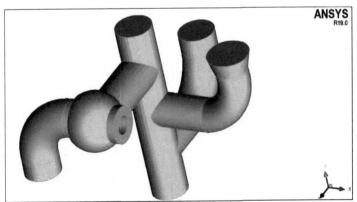

图 6-4　几何模型

6.2.3 模型建立

步骤01 单击功能区内 Geometry（几何）选项卡中的 ![] （修复模型）按钮，弹出如图 6-5 所示的 Repair Geometry（修复模型）面板，单击 ![] 按钮，在 Tolerance 中输入 0.1，勾选 Filter points 和 Filter curves 复选框过滤，在 Feature angle 中输入 15，单击 OK 按钮确认，几何模型将修复完毕，如图 6-6 所示。

165

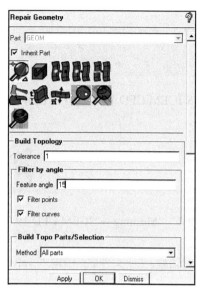
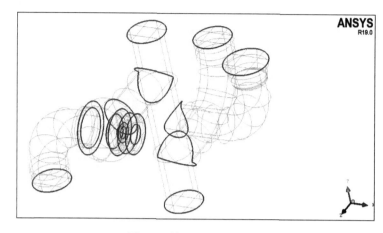

图 6-5 修复模型面板　　　　　　　　　图 6-6 修复后的几何模型

步骤 02 单击功能区内 Geometry（几何）选项卡中的 ▦（生成体）按钮，弹出如图 6-7 所示的 Create Body（生成体）面板，单击 ▦ 按钮，单击 OK 按钮确认生成体。

步骤 03 在操作控制树中，右键单击 Parts，弹出如图 6-8 所示的目录树，选择 Create Part，弹出如图 6-9 所示的 Create Part（生成边界）面板，在 Part 中输入 IN，单击 ▦ 按钮，选择边界并单击鼠标中键确认，生成入口边界条件如图 6-10 所示。

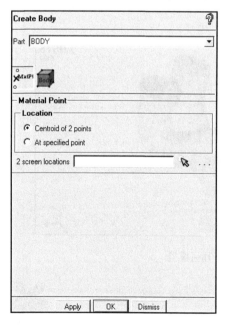

图 6-7 生成体面板　　　　图 6-8 选择生成边界命令　　　　图 6-9 生成边界面板

步骤 04 同步骤（3）方法生成出口边界条件，命名为 OUT，如图 6-11 所示。

步骤 05 同步骤（3）方法生成新的 Part，命名为 VALVESPHERE，如图 6-12 所示。

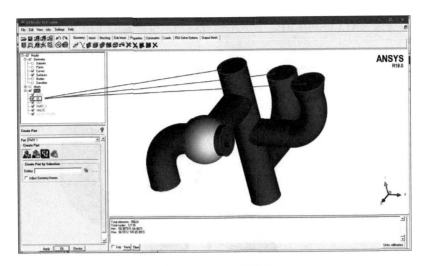

图 6-10　入口边界条件

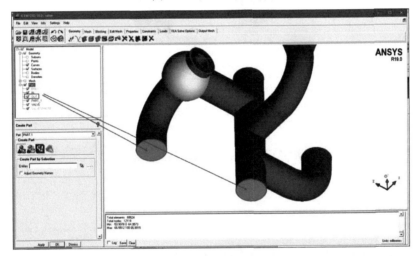

图 6-11　出口边界条件

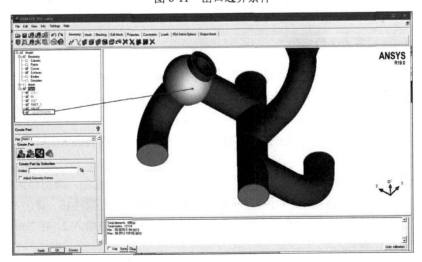

图 6-12　VALVESPHERE

步骤06 在目录树中隐藏 VALVESPHERE,显示出内部结构,创建新的 Part 并命名为 VALVE,如图 6-13 所示。

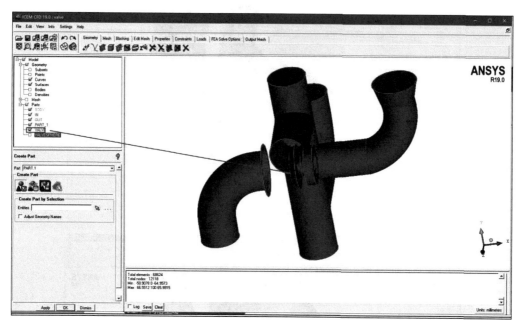

图 6-13 VALVE

Parts 的颜色与模型树中的颜色是匹配的。

6.2.4 网格生成

步骤01 单击功能区内 Mesh(网格)选项卡中的 按钮,弹出如图 6-14 所示的 Global Mesh Setup(全局网格设定)面板,在 Max element 中输入 64,单击 Apply 按钮确认。

Max element 通常为 2 的指数。

步骤02 单击功能区内 Mesh(网格)选项卡中的 按钮,弹出如图 6-15 所示的 Surface Mesh Setup(表面网格设定)面板,单击 ![图标] 按钮,弹出 Select geometry(选择几何)工具栏,单击 按钮,选择所有平面,在 Maximum element size 中输入 4,单击 Apply 按钮确认。在操作控制树中右键单击 surfaces,弹出如图 6-16 所示的目录树,选择 Tetra Sizes,显示面网格大小的形式,如图 6-17 所示。

步骤03 单击功能区内 Mesh(网格)选项卡中的 按钮,弹出如图 6-18 所示的 Curve Mesh Setup(曲线上网格设定)面板,Method 选择 General,单击 ![图标] 按钮,弹出 Select geometry(选择几何)工具栏,选择如图 6-19 所示的曲线,在 Maximum size 中输入 2,在 Tetra width 中输入 3,单击 Apply 按钮确认。

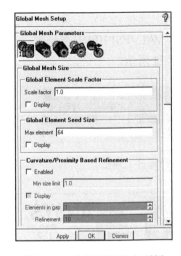

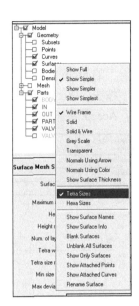

图 6-14　全局网格设定面板　　图 6-15　表面网格设定面板　　图 6-16　目录树

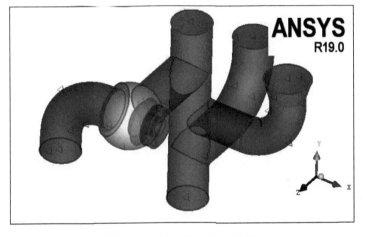

图 6-17　显示面网格大小的形式　　　　　　图 6-18　曲线上网格设定面板

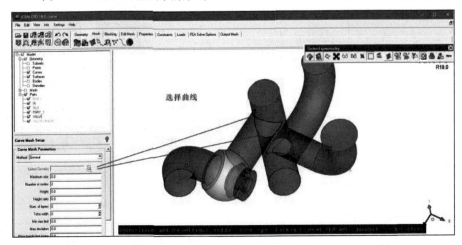

图 6-19　选择曲线

步骤04 单击功能区内 Mesh（网格）选项卡中的 ![icon]（网格加密）按钮，弹出如图 6-20 所示的 Create Density（创建密度盒）面板，在 Name 中输入密度盒名称为 density Box，在 Size 中输入 2，在 Density Location 下的 From 中选择 Entity bounds，单击 ![icon] 按钮，弹出 Select geometry（选择几何）工具栏，单击 ![icon] 按钮，弹出 Select part（选择部件）工具栏，如图 6-21 所示，勾选 VALVESPHERE 复选框，单击 Accept 按钮确认，单击 Apply 按钮确认显示网格加密区域，如图 6-22 所示。

图 6-21　选择部件工具栏

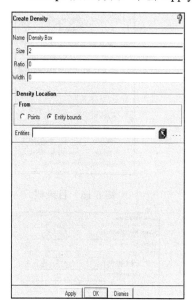

图 6-20　创建密度盒面板

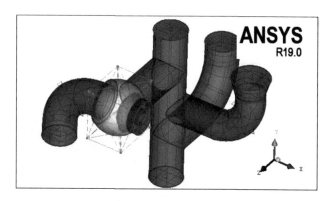

图 6-22　网格加密区域

步骤05 单击功能区内 Mesh（网格）选项卡中的 ![icon]（计算网格）按钮，弹出如图 6-23 所示的 Compute Mesh（计算网格）面板，单击 ![icon]（体网格）按钮，单击 Apply 按钮确认生成体网格文件，如图 6-24 所示。

步骤06 在操作控制树中右键单击 Mesh，弹出如图 6-25 所示的目录树，选择 Cut Plane→Manage Cut Plane，显示 Manage Cut Plane（管理剖面）面板，如图 6-26 所示。在 Method 中选择 Middle X Plane，调整 Fraction Value 值显示不同剖面结果，如图 6-27 所示。

图 6-23　计算网格面板

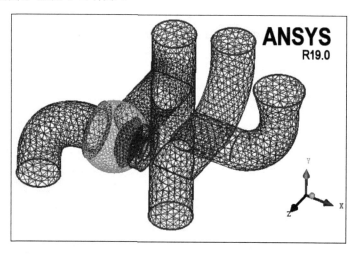

图 6-24　生成体网格

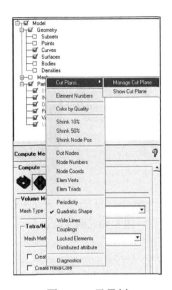

图 6-25　目录树

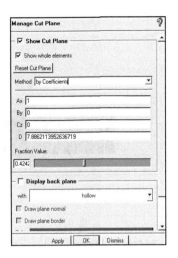

图 6-26　管理剖面面板

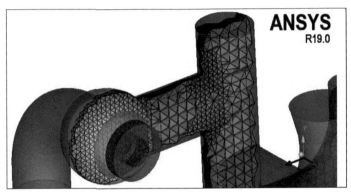

图 6-27　剖面显示

6.2.5　网格质量检查

单击 Edit Mesh（网格编辑）选项卡中的 （检查网格）按钮，弹出如图 6-28 所示的 Quality Metrics（网格质量）面板，单击 Apply 按钮确认，在信息栏中显示网格质量信息，如图 6-29 所示。单击网格质量信息图中的长度条，在这个范围内的网格单元会显示出来，如图 6-30 所示。

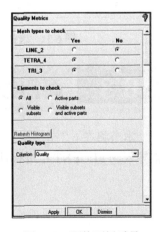

图 6-28　网格面板质量

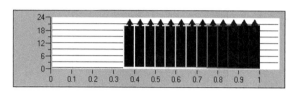
图 6-29 网格质量信息

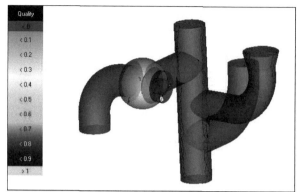
图 6-30 网格显示

6.2.6 网格输出

步骤01 单击功能区内 Output（输出）选项卡中的 ![] （选择求解器）按钮，弹出如图 6-31 所示的 Select Solver（选择求解器）面板，Output Solver 选择 ANSYS Fluent，单击 Apply 按钮确认。

步骤02 单击功能区内 Output（输出）选项卡中的 ![] （输出）按钮，弹出"打开网格文件"对话框，选择文件，单击"打开"按钮，弹出如图 6-32 所示的 ANSYS Fluent 对话框，Grid dimension 选择 3D，单击 Done 按钮确认完成。

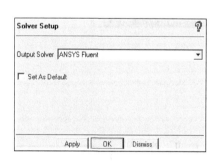
图 6-31 选择求解器面板

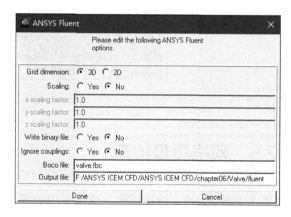
图 6-32 ANSYS Fluent 对话框

6.3 阀门模型四面体网格生成Ⅱ

本节将在 6.2 节网格划分的基础上，对几何模型的网格进一步设置以提高网格质量，并将生成的网格导入到 FLUENT 中进行计算分析。

6.3.1 启动 ICEM CFD 并打开分析项目

步骤01 在 Windows 系统下执行"开始"→"所有程序"→"ANSYS 19.0"→Meshing→"ICEM CFD 19.0"命令,启动 ICEM CFD 19.0,进入 ICEM CFD 19.0 界面。

步骤02 执行 File→Open Project 命令,弹出 Open Project(打开项目)对话框,在"文件名"中输入 valve,单击确认,关闭对话框。

6.3.2 删除原先网格设置

步骤01 执行 File→Mesh→Close Mesh 命令,如图 6-33 所示,不载入原先网格。

步骤02 在操作控制树中右键单击 Densities,弹出如图 6-34 所示的目录树,选择 Delete Densities,删除所有密度盒。

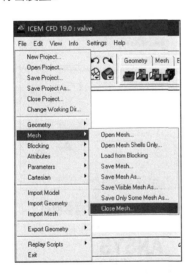

图 6-33 执行 Close Mesh 命令

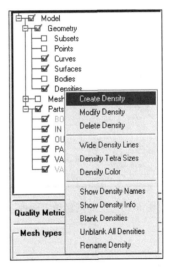

图 6-34 选择删除密度盒命令

步骤03 单击功能区内 Mesh(网格)选项卡中的 按钮,弹出如图 6-35 所示的 Part Mesh Setup(部件网格尺寸设定)对话框,设定所有参数为 0,单击 Apply 按钮确认并单击 Dismiss 按钮退出。

图 6-35 部件网格尺寸设定对话框

如果不设定其中一些参数，则 Automatic Tetra sizing 可能会自动设定。

6.3.3 网格生成

步骤 01 单击功能区内 Mesh（网格）选项卡中的（全局网格设定）按钮，弹出如图 6-36 所示的 Global Mesh Setup（全局网格设定）面板，在 Max element 中输入 64，在 Curvature/Proximity Based Refinem 中勾选 Enabled 复选框，在 Min size limit 中输入 1，在 Elements in gap 中输入 3，在 Refinement 中输入 12，单击 Apply 按钮确认。

步骤 02 单击功能区内 Mesh（网格）选项卡中的（计算网格）按钮，弹出如图 6-37 所示的 Compute Mesh（计算网格）面板，单击（体网格）按钮，单击 Apply 按钮确认生成体网格文件，如图 6-38 所示。

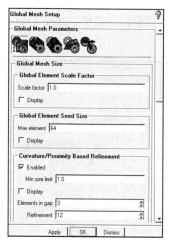

图 6-36　全局网格设定面板

图 6-37　计算网格面板

图 6-38　生成体网格

步骤 03 在操作控制树中右键单击 Mesh，弹出如图 6-39 所示的目录树，选择 Cut Plane→Manage Cut Plane，显示 Manage Cut Plane（管理剖面）面板，如图 6-40 所示。在 Method 中选择 Middle X Plane，调整 Fraction Value 值显示不同剖面的结果，如图 6-41 所示。

图 6-39 目录树

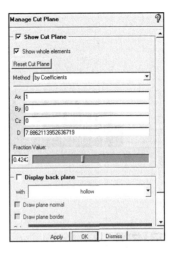
图 6-40 管理剖面面板

图 6-41 剖面显示

6.3.4 网格质量检查

单击功能区内 Edit Mesh（网格编辑）选项卡中的 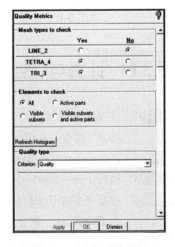（检查网格）按钮，弹出如图 6-42 所示的 Quality Metrics（网格质量）面板，单击 Apply 按钮确认，在信息栏中显示网格质量信息，如图 6-43 所示。单击网格质量信息图中的长度条，在这个范围内的网格单元会显示出来，如图 6-44 所示。

图 6-42 网格质量面板

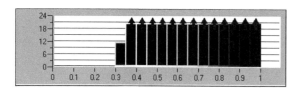
图 6-43 网格质量信息

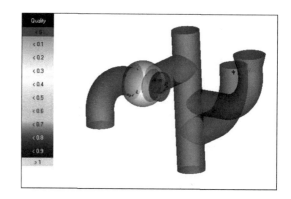
图 6-44 网格显示

6.3.5 网格输出

步骤 01 单击功能区内 Output（输出）选项卡中的 ![icon]（选择求解器）按钮，弹出如图 6-45 所示的 Select Solver（选择求解器）面板，Output Solver 选择 ANSYS Fluent，单击 Apply 按钮确认。

步骤 02 单击功能区内 Output（输出）选项卡中的 ![icon]（输出）按钮，弹出"打开网格文件"对话框，选择文件，单击"打开"按钮，弹出如图 6-46 所示的 ANSYS Fluent 对话框，Grid dimension 选择 3D，单击 Done 按钮确认完成。

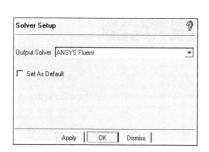
图 6-45 选择求解器面板

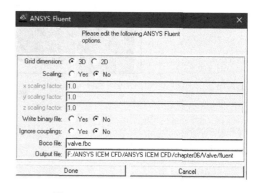
图 6-46 ANSYS Fluent 对话框

6.3.6 计算与后处理

步骤 01 在 Windows 系统下执行"开始"→"所有程序"→"ANSYS 19.0"→Fluid Dynamics→"FLUENT 19.0"命令，启动 FLUENT 19.0，进入 FLUENT Launcher 界面。

步骤 02 Dimension 选择 3D，单击 OK 进入 FLUENT 界面。

步骤 03 执行 File→Read→Mesh 命令，读入 ICEM CFD 生成的网格文件，如图 6-47 所示。

步骤 04 在任务栏单击 ![icon]（保存）按钮进入 Write Case（保存项目）对话框，在 File name（文件名）中输入 fluent.cas，单击 OK 按钮保存项目文件。

步骤 05 执行 Mesh→Check 命令，检查网格质量，应保证 Minimum Volume 大于 0。

步骤06 执行 Mesh→Scale 命令，打开 Scale Mesh 面板，定义网格尺寸单位，在 Mesh Was Created In 中选择 mm，单击 Scale 按钮。

步骤07 执行 Define→General 命令，在 Time 中选择 Steady。

步骤08 执行 Define→Model→Viscous 命令，选择 k-epsilon（2 eqn）模型。

步骤09 执行 Define→Boundary Condition 命令，定义边界条件，如图 6-48 所示。

- IN: Type 选择为 velocity-inlet（速度入口边界条件），在 Velocity Magnitude（速度大小）中输入 2。
- OUT: Type 选择为 pressure-outlet（压力出口），将 Gauge Pressure 设置为 0。

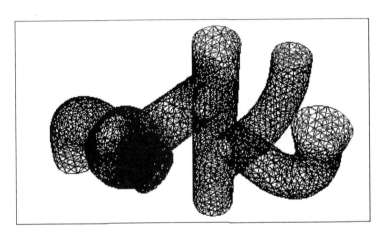

图 6-47 显示几何模型

图 6-48 边界条件面板

步骤10 执行 Solve→Controls 命令，弹出 Solution Controls（设置松弛因子）面板，保持默认值，单击 OK 按钮退出。

步骤11 执行 Solve→Initialize 命令，弹出 Solution Initialization（设置初始值）面板，Compute From 选择 in，单击 Initialize 按钮进行计算初始化。

步骤12 执行 Solve→Monitors→Residual 命令，设置各个参数的收敛残差值为 1e-3，单击 OK 按钮确认。

步骤13 执行 Solve→Run Calculation 命令，迭代步数设为 300，单击 Calculate 按钮开始计算。

步骤14 执行 Surface→ISO Surface 命令，设置生成 X=0m 的平面，命名为 x0。

步骤15 执行 Display→Graphics and Animations→Contours 命令，Contours of 选择 Velocity Magnitude，surfaces 选择 x0，单击 Display 按钮显示速度云图，如图 6-49 所示。

步骤16 执行 Display→Graphics and Animations→Contours 命令，Contours of 选择 Velocity Magnitude，surfaces 选择 x0，单击 Display 按钮显示速度矢量，如图 6-50 所示。

步骤17 执行 Display→Graphics and Animations→Contours 命令，Contours of 选择 Static Pressure，surfaces 选择 x0，单击 Display 按钮显示压力云图，如图 6-51 所示。

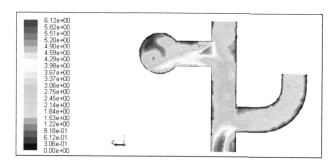

图 6-49　速度云图

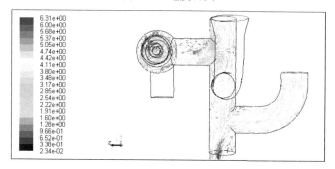

图 6-50　速度矢量图

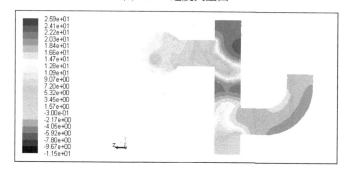

图 6-51　压力云图

从上述计算结果可以看出，生成的网格能够满足计算的要求，并且能够较好地模拟阀门内流场问题。

6.4　弯管部件四面体网格生成实例

本节将对 5.6 节弯管部件使用四面体网格进行划分，并对生成的网格进行计算分析与六面体网格的计算结果可以形成对比。

6.4.1　启动 ICEM CFD 并建立分析项目

步骤 01　在 Windows 系统下执行"开始"→"所有程序"→"ANSYS 19.0"→Meshing→"ICEM CFD 19.0"命令，启动 ICEM CFD 19.0，进入 ICEM CFD 19.0 界面。

步骤 02　执行 File→Save Project 命令，弹出 Save Project As（保持项目）对话框，在"文件名"中输入 icemcfd，单击确认，关闭对话框。

6.4.2　导入几何模型

执行 File→Geometry→Open Geometry 命令，弹出"打开"对话框，在"文件名"中输入 geometry.tin，单击"打开"按钮确认。导入几何文件后，在图形显示区将显示几何模型，如图 6-52 所示。

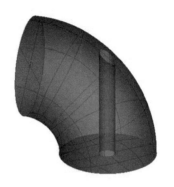

图 6-52　几何模型

6.4.3　模型建立

步骤 01　单击功能区内 Geometry（几何）选项卡中的 (修复模型)按钮，弹出如图 6-53 所示的 Repair Geometry（修复模型）面板。单击 按钮，在 Tolerance 中输入 0.1，勾选 Filter points 和 Filter curves 复选框过滤，在 Feature angle 中输入 30，单击 OK 按钮确认，几何模型将修复完毕，如图 6-54 所示。

图 6-53　修复模型面板

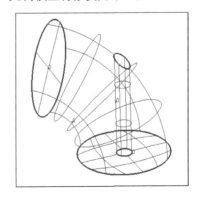

图 6-54　修复后的几何模型

步骤 02　在操作控制树中右键单击 Parts，弹出如图 6-55 所示的目录树，选择 Create Part，弹出如图 6-56 所示的 Create Part（生成边界）面板。在 Part 中输入 IN，单击 按钮，选择边界并单击鼠标中键确认，生成边界条件如图 6-57 所示。

步骤 03　同步骤（2）方法生成边界，命名为 OUT，如图 6-58 所示。

步骤 04　同步骤（2）方法生成新的 Part，命名为 ELBOW，如图 6-59 所示。

步骤 05　同步骤（2）方法生成新的 Part，命名为 CYLIN，如图 6-60 所示。

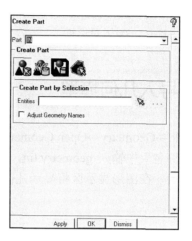

图 6-55　选择生成边界命令　　　　　　　　图 6-56　生成边界面板

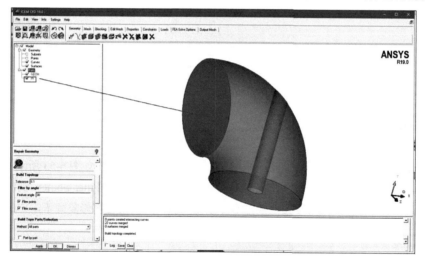

图 6-57　生成边界条件

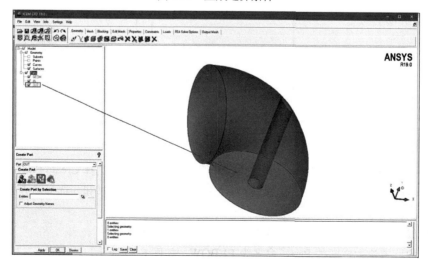

图 6-58　边界命名为 OUT

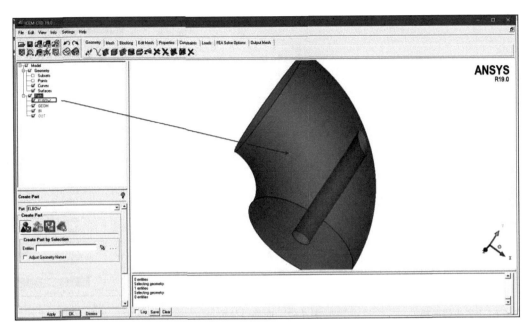

图 6-59　边界命名为 ELBOW

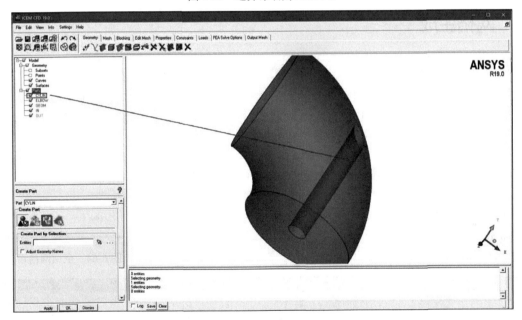

图 6-60　边界命名为 CYLIN

步骤 06　单击功能区内 Geometry（几何）选项卡中的 (生成体) 按钮，弹出如图 6-61 所示的 Create Body（生成体）面板，单击 按钮，输入 Part 名称为 FLUID，选择如图 6-62 所示的两个屏幕位置，单击鼠标中键确认并确保物质点在管的内部同时在圆柱杆的外部。

步骤 07　在操作控制树中右键单击 Parts，弹出如图 6-63 所示的目录树，选择"Good" Colors 命令。

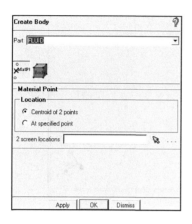
图 6-61 生成体面板

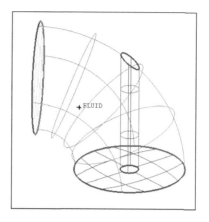
图 6-62 选择点位置

图 6-63 选择"Good"Colors 命令

6.4.4 网格生成

步骤01 单击功能区内 Mesh（网格）选项卡中的 ![icon]（全局网格设定）按钮，弹出如图 6-64 所示的 Global Mesh Setup（全局网格设定）面板，在 Max element 中输入 16，单击 Apply 按钮确认。

步骤02 单击功能区内 Mesh（网格）选项卡中的 ![icon]（部件网格尺寸设定）按钮，弹出如图 6-65 所示的 Part Mesh Setup（部件网格尺寸设定）对话框，设置所有参数，单击 Apply 按钮确认并单击 Dismiss 按钮退出。在操作控制树中右键单击 surfaces，弹出如图 6-66 所示的目录树，选择 Tetra Sizes，显示面网格大小的形式，如图 6-67 所示。

图 6-64 全局网格设定面板

Part	Prism	Hexa-core	Maximum size	Height	Height ratio	Num layers	Tetra size ratio	Tetra width	Min size limit	Max deviation	Prism height limit factor	Prism growth law	Internal wall	Split wall
CYLIN			5	1	1.2	0	0	0	0	0	0	undefined		
ELBOW			5	1	1.2	0	0	0	0	0	0	undefined		
FLUID												undefined		
GEOM			1									undefined		
IN			5	0	0	0	0	0	0	0	0	undefined		
OUT			5	0	0	0	0	0	0	0	0	undefined		

图 6-65 部件网格尺寸设定对话框

步骤03 单击功能区内 Mesh（网格）选项卡中的 ![icon]（计算网格）按钮，弹出如图 6-68 所示的 Compute Mesh（计算网格）面板，单击 ![icon]（体网格）按钮，单击 Apply 按钮确认生成体网格文件，如图 6-69 所示。

图 6-66　目录树

图 6-67　显示面网格大小的形式

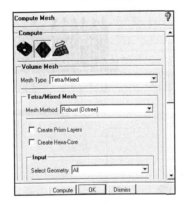

图 6-68　计算网格面板

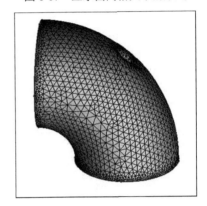

图 6-69　生成体网格

步骤 04　在操作控制树中右键单击 Mesh，弹出如图 6-70 所示的目录树，选择 Cut Plane→Manage Cut Plane，显示 Manage Cut Plane（管理剖面）面板，如图 6-71 所示。在 Method 中选择 Middle Z Plane，调整 Fraction Value 值显示不同剖面的结果，如图 6-72 所示。

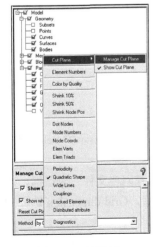

图 6-70　目录树

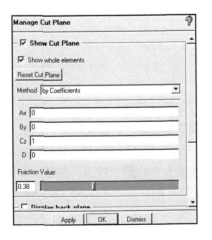

图 6-71　管理剖面面板

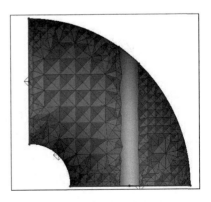

图 6-72　剖面显示

6.4.5 网格质量检查

单击功能区内 Edit Mesh（网格编辑）选项卡中的 ▦（检查网格）按钮，弹出如图 6-73 所示的 Quality Metrics（网格质量）面板，单击 Apply 按钮确认，在信息栏中显示网格质量信息，如图 6-74 所示。单击网格质量信息图中的长度条，在这个范围内的网格单元会显示出来，如图 6-75 所示。

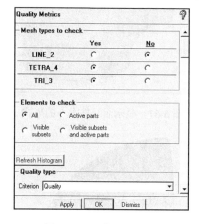

图 6-73　网格质量面板

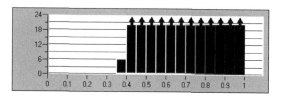

图 6-74　网格质量信息

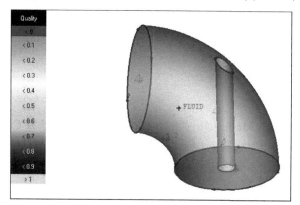

图 6-75　网格显示

6.4.6 网格输出

步骤 01　单击功能区内 Output（输出）选项卡中的 ▦（选择求解器）按钮，弹出如图 6-76 所示的 Select Solver（选择求解器）面板，Output Solver 选择 ANSYS Fluent，单击 Apply 按钮确认。

步骤 02　单击功能区内 Output（输出）选项卡中的 ▦（输出）按钮，弹出"打开网格文件"对话框，选择文件，单击"打开"按钮，弹出如图 6-77 所示的 ANSYS Fluent 对话框，Grid dimension 选择 3D，单击 Done 按钮确认完成。

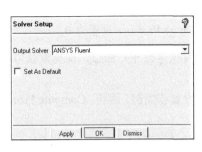

图 6-76 选择求解器面板

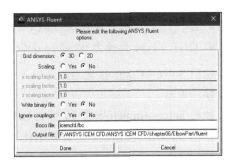

图 6-77 ANSYS Fluent 对话框

6.4.7 计算与后处理

步骤 01 在 Windows 系统下执行"开始"→"所有程序"→"ANSYS 19.0"→Fluid Dynamics→"FLUENT 19.0"命令，启动 FLUENT 19.0，进入 FLUENT Launcher 界面。

步骤 02 Dimension 选择 3D，单击 OK 按钮进入 FLUENT 界面。

步骤 03 执行 File→Read→Mesh 命令，读入 ICEM CFD 生成的网格文件，如图 6-78 所示。

步骤 04 在任务栏单击 ■（保存）按钮进入 Write Case（保存项目）对话框，在 File name（文件名）中输入 fluent.cas，单击 OK 按钮保存项目文件。

步骤 05 执行 Mesh→Check 命令，检查网格质量，应保证 Minimum Volume 大于 0。

步骤 06 执行 Mesh→Scale 命令，打开 Scale Mesh 面板，定义网格尺寸单位，在 Mesh Was Created In 中选择 mm，单击 Scale 按钮。

步骤 07 执行 Define→General 命令，在 Time 中选择 Steady。

步骤 08 执行 Define→Model→Viscous 命令，选择 k-epsilon (2 eqn) 模型。

步骤 09 执行 Define→Boundary Condition 命令，定义边界条件，如图 6-79 所示。

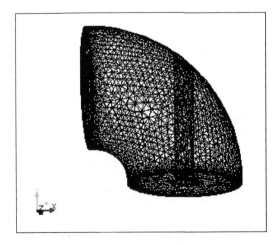

图 6-78 显示几何模型

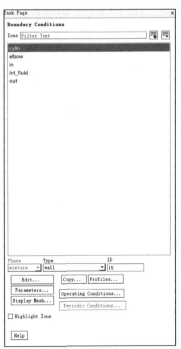

图 6-79 边界条件面板

- IN: Type 选择为 velocity-inlet（速度入口边界条件），在 Velocity Magnitude（速度大小）中输入 5。
- OUT: Type 选择为 pressure-outlet（压力出口），将 Gauge Pressure 设置为 0。

步骤 10 执行 Solve→Controls 命令，弹出 Solution Controls（设置松弛因子）面板，保持默认值，单击 OK 按钮退出。

步骤 11 执行 Solve→Initialize 命令，弹出 Solution Initialization（设置初始值）面板，Compute From 选择 in，单击 Initialize 按钮进行计算初始化。

步骤 12 执行 Solve→Monitors→Residual 命令，设置各个参数的收敛残差值为 1e-3，单击 OK 按钮确认。

步骤 13 执行 Solve→Run Calculation 命令，迭代步数设为 300，单击 Calculate 按钮开始计算。

步骤 14 迭代到第 66 步，计算收敛，收敛曲线如图 6-80 所示。

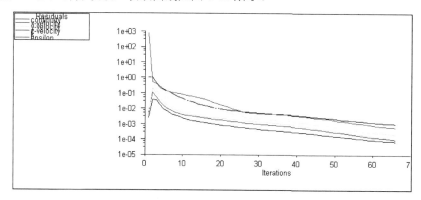

图 6-80 收敛曲线

步骤 15 执行 Surface→ISO Surface 命令，设置生成 Z=0m 的平面，命名为 z0。

步骤 16 执行 Display→Graphics and Animations→Contours 命令，Contours of 选择 Velocity Magnitude，surfaces 选择 z0，单击 Display 按钮显示速度云图，如图 6-81 所示。

步骤 17 执行 Display→Graphics and Animations→Contours 命令，Contours of 选择 Velocity Magnitude，surfaces 选择 z0，单击 Display 按钮显示速度矢量图，如图 6-82 所示。

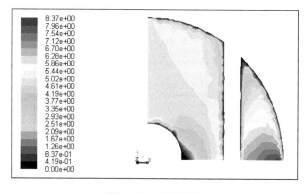

图 6-81 速度云图　　　　　　　　　　图 6-82 速度矢量图

步骤 18 执行 Display→Graphics and Animations→Contours 命令，Contours of 选择 Pressure，surfaces 选择 z0，单击 Display 按钮显示压力云图，如图 6-83 所示。

步骤 19 执行 Display→Graphics and Animations→Contours 命令，Contours of 选择 Turbulence Wall Yplus，surfaces 选择 z0，单击 Display 按钮显示 Yplus 云图，如图 6-84 所示。

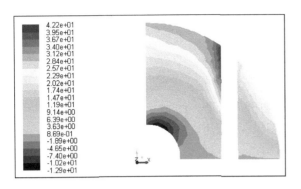
图 6-83 压力云图

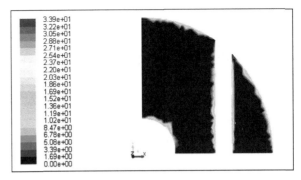
图 6-84 壁面 Yplus

步骤 20 执行 Report→Results Reports 命令，在弹出如图 6-85 所示的 Reports 面板中选择 Surface Integrals，单击 Set Up 按钮，弹出如图 6-86 所示的 Surface Integrals 对话框，在 Report Type 中选择 Mass Flow Rate，在 Surface 中选择 IN 和 OUT，单击 Compute 按钮，计算得到进出口流量差。

图 6-85 Reports 面板

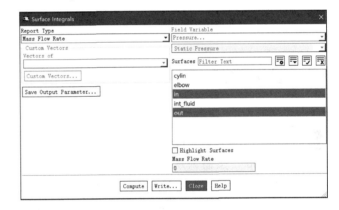

图 6-86 Surface Integrals 对话框

从上述计算结果可以看出，生成的网格能够满足计算的要求，并且能够较好地模拟弯管部件内流场的问题。

6.5 飞船返回舱模型四面体网格自动生成

本节将以一个飞船返回舱模型为例来讲解如何生成壳网格，并对非结构四面体网格进行求解。飞船返回舱以 3Ma，10°攻角在大气中飞行，高速飞行时，可粗略认为空气为理想无粘气体。

6.5.1 启动 ICEM CFD 并建立分析项目

步骤 01 在 Windows 系统下执行"开始"→"所有程序"→"ANSYS 19.0"→Meshing→"ICEM CFD 19.0"命令，启动 ICEM CFD 19.0，进入 ICEM CFD 19.0 界面。

步骤 02 执行 File→Save Project 命令，弹出 Save Project As（保持项目）对话框，在"文件名"中输入 fanhuicang，单击确认，关闭对话框。

6.5.2 导入几何模型

执行 File→Geometry→Open Geometry 命令,弹出"打开"对话框,在"文件名"中输入 fanhuicang.tin,单击"打开"确认。导入几何文件后,在图形显示区将显示几何模型,如图 6-87 所示。

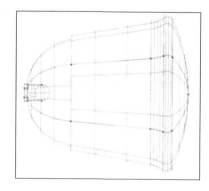

图 6-87 几何模型

6.5.3 模型建立

步骤01 执行标签栏中的 Geometry 命令,单击 按钮,弹出设置面板,单击 xyz 按钮,选择 Create 1 point(创建一个点),输入 Part 名称为 POINTS,Name 使用默认名称,输入坐标值 pnt.00(-22000,10000,0),单击 Apply 按钮创建点,如图 6-88 所示。利用相同的方法创建另外三点,分别为 pnt.01(11000,10000,0)、pnt.02(-20000,0,0)、pnt.03(5000,0,0)。创建所有点后,显示点名称,右击模型树中的 Points,选择 Show Point Names(见图 6-89),完成点创建。

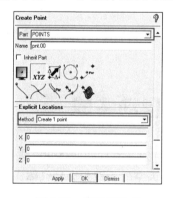

图 6-88 坐标创建点

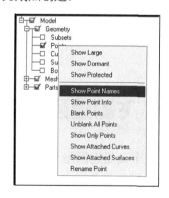

图 6-89 显示点名称

步骤02 执行标签栏中的 Geometry 命令,单击 按钮,弹出设置面板,输入 Part 名称为 CURVES,Name 使用默认名称,单击 按钮,如图 6-90 所示。利用鼠标左键分别选择点 pnt.00 和 pnt.01,单击鼠标中键确认,创建曲线 crv.00。

步骤03 执行标签栏中的 Geometry 命令,单击 按钮,弹出设置面板,单击 按钮,如图 6-91 所示。分别单击 pnt.02 和 pnt03 并单击鼠标中键确认旋转轴,单击直线 crv.00 并单击鼠标中键确认旋转外轮廓,完成旋转面。

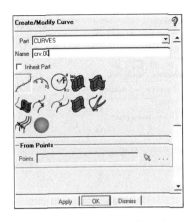

图 6-90 连接点方式创建线

图 6-91 创建旋转面

步骤 04 执行标签栏中的 Geometry 命令，单击 按钮，弹出设置面板，单击 按钮，Method 选择 From 2-4 Curves，通过 Curve 创建 Surface，如图 6-92 所示。选中圆柱面端面圆形轮廓并单击鼠标中键确认，再完成另一端面圆面的创建。

步骤 05 执行标签栏中的 Geometry 命令，单击 按钮，弹出设置面板，单击 按钮，选中 Centroid of 2 points 单选按钮，如图 6-93 所示。利用鼠标左键选择点 pnt.01 和点（0,0,0）并单击鼠标中键确认，完成材料点的创建，更改名称为 FLUID，完善后的几何模型如图 6-94 所示。

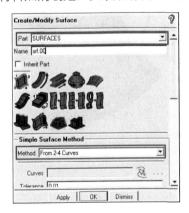

图 6-92 由线建面

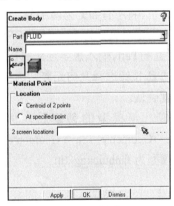

图 6-93 创建材料点

步骤 06 观察几何模型，其中在几何模型中有部分相对较小的面，如墩头边缘、顶部的小圆柱体，所以在定义 Part 时，注意将细节部分定义一组，以方便于接下来的网格划分。

步骤 07 定义 point。右击模型树中的 Model→Parts（见图 6-95），选择 Create Parts，弹出 Create Parts 设置面板，如图 6-96 所示。输入想要定义的 Part 名称为 POINTS，单击 按钮，选择几何元素，弹出选择几何图形工具栏，如图 6-97 所示。关闭所有线面，只显示全部点，单击 按钮，选择可见点并单击鼠标中键确认。

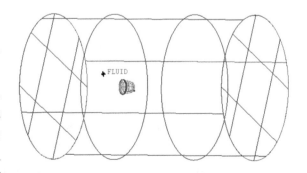

图 6-94 完善后的几何模型

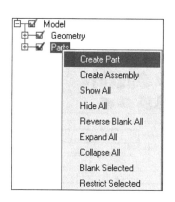

图 6-95 选择 Create Part

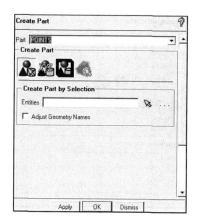

图 6-96 Create Part 面板

图 6-97 选择几何图形工具栏

步骤 08 采用类似的方法定义所有线,定义 Part 名称为 CURVES。

步骤 09 利用类似创建点线 part 的方法继续创建壁面 part。如前面分析,将所有面分为两部分,较大面定义名称为 S1,较小面定义名称为 S2,如图 6-98 所示。

步骤 10 定义远场 Part。输入想要定义的 Part 名称为 FAR FIELD,单击 按钮选择几何元素,选择外域曲面,单击鼠标中键确认。

步骤 11 完成几何模型的创建后,保存几何模型。执行 File→Geometry→Save Geometry As 命令,保存当前几何模型为 fanhuicang .tin。

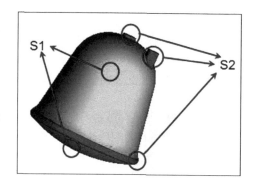

图 6-98 创建面 Part

6.5.4 定义网格参数

步骤 01 定义网格全局尺寸。执行标签栏中的 Blocking 命令,单击 按钮,弹出定义全局网格参数设置面板,如图 6-99 所示,单击 按钮,在 Global Element Scale Factor 栏中设置 Scale factor 值为 1,勾选 Display 复选框。在 Global Element Seed Size 栏中设置 Max element 值为 2500,勾选 Display 复选框。显示限制全局最大网格尺寸,单击 Apply 按钮。

步骤 02 定义全局壳网格参数。执行标签栏中的 Blocking 命令,单击 按钮,弹出定义全局网格参数设置面板,如图 6-100 所示。单击 按钮,在 Mesh type 下拉列表中选择 All Tri,在 Mesh method 下拉列表选择 Patch Dependent,其余选项保持默认,单击 Apply 按钮。

步骤 03 定义全局体网格参数。执行标签栏中的 Blocking 命令,单击 按钮,弹出定义全局网格参数设置面板,如图 6-101 所示。单击 按钮,在 Mesh type 下拉列表中选择 Tetra/Mixed,在 Mesh method 下拉列表选择 Robust(Octree),其余选项保持默认,单击 Apply 按钮。

步骤 04 执行标签栏中的 Mesh 命令，单击 按钮，弹出 Part 网格参数设置面板，如图 6-102 所示。在名称为 FARFIELD 的 part 栏中设置 max size 值为 2000，在名称为 S1 的 part 栏中设置 max size 值为 100，在名称为 S2 的 part 栏中设置 max size 值为 50，其余选项保持默认，单击 Apply 按钮确认，单击 Dismiss 按钮退出设置面板。

图 6-99　定义全局网格尺寸

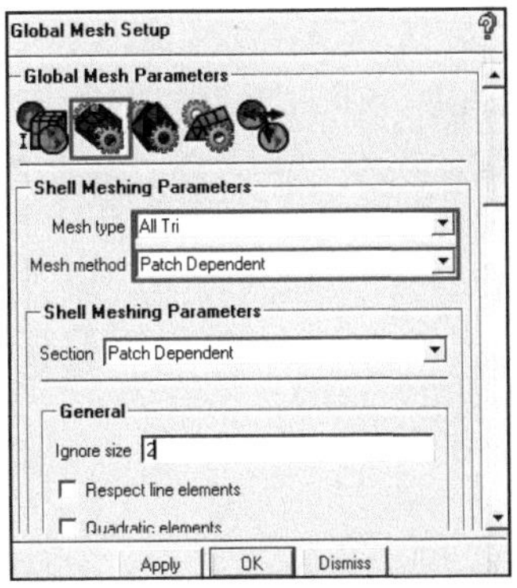

图 6-100　壳网格参数设置

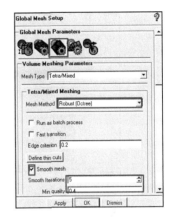

图 6-101　体网格参数设置

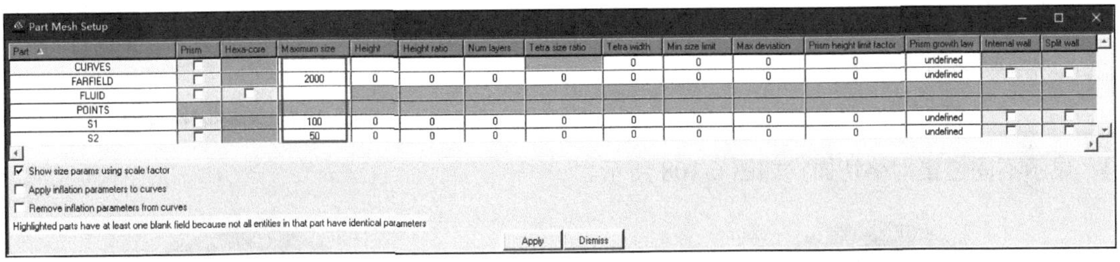

图 6-102　定义 part 网格参数

6.5.5　网格生成

步骤 01 执行标签栏中的 Mesh 命令，单击 按钮，弹出生成网格设置面板，如图 6-103 所示。单击 按钮，其余参数设定保持默认，单击 Compute 按钮生成非结构网格，如图 6-104 和图 6-105 所示。

图 6-103　生成网格设置面板

图 6-104　生成网格（一）

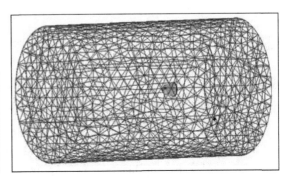

图 6-105　生成网格（二）

步骤 02　右击模型树 Model→Mesh，弹出如图 6-106 所示的目录树，选择 Cut Plane→Manage Cut Plane，弹出 Manage Cut Plane 设置面板，如图 6-107 所示。在 Method 下拉列表中选择 by Coefficient，在 Ax、By、Bz 中分别输入 1、0、0（表示垂直 x 轴平面的网格切片），Fraction Value 值的范围为 0~1 区间，通过输入数值或拖动数值后的滚动条观察任意位置网格切面，单击 Apply 按钮。

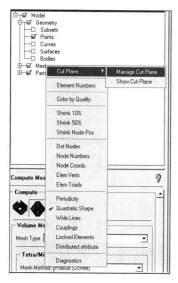

图 6-106　目录树

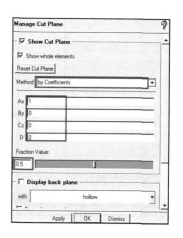

图 6-107　网格切片设置

步骤 03　显示不同位置网格切面，如图 6-108 所示。

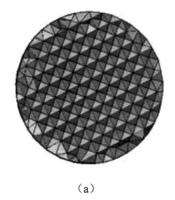

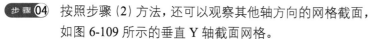

图 6-108　垂直 X 网格轴截面

步骤 04　按照步骤（2）方法，还可以观察其他轴方向的网格截面，如图 6-109 所示的垂直 Y 轴截面网格。

步骤 05　执行标签栏中的 Edit Mesh 命令，单击 ■ 按钮，弹出检查网格质量设置面板（见图 6-110），在 Mesh types to check 栏中 LINE-2 选择 No，TRI-3 和 TETRA_4 选择 Yes。Elements to check 选择 All，在 Quality type 中 Criterion 下拉列表中选择 Quality，单击 Apply 按钮，网格质量显示如图 6-111 所示。

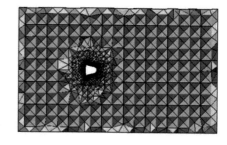

图 6-109　垂直 Y 网格轴截面

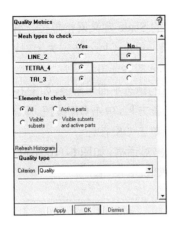
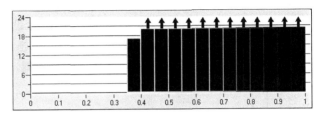

图 6-110　网格质量设置面板　　　　　图 6-111　网格质量分布

步骤 06　执行 File→Mesh→Save Mesh As 命令，保存当前的网格文件为 fanhuicang.uns。

6.5.6　导出网格

步骤 01　执行标签栏中的 Output 命令，单击  按钮，弹出选择求解器设置面板，如图 6-112 所示。在 Output Solver 下拉列表中选择 ANSYS Fluent，单击 Apply 按钮确定。

步骤 02　执行标签栏中的 Output 命令，单击 按钮，弹出设置面板，保存 fbc 和 atr 文件为默认名，在弹出的对话框中单击 No 按钮，不保存当前项目文件，在随后弹出的对话框中选择保存的文件 fanhuicang .uns。然后弹出如图 6-113 所示的对话框，在 Grid dimension 中选中 3D 单选按钮，表示输出三维网格，在 BoCo file 栏中将文件名改为 fanhuicang，单击 Done 按钮导出网格，导出完成后可在设定的工作目录中找到 fanhuicang.mesh。

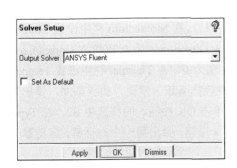
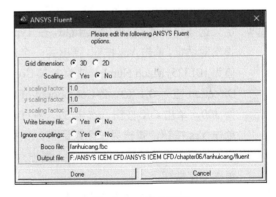

图 6-112　选择求解器设置面板　　　　　图 6-113　导出网格

6.5.7　计算与后处理

步骤 01　打开 FLUENT，选择 3D 求解器。
步骤 02　执行 File→Read→Mesh 命令，选择生成的网格 fanhuicang.mesh。

步骤03 单击界面左侧流程中 General（见图 6-114），单击 Mesh 栏下的 Scale 定义网格单位，弹出对话框，在 Mesh Was Created In 下拉列表中选择 mm，单击 Scale 按钮，单击 Close 按钮关闭对话框。

步骤04 单击 Mesh 栏下的 Check 检查网格质量，注意 Minimum Volume 应大于 0。

步骤05 单击界面左侧流程中 General，在 Solver 栏下分别选择基于密度的稳态平面求解器，如图 6-115 所示。

步骤06 单击界面左侧流程中 Models，双击 Energy 弹出对话框，启动能量方程，单击 OK 按钮。双击 Viscous，选择湍流模型，在列表中选择 Inviscid，其余设置保持默认，单击 OK 按钮。

步骤07 单击界面左侧流程中 Materials，定义材料。双击 Fluid→air，弹出对话框，如图 6-116 所示。在 Density 下拉列表中选择 ideal-gas，其余保持默认设置，单击 Change/Create 按钮。

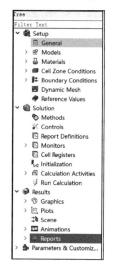

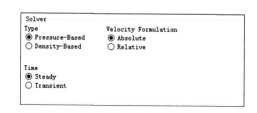

图 6-115 选择求解器

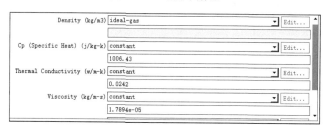

图 6-114 流程图

图 6-116 流体材料设定

步骤08 单击界面左侧流程中 Boundary Condition，对边界条件进行设置，由于在 ICEM 中建立网格时已经对可能用到的边界条件进行了命名，在这里体现了其便捷性，可以直接根据名称进行设置。

步骤09 定义远场边界条件。选中 farfield，在 Type 下拉列表中选择 pressure-far-field（压力远场）边界条件，弹出对话框，单击 Yes 按钮，弹出另一个对话框（见图 6-117）。在 Momentum 栏中设置 Gauge Pressure 值为 101325，Mach Number 值为 3，X-Component of Flow Direction 值为 -0.9848，Y-Component of Flow Direction 值为 -0.1763，Z-Component of Flow Direction 值为 0。在 Thermal 栏中设置 Temperature 值为 300，单击 OK 按钮。选中 S1，在 Type 下拉列表中选择 wall（壁面）边界条件，弹出对话框，单击 Yes 按钮，弹出另一个对话框，保持默认设置，单击 OK 按钮。同样选中 S2，在 Type 下拉列表中选择 wall（壁面）边界条件，弹出对话框，单击 Yes 按钮，弹出另一个对话框，保持默认设置，单击 OK 按钮。

步骤10 定义参考值。单击界面左侧流程中 Reference Values，对计算参考值进行设置，在 Compute from 下拉列表中选择 farfield，其他参数值保持默认。

步骤11 定义求解方法。单击界面左侧流程中 Solution Methods，对求解方法进行设置，为了提高精度均可选用 Second Order Upwind（二阶迎风格式），其余设置默认即可。

步骤12 定义克朗数和松弛因子。单击界面左侧流程中 Solution Controls，保持默认设置。

步骤13 定义收敛条件。单击界面左侧流程中 Monitors，双击 Residual 设置收敛条件，continuity 值改为 1e-05，其余值保持不变，单击 OK 按钮。

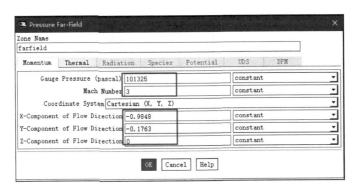

图 6-117　设置远场边界条件

步骤 14　定义阻力系数。单击 Solving-Reports-Defintion-New-Force Report,单击 Drag 设置阻力系数监视器,弹出设置面板,如图 6-118 所示。在 Force Vector 栏的 X、Y、Z 中分别输入-0.9848、-0.1736 和 0,在 Wall Zones 栏中选中 S1 和 S2,单击 OK 按钮。

步骤 15　定义升力系数。单击 Solving-Reports-Defintion-New-Force Report,单击 Lift 设置升力系数监视器,弹出设置面板,如图 6-119 所示。在 Force Vector 中 X、Y、Z 分别输入-0.1736、0.9848 和 0,在 Wall Zones 栏中选中 S1 和 S2,单击 OK 按钮。

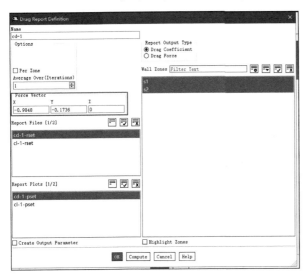

图 6-118　设置阻力系数

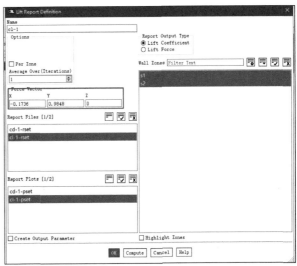

图 6-119　设置升力系数

步骤 16　初始化。单击界面左侧流程中 Solution Initialization,在 Compute from 下拉列表中选中 farfield,其他参数值保持默认,单击 Initialize 按钮。

步骤 17　求解。单击界面左侧流程中 Run Calculation,设置迭代次数 6000,单击 Calculate 按钮,开始迭代计算,大约 5000 步收敛。如图 6-120 所示为残差变化情况,如图 6-121 所示为升力变化情况,如图 6-122 所示为阻力变化情况。

步骤 18　显示云图。单击界面左侧流程中 Graphics and Animations,双击 Contours,弹出对话框。在 Options 中勾选 Filled 复选框,在 Contours of 栏中分别选择 Velocity 和 Velocity Magnitude、Temperature 和 Static Temperature、Pressure 和 Static Pressure,显示速度标量、静温云图和压力云图,如图 6-123～图 6-125 所示。

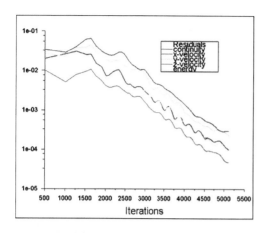

图 6-120　残差变化情况

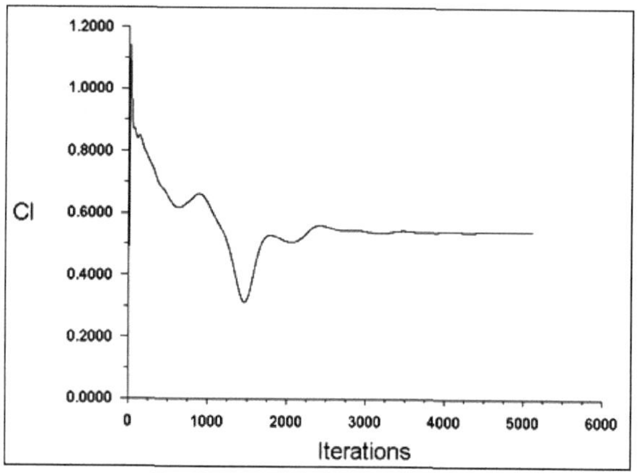

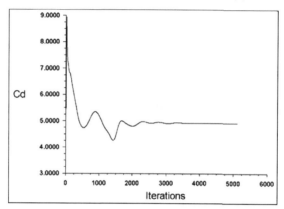

图 6-121　升力变化情况

图 6-122　阻力变化情况

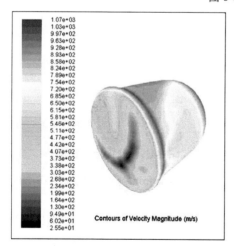

图 6-123　速度标量云图

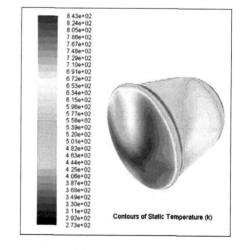

图 6-124　静温云图

步骤 19　显示流线图。单击界面左侧流程中 Graphics and Animations，双击 Pathlines，弹出对话框。在 Style 下拉列表中选择 line，在 Step Size 栏中输入值 1，在 Steps 栏中输入值 5，在 Path Skip 栏中输入值 10，设置流线间距；在 Release from Surfaces 栏中选择 S1 和 S2，单击 Display 按钮，得到如图 6-126 所示的流线图。

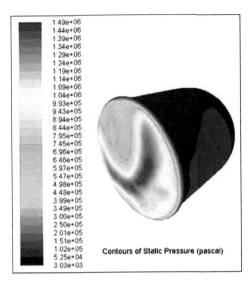

图 6-125　压力云图

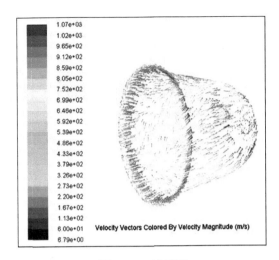

图 6-126　流线图

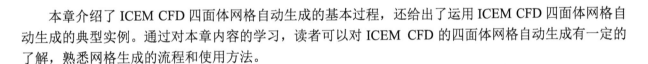

6.6　本章小结

本章介绍了 ICEM CFD 四面体网格自动生成的基本过程，还给出了运用 ICEM CFD 四面体网格自动生成的典型实例。通过对本章内容的学习，读者可以对 ICEM CFD 的四面体网格自动生成有一定的了解，熟悉网格生成的流程和使用方法。

第 7 章

棱柱体网格自动生成

导言

第 6 章对四面体网格的划分方法进行了详细介绍，但对于 CFD 应用来说，完全的四面体网格并不理想，对于某些计算问题，为保证计算精度在边界层上，还需要几层棱柱单元。

本章将介绍 ICEM CFD 中棱柱网格生成方法，并通过具体实例详细讲解使用 ICEM CFD 棱柱网格的工作流程。

学习目标

★ ICEM CFD 棱柱体网格生成方法
★ 棱柱体网格划分步骤
★ 棱柱体网格质量的检查方法
★ 网格输出的基本步骤

7.1 棱柱体网格概述

ICEM CFD 棱柱网格生成器能在边界表面产生棱柱单元层一致的混合四面体网格，并且在流场的近壁面构建四面体单元，如图 7-1 所示。与纯粹的四面体网格相比，在更小的分析模型中采用棱柱网格，有更好的收敛性及求解分析结果。

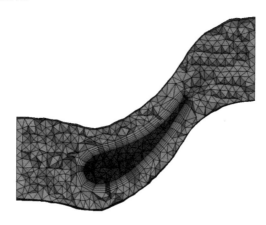

图 7-1 棱柱体网格

7.1.1 棱柱体网格生成方法

ICEM CFD 棱柱体网格生成方法有以下两种。

- 通过邻近壁面几何生成棱柱层，生成网格需定义局部初始高度（如果必要），growth ratio 和层数。
- 通过从已有的体网格或表面网格创建棱柱。

 如果体网格为 tet/hex 混和网格，则在六面体一侧棱柱生成时仅切割第一层六面体。

7.1.2 棱柱体网格生成步骤

棱柱体网格生成过程如下：

- 步骤01 在边界面附近生成棱柱单元（PRISM）。
- 步骤02 从 ICEM CFD 四面体网格或三角形面网格开始。
- 步骤03 批处理过程。
- 步骤04 通过拉伸面网格生成棱柱网格。
- 步骤05 如果存在四面体网格，使棱柱体网格与存在的四面体网格相接。
- 步骤06 平滑达到必要的网格质量。

7.2 水套模型棱柱体网格生成

本节将通过一个水套几何模型网格生成的例子，让读者对 ANSYS ICEM CFD 19.0 进行棱柱体网格生成的过程有一个初步了解。

7.2.1 启动 ICEM CFD 并建立分析项目

- 步骤01 在 Windows 系统下执行"开始"→"所有程序"→"ANSYS 19.0"→Meshing→"ICEM CFD 19.0"命令，启动 ICEM CFD 19.0，进入 ICEM CFD 19.0 界面。
- 步骤02 执行 File→Save Project 命令，弹出 Save Project As（保持项目）对话框，在"文件名"中输入 WaterJacket，单击确认，关闭对话框。

7.2.2 导入几何模型

执行 File→Geometry→Open Geometry 命令，弹出"打开"对话框，在"文件名"中输入 WaterJacket.tin，

199

单击"打开"按钮确认。导入几何文件后,在图形显示区将显示几何模型,如图 7-2 所示。

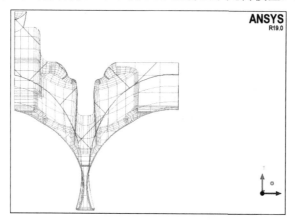

图 7-2　几何模型

7.2.3　模型建立

单击功能区内 Geometry(几何)选项卡中的 (修复模型)按钮,弹出如图 7-3 所示的 Repair Geometry(修复模型)面板,单击 按钮,在 Tolerance 中输入 0.1,勾选 Filter points 和 Filter curves 复选框过滤,在 Feature angle 中输入 15,单击 OK 按钮确认,几何模型将修复完毕,如图 7-4 所示。

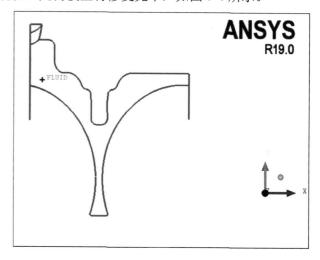

图 7-3　修复模型面板　　　　　　　　　图 7-4　修复后的几何模型

7.2.4　网格生成

步骤 01　单击功能区内 Mesh(网格)选项卡中的 (全局网格设定)按钮,弹出如图 7-5 所示的 Global Mesh Setup(全局网格设定)面板,在 Max element 中输入 32,设置 Size 为 0.5, Num. of Elements in gap 为 2, Refinement 为 12,单击 Apply 按钮确认。

步骤 02　单击功能区内 Mesh（网格）选项卡中的 ![] （计算网格）按钮，弹出如图 7-6 所示的 Compute Mesh（计算网格）面板，单击 ![] （体网格）按钮，单击 Apply 按钮确认生成体网格文件，如图 7-7 所示。

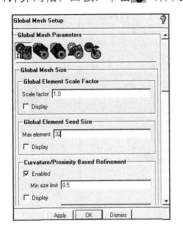

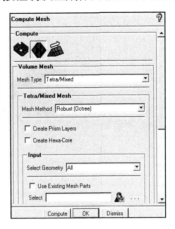

图 7-5　全局网格设定面板　　　　　　　　图 7-6　计算网格面板

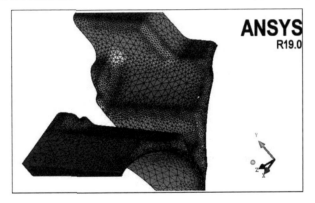

图 7-7　生成体网格

步骤 03　在操作控制树中右键单击 Mesh，弹出如图 7-8 所示的目录树，选择 Cut Plane→Manage Cut Plane，显示 Manage Cut Plane（管理剖面）面板，如图 7-9 所示。在 Method 中选择 Middle Z Plane，调整 Fraction Value 值显示不同剖面的结果，如图 7-10 所示。

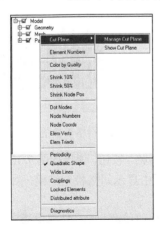

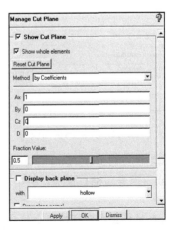

图 7-8　目录树　　　　　　　　　　　图 7-9　管理剖面面板

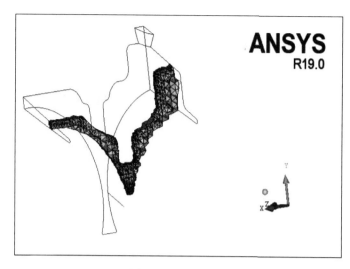

图 7-10 剖面显示

7.2.5 网格编辑

步骤 01 单击功能区内 Edit Mesh（网格编辑）选项卡中的 （光顺网格）按钮，弹出如图 7-11 所示的 Smooth Elements Globally（光顺网格）面板，调节 Up to value 为 0.6，单击 Apply 按钮确认，在信息栏中显示网格质量信息，如图 7-12 所示。

 必要时可重复光顺平滑，光顺后的四面体网格可获得高质量的棱柱网格。

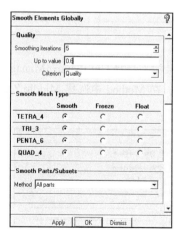

图 7-11 光顺网格面板

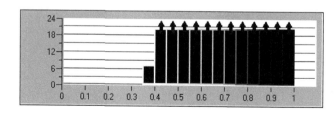

图 7-12 网格质量信息

步骤 02 单击功能区内 Edit Mesh（网格编辑）选项卡中的（检查网格）按钮，弹出如图 7-13 所示的 Check Mesh（检查网格）面板，单击 Apply 按钮确认，在信息栏中显示网格检查结果，如图 7-14 所示。

 检查网格会发现可能阻止棱柱网格生成或生成低质量棱柱的问题。若有任何检查失败，则修复网格后再次重复所有检查，直至检查不再出现任何问题。

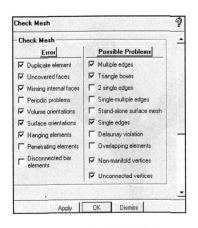

图 7-13 检查网格面板

图 7-14 网格检查信息

7.2.6 生成棱柱网格

步骤 01 单击功能区内 Mesh（网格）选项卡中的 ■（全局网格设定）按钮，弹出如图 7-15 所示的 Global Mesh Setup（全局网格设定）面板，单击 ■（棱柱体参数）按钮，设 Number of layers 为 2，单击 Apply 按钮确认。

步骤 02 单击功能区内 Mesh（网格）选项卡中的 ■（计算网格）按钮，弹出如图 7-16 所示的 Compute Mesh（计算网格）面板。单击 ■（棱柱体网格）按钮，单击 Select Parts for Prism Layer 按钮，弹出如图 7-17 所示的 Part Mesh Setup 对话框，勾选 Prism 复选框为 Part WJ 并分别单击 Apply 按钮和 Dismiss 按钮确认退出，在 Compute Mesh（计算网格）面板单击 OK 按钮重新生成体网格文件，如图 7-18 所示。

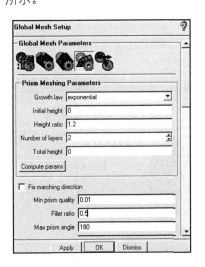

图 7-15 全局网格设定面板

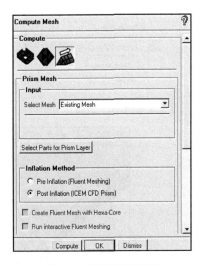

图 7-16 计算网格面板

当不设定 Initial height 或 Total height 时，棱柱网格生成器将会自动调整，以使得顶层棱柱的体积和邻近四面体体积相近。

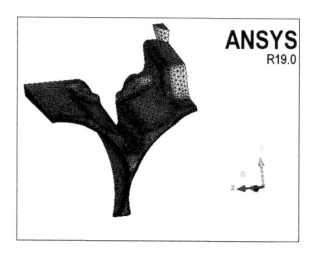

图 7-17 Part Mesh Setup 对话框　　　　　图 7-18 体网格

步骤 03 在操作控制树中右键单击 Mesh，弹出如图 7-19 所示的目录树，选择 Cut Plane→Manage Cut Plane，显示 Manage Cut Plane（管理剖面）面板，如图 7-20 所示。在 Method 中选择 Middle Z Plane，调整 Fraction Value 值显示不同剖面的结果，如图 7-21 所示。

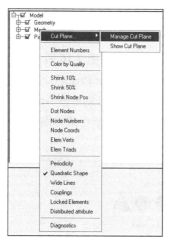
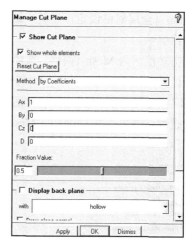

图 7-19 目录树　　　　　图 7-20 管理剖面面板

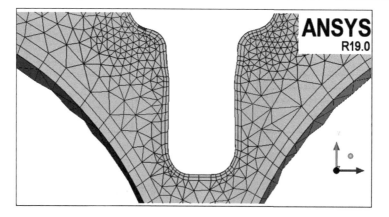

图 7-21 剖面显示

棱柱厚度的变化使得最后一层棱柱的体积和邻近四面体体积相近，表面三角形单元越小，紧邻生成的棱柱越薄。

步骤 04 单击功能区内 Edit Mesh（网格编辑）选项卡中的 ![icon]（分割网格）按钮，弹出如图 7-22 所示的 Split Mesh（分割网格）面板，单击 ![icon]（分割三棱柱）按钮，勾选 Split only specified layers 复选框，设置 Layer numbers 为 0（首层），单击 Apply 按钮确认分割棱柱网格（见图 7-23）仅把首层（layer 0）分成 3 层。

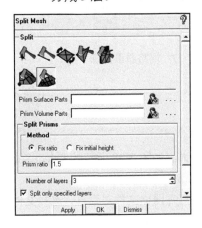

图 7-22 分割网格面板

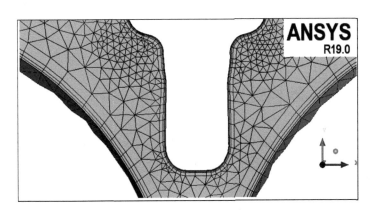

图 7-23 分割棱柱网格

步骤 05 单击功能区内 Edit Mesh（网格编辑）选项卡中的 ![icon]（移动节点）按钮，弹出如图 7-24 所示的 Move Nodes（移动节点）面板，单击 ![icon] 按钮，设置 Initial height 为 0.1，单击 Apply 按钮确认移动棱柱网格节点，如图 7-25 所示。

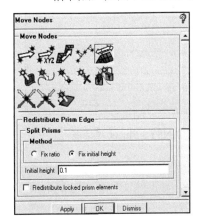

图 7-24 移动节点面板

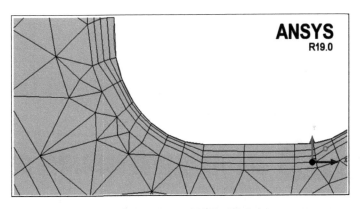

图 7-25 移动棱格网格节点

步骤 06 单击功能区内 Edit Mesh（网格编辑）选项卡中的 ![icon]（光顺网格）按钮，弹出如图 7-26 所示的 Smooth Elements Globally（光顺网格）面板，调节 Up to value 为 0.2，单击 Apply 按钮确认，在信息栏中显示网格质量信息，如图 7-27 所示。

图 7-26 光顺网格面板

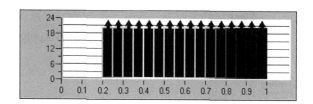

图 7-27 网格质量信息

7.2.7 网格输出

步骤01 单击功能区内 Output（输出）选项卡中的 ![] （选择求解器）按钮，弹出如图 7-28 所示的 Select Solver（选择求解器）面板，Output Solver 选择 ANSYS Fluent，单击 Apply 按钮确认。

步骤02 单击功能区内 Output（输出）选项卡中的 ![] （输出）按钮，弹出打开网格文件对话框，选择文件，单击打开，弹出如图 7-29 所示的 ANSYS Fluent 对话框，Grid dimension 选择 3D，单击 Done 按钮确认完成。

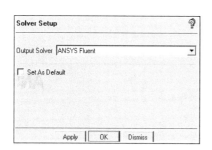

图 7-28 选择求解器面板

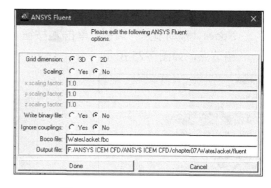

图 7-29 ANSYS Fluent 对话框

7.3 阀门模型棱柱体网格生成

本节将在 6.3 节网格划分的基础上设置棱柱体网格，进一步优化模型划分的网格质量以提高计算精度。

7.3.1 启动 ICEM CFD 并打开分析项目

步骤01 在 Windows 系统下执行"开始"→"所有程序"→"ANSYS 19.0"→Meshing→"ICEM CFD 19.0"命令，启动 ICEM CFD 19.0，进入 ICEM CFD 19.0 界面。

步骤02 执行 File→Open Project 命令,弹出 Open Project(打开项目)对话框,在"文件名"中输入 valve,单击"打开"按钮确认关闭对话框。

7.3.2 网格检查

单击功能区内 Edit Mesh(网格编辑)选项卡中的 (检查网格)按钮,弹出如图 7-30 所示的 Check Mesh(检查网格)面板,单击 Apply 按钮确认,在信息栏中显示网格检查结果,如图 7-31 所示。

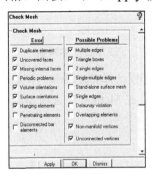

图 7-30　检查网格面板　　　　　　　　图 7-31　网格检查信息

7.3.3 生成棱柱网格

步骤01 单击功能区内 Mesh(网格)选项卡中的 (全局网格设定)按钮,弹出如图 7-32 所示的 Global Mesh Setup(全局网格设定)面板,单击 (棱柱体参数)按钮,设置 Number of layers 为 2,单击 Apply 按钮确认。

步骤02 单击功能区内 Mesh(网格)选项卡中的 (计算网格)按钮,弹出如图 7-33 所示的 Compute Mesh(计算网格)面板。单击 (棱柱体网格)按钮,单击 Select Parts for Prism Layer 按钮,弹出如图 7-34 所示的 Part Mesh Setup 对话框,勾选 Prism 为 Part PART_1、VALVE、VALVESPHERE 复选框,并分别单击 Apply 按钮和 Dismiss 按钮确认退出,在 Compute Mesh(计算网格)面板单击 OK 按钮重新生成体网格文件,如图 7-35 所示。

 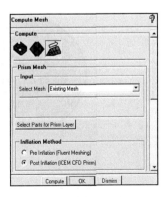

图 7-32　全局网格设定面板　　　　　　图 7-33　计算网格面板

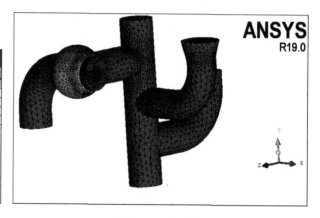

图 7-34 Part Mesh Setup 对话框　　　　　图 7-35 体网格

步骤 03　在操作控制树中右键单击 Mesh，弹出如图 7-36 所示的目录树，选择 Cut Plane→Manage Cut Plane，显示 Manage Cut Plane（管理剖面）面板，如图 7-37 所示。在 Method 中选择 Middle Z Plane，调整 Fraction Value 值显示不同剖面的结果，如图 7-38 所示。

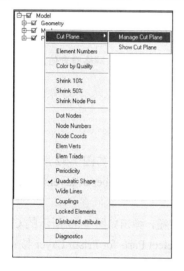
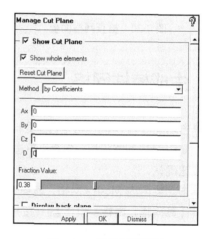

图 7-36 目录树　　　　　图 7-37 管理剖面面板

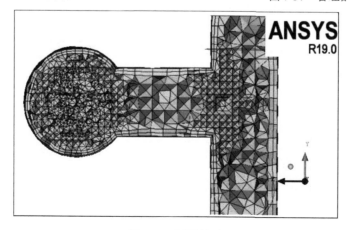

图 7-38 剖面显示

7.3.4 网格编辑

步骤01 单击功能区内 Edit Mesh（网格编辑）选项卡中的 ❖（分割网格）按钮，弹出如图 7-39 所示的 Split Mesh（分割网格）面板，单击 ❖（分割三棱柱）按钮，勾选 Split only specified layers 复选框，设置 Layer numbers 为 0（首层），单击 Apply 按钮确认分割棱柱网格（见图 7-40）仅把首层（layer 0）分成 3 层。

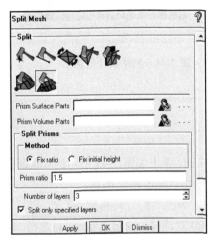

图 7-39 分割网格面板

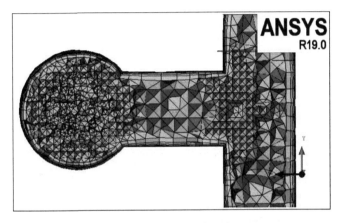

图 7-40 分割棱柱网格

步骤02 单击功能区内 Edit Mesh（网格编辑）选项卡中的 ❖（移动节点）按钮，弹出如图 7-41 所示的 Move Nodes（移动节点）面板，单击 ❖ 按钮，设置 Initial height 为 0.1，单击 Apply 按钮确认移动棱柱网格节点，如图 7-42 所示。

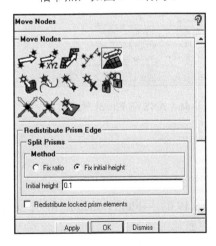

图 7-41 移动节点面板

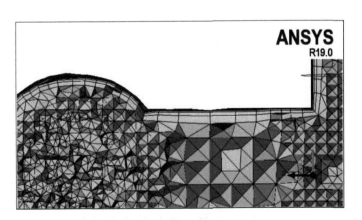

图 7-42 移动棱柱网格节点

步骤03 单击功能区内 Edit Mesh（网格编辑）选项卡中的 ❖（光顺网格）按钮，弹出如图 7-43 所示的 Smooth Elements Globally（光顺网格）面板，调节 Up to value 为 0.2，单击 Apply 按钮确认，在信息栏中显示网格质量信息，如图 7-44 所示。

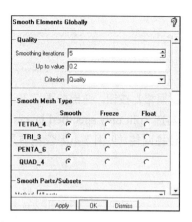

图 7-43 光顺网格面板

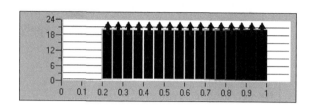

图 7-44 网格质量信息

7.3.5 网格输出

步骤 01 单击功能区内 Output（输出）选项卡中的 ![] （选择求解器）按钮，弹出如图 7-45 所示的 Select Solver（选择求解器）面板，Output Solver 选择 ANSYS Fluent，单击 Apply 按钮确认。

步骤 02 单击功能区内 Output（输出）选项卡中的 ![] （输出）按钮，弹出"打开网格文件"对话框，选择文件，单击"打开"按钮，弹出如图 7-46 所示 ANSYS Fluent 对话框，Grid dimension 选择 3D，单击 Done 按钮确认完成。

图 7-45 选择求解器面板

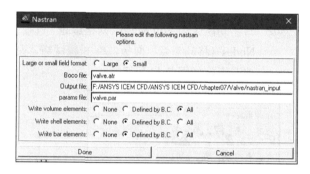

图 7-46 ANSYS Fluent 对话框

7.3.6 计算与后处理

步骤 01 在 Windows 系统下执行"开始"→"所有程序"→"ANSYS 19.0"→Fluid Dynamics→"FLUENT 19.0"命令，启动 FLUENT 19.0，进入 FLUENT Launcher 界面。

步骤 02 Dimension 选择 3D，单击 OK 按钮进入 FLUENT 界面。

步骤 03 执行 File→Read→Mesh 命令，读入 ICEM CFD 生成的网格文件，如图 7-47 所示。

步骤 04 在任务栏单击 ![] （保存）按钮进入 Write Case（保存项目）对话框，在 File name（文件名）中输入 fluent.cas，单击 OK 按钮保存项目文件。

步骤 05 执行 Mesh→Check 命令，检查网格质量，应保证 Minimum Volume 大于 0。

步骤 06 执行 Mesh→Scale 命令，打开 Scale Mesh 面板，定义网格尺寸单位，在 Mesh Was Created In 中选择 mm，单击 Scale 按钮。

步骤 07 执行 Define→General 命令，在 Time 中选择 Steady。

步骤 08 执行 Define→Model→Viscous 命令，选择 k-epsilon（2 eqn）模型。

步骤 09 执行 Define→Boundary Condition 命令，定义边界条件，如图 7-48 所示。

- IN: Type 选择为 velocity-inlet（速度入口边界条件），在 Velocity Magnitude（速度大小）中输入 2。
- OUT: Type 选择为 pressure-outlet（压力出口），将 Gauge Pressure 设置为 0。

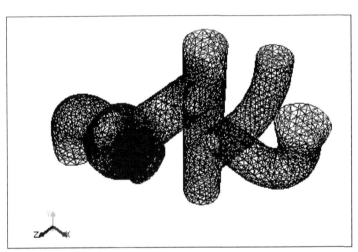
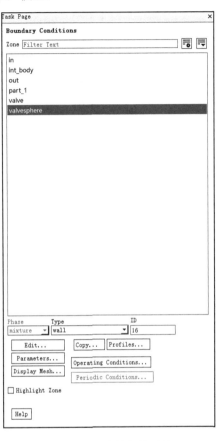

图 7-47 显示几何模型　　　　　图 7-48 边界条件面板

步骤 10 执行 Solve→Controls 命令，弹出 Solution Controls（设置松弛因子）面板，保持默认值，单击 OK 按钮退出。

步骤 11 执行 Solve→Initialize 命令，弹出 Solution Initialization（设置初始值）面板，Compute From 选择 in，单击 Initialize 按钮进行计算初始化。

步骤 12 执行 Solve→Monitors→Residual 命令，设置各个参数的收敛残差值为 1e-3，单击 OK 按钮确认。

步骤 13 执行 Solve→Run Calculation 命令，迭代步数设为 300，单击 Calculate 按钮开始计算。

步骤 14 执行 Surface→ISO Surface 命令，设置生成 Z=0m 的平面，命名为 x0。

步骤 15 执行 Display→Graphics and Animations→Contours 命令，Contours of 选择 Velocity Magnitude，surfaces 选择 x0，单击 Display 按钮显示速度云图，如图 7-49 所示。

步骤 16 执行 Display→Graphics and Animations→Contours 命令，Contours of 选择 Velocity Magnitude，surfaces 选择 x0，单击 Display 按钮显示速度矢量图，如图 7-50 所示。

步骤 17 执行 Display→Graphics and Animations→Contours 命令，Contours of 选择 Static Pressure，surfaces 选择 x0，单击 Display 按钮显示压力云图，如图 7-51 所示。

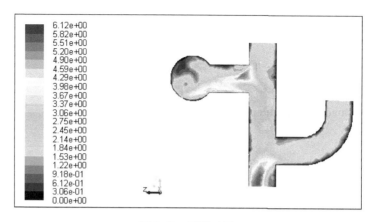

图 7-49　速度云图

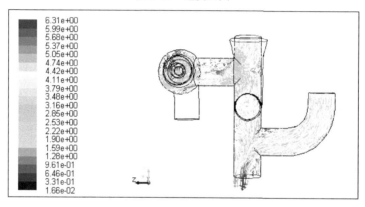

图 7-50　速度矢量图

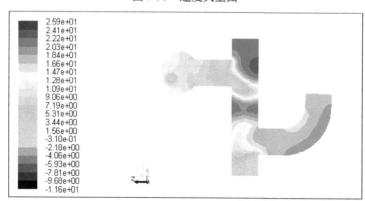

图 7-51　压力云图

从上述计算结果可以看出，生成的网格能够满足计算的要求，并且能够较好地模拟阀门内流场问题。

7.4　弯管部件棱柱体网格生成

本节将在 6.4 节网格划分的基础上设置棱柱体网格，让读者对 ANSYS ICEM CFD 19.0 进行棱柱体网格生成的过程和棱柱体网格对计算结果的影响有一个初步认识。

7.4.1 启动 ICEM CFD 并打开分析项目

步骤 01 在 Windows 系统下执行"开始"→"所有程序"→"ANSYS 19.0"→Meshing→"ICEM CFD 19.0"命令,启动 ICEM CFD 19.0,进入 ICEM CFD 19.0 界面。

步骤 02 执行 File→Open Project 命令,弹出 Open Project(打开项目)对话框,在"文件名"中输入 icemcfd,单击"打开"按钮确认关闭对话框。

7.4.2 网格检查

单击功能区内 Edit Mesh(网格编辑)选项卡中的 (检查网格)按钮,弹出如图 7-52 所示的 Check Mesh(检查网格)面板,单击 Apply 按钮确认,在信息栏中显示网格检查结果,如图 7-53 所示。

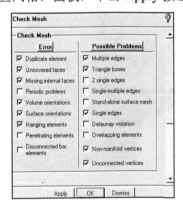

图 7-52 检查网格面板　　　　　　　图 7-53 网格检查信息

7.4.3 生成棱柱网格

步骤 01 单击功能区内 Mesh(网格)选项卡中的 (全局网格设定)按钮,弹出如图 7-54 所示的 Global Mesh Setup(全局网格设定)面板,单击 (棱柱体参数)按钮,设 Number of layers 为 2,单击 Apply 按钮确认。

步骤 02 单击功能区内 Mesh(网格)选项卡中的 (计算网格)按钮,弹出如图 7-55 所示的 Compute Mesh(计算网格)面板。单击 (棱柱体网格)按钮,单击 Select Parts for Prism Layer 按钮,弹出如图 7-56 所示的 Part Mesh Setup 对话框,勾选 Prism 为 CYLIN、ELBOW 复选框,并分别单击 Apply 按钮和 Dismiss 按钮确认退出,在 Compute Mesh(计算网格)面板中单击 OK 按钮重新生成体网格文件,如图 7-57 所示。

步骤 03 在操作控制树中右键单击 Mesh,弹出如图所示的 7-58 目录树,选择 Cut Plane→Manage Cut Plane,显示 Manage Cut Plane(管理剖面)面板,如图 7-59 所示,在 Method 中选择 Middle Z Plane,调整 Fraction Value 值显示不同剖面的结果,如图 7-60 所示。

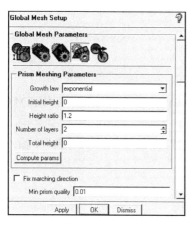

图 7-54 全局网格设定面板

图 7-55 计算网格面板

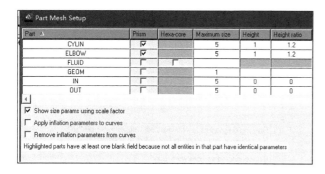

图 7-56 Part Mesh Setup 对话框

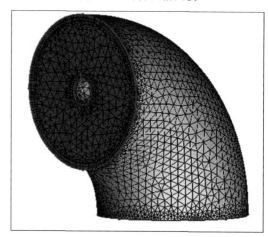

图 7-57 体网格

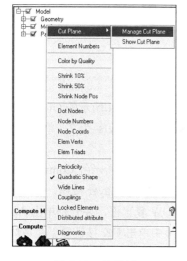

图 7-58 目录树

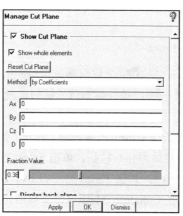

图 7-59 管理剖面面板

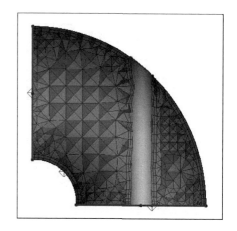

图 7-60 剖面显示

7.4.4 网格编辑

步骤 01 单击功能区内 Edit Mesh（网格编辑）选项卡中的 (分割网格) 按钮，弹出如图 7-61 所示的 Split Mesh（分割网格）面板，单击 (分割三棱柱) 按钮，勾选 Split only specified layers 复选框，设置 Layer numbers 为 0（首层），单击 Apply 按钮确认分割棱柱网格（见图 7-62）仅把首层（layer 0）分成 3 层。

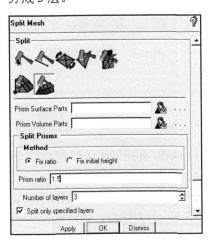

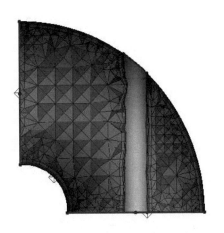

图 7-61 分割网格面板　　　　　　　　　　图 7-62 分割棱柱网格

步骤 02 单击功能区内 Edit Mesh（网格编辑）选项卡中的 (移动节点) 按钮，弹出如图 7-63 所示的 Move Nodes（移动节点）面板，单击 按钮，设置 Initial height 为 0.1，单击 Apply 按钮确认移动棱柱网格节点，如图 7-64 所示。

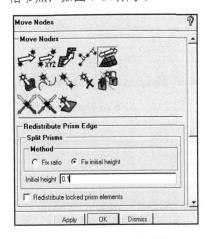

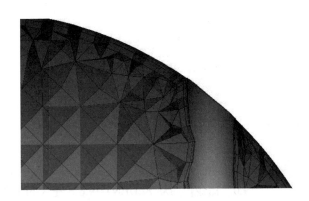

图 7-63 移动节点面板　　　　　　　　　　图 7-64 移动棱柱网格节点

步骤 03 单击功能区内 Edit Mesh（网格编辑）选项卡中的 (光顺网格) 按钮，弹出如图 7-65 所示的 Smooth Mesh Globally（光顺网格）面板，调节 Up to value 为 0.2，单击 Apply 按钮确认，在信息栏中显示网格质量信息，如图 7-66 所示。

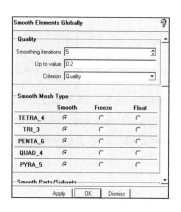

图 7-65 光顺网格面板

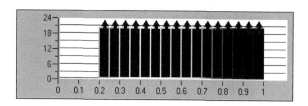

图 7-66 网格质量信息

7.4.5 网格输出

步骤 01 单击功能区内 Output（输出）选项卡中的 ![] （选择求解器）按钮，弹出如图 7-67 所示的 Select Solver（选择求解器）面板，Output Solver 选择 ANSYS Fluent，单击 Apply 按钮确认。

步骤 02 单击功能区内 Output（输出）选项卡中的 ![] （输出）按钮，弹出"打开网格文件"对话框，选择文件，单击"打开"按钮，弹出如图 7-68 所示的 ANSYS Fluent 对话框，Grid dimension 选择 3D，单击 Done 按钮确认完成。

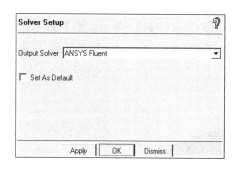

图 7-67 选择求解器面板

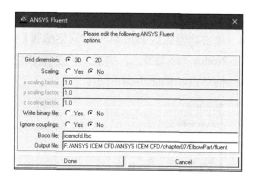

图 7-68 ANSYS Fluent 对话框

7.4.6 计算与后处理

步骤 01 在 Windows 系统下执行"开始"→"所有程序"→"ANSYS 19.0"→Fluid Dynamics→"FLUENT 19.0"命令，启动 FLUENT 19.0，进入 FLUENT Launcher 界面。

步骤 02 Dimension 选择 3D，单击 OK 按钮进入 FLUENT 界面。

步骤 03 执行 File→Read→Mesh 命令，读入 ICEM CFD 生成的网格文件，如图 7-69 所示。

步骤 04 在任务栏单击 ![] （保存）按钮进入 Write Case（保存项目）对话框，在 File name（文件名）中输入 fluent.cas，单击 OK 按钮保存项目文件。

步骤 05 执行 Mesh→Check 命令，检查网格质量，应保证 Minimum Volume 大于 0。

步骤06 执行 Mesh→Scale 命令，打开 Scale Mesh 面板，定义网格尺寸单位，在 Mesh Was Created In 中选择 mm，单击 Scale 按钮。

步骤07 执行 Define→General 命令，在 Time 中选择 Steady。

步骤08 执行 Define→Model→Viscous 命令，选择 k-epsilon（2 eqn）模型。

步骤09 执行 Define→Boundary Condition 命令，定义边界条件，如图 7-70 所示。

- IN：Type 选择为 velocity-inlet（速度入口边界条件），在 Velocity Magnitude（速度大小）中输入 5。
- OUT：Type 选择为 pressure-outlet（压力出口），将 Gauge Pressure 设置为 0。

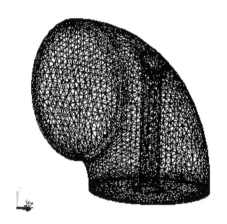
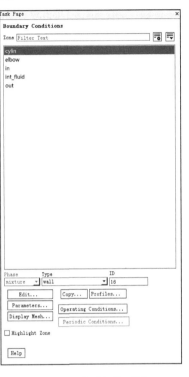

图 7-69 显示几何模型　　　　　　　　图 7-70 边界条件面板

步骤10 执行 Solve→Controls 命令，弹出 Solution Controls（设置松弛因子）面板，保持默认值，单击 OK 按钮退出。

步骤11 执行 Solve→Initialize 命令，弹出 Solution Initialization（设置初始值）面板，Compute From 选择 in，单击 Initialize 按钮进行计算初始化。

步骤12 执行 Solve→Monitors→Residual 命令，设置各个参数的收敛残差值为 1e-3，单击 OK 按钮确认。

步骤13 执行 Solve→Run Calculation 命令，迭代步数设为 300，单击 Calculate 按钮开始计算。

步骤14 迭代到第 68 步，计算收敛，收敛曲线如图 7-71 所示。

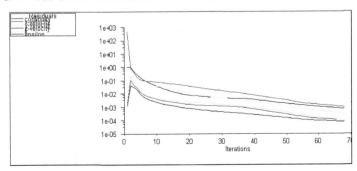

图 7-71 收敛曲线

步骤⑮ 执行 Surface→ISO Surface 命令，设置生成 Z=0m 的平面，命名为 z0。

步骤⑯ 执行 Display→Graphics and Animations→Contours 命令，Contours of 选择 Velocity Magnitude，surfaces 选择 z0，单击 Display 按钮显示速度云图，如图 7-72 所示。

步骤⑰ 执行 Display→Graphics and Animations→Contours 命令，Contours of 选择 Velocity Magnitude，surfaces 选择 z0，单击 Display 按钮显示速度矢量图，如图 7-73 所示。

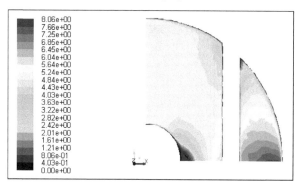

图 7-72 速度云图　　　　　　　　　　图 7-73 速度矢量图

步骤⑱ 执行 Display→Graphics and Animations→Contours 命令，Contours of 选择 Pressure，surfaces 选择 z0，单击 Display 按钮显示压力云图，如图 7-74 所示。

步骤⑲ 执行 Display→Graphics and Animations→Contours 命令，Contours of 选择 Turbulence Wall Yplus，surfaces 选择 z0，单击 Display 按钮显示 Yplus 云图，如图 7-75 所示。

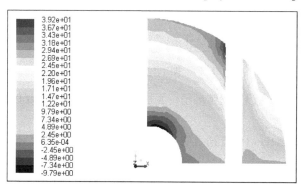

图 7-74 压力云图　　　　　　　　　　图 7-75 壁面 Yplus

步骤⑳ 执行 Report→Results Reports 命令，在弹出如图 7-76 所示的 Reports 面板中选择 Surface Integrals，单击 Set Up 按钮，弹出如图 7-77 所示的 Surface Integrals 对话框，在 Report Type 中选择 Mass Flow Rate，在 Surface 中选择 IN 和 OUT，单击 Compute 按钮计算得到进出口流量差。

图 7-76 Reports 面板

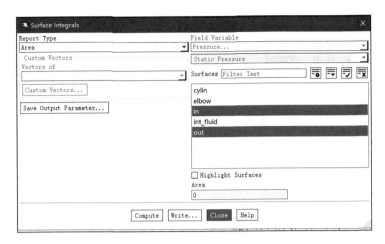

图 7-77　Surface Integrals 对话框

从上述计算结果可以看出，生成的网格能够满足计算的要求，并且能够较好地模拟弯管部件内流场问题。

7.5　本章小结

本章结合典型实例介绍了 ICEM CFD 棱柱体网格生成的基本过程。棱柱网格是在划分非结构网格后，为进一步提高网格质量和计算精度，更好地反应壁面处流体流动情况，而特别进行划分的网格。通过对本章内容的学习，读者可以掌握 ICEM CFD 棱柱体网格生成的使用方法。

第 8 章
以六面体为核心的网格划分

📥 导言

使用四面体或四面体/棱柱网格虽然具备很好的几何适应性，生成过程也较六面体网格简单，但是通常生成的网格单元数目较多，影响工程计算的效率。因此，对于内部体积空间较大的模型，有些网格单元完全可以由六面体单元替换，这样既保证了网格的几何适应性，又大大降低了网格的数目，提高了工程计算的效率。

本章将介绍 ICEM CFD 中以六面体为核心的网格生成方法，并通过具体实例详细讲解使用 ICEM CFD 生成以六面体为核心的网格的工作流程。

📥 学习目标

- ★ ICEM CFD 以六面体为核心的网格生成方法
- ★ 以六面体为核心的网格划分步骤
- ★ 网格质量的检查方法
- ★ 网格输出的基本步骤

8.1 以六面体为核心网格概述

对于内部体积空间较大的复杂几何模型，ICEM CFD 可以通过以六面体为核心（Hexa-Core）网格生成方法将指定大小的六面体单元插入到模型网格中心去，在与四面体单元连接处采用金字塔单元过渡，如图 8-1 所示。与纯粹的四面体网格相比，采用六面体为核心网格有更好的收敛性、计算速度及求解分析结果。

ICEM CFD Hexa-Core 网格生成方法有以下两种。

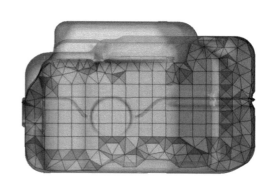

图 8-1　Hexa-Core 网格

- 通过 Set Meshing Params by Parts，在需要的单元勾选 Hexa-Core，指定六面体单元的 Max Size（即单元尺寸）来生成 Hexa-Core 网格。
- 通过 From geometry 或 From geometry and surface mesh 先创建四面体网格，然后按适当的过渡插入 Hexa-Core 单元。

 From surface mesh 将先在体中插入 Hexa-Core 单元，然后逐步过渡到表面单元。

8.2 机翼模型Hexa-Core网格生成

本节将通过一个机翼几何模型网格生成的例子，让读者对 ANSYS ICEM CFD 19.0 进行 Hexa-Core 网格生成的过程有一个初步了解。

8.2.1 启动 ICEM CFD 并建立分析项目

步骤01 在 Windows 系统下执行"开始"→"所有程序"→"ANSYS 19.0"→Meshing→"ICEM CFD 19.0"命令，启动 ICEM CFD 19.0，进入 ICEM CFD 19.0 界面。

步骤02 执行 File→Save Project 命令，弹出 Save Project As（保持项目）对话框，在"文件名"中输入 icemcfd，单击确认，关闭对话框。

8.2.2 导入几何模型

执行 File→Geometry→Open Geometry 命令，弹出"打开"对话框，在"文件名"中输入 geometry.tin，单击"打开"按钮确认。导入几何文件后，在图形显示区将显示几何模型，如图 8-2 所示。

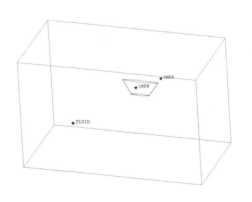

图 8-2 几何模型

8.2.3 模型建立

步骤01 在操作控制树中右键单击 Parts，弹出如图 8-3 所示的目录树，选择 Create Part，弹出如图 8-4 所示的 Create Part 面板，在 Part 中输入 IN，单击 按钮，选择边界并单击鼠标中键确认，生成入口边界条件如图 8-5 所示。

图 8-3 选择生成边界命令

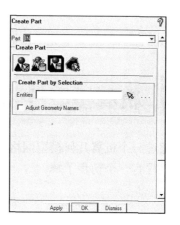

图 8-4 生成边界面板

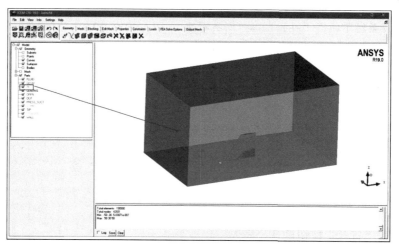

图 8-5 入口边界条件

步骤02 同步骤（2）方法生成出口边界条件，命名为 OUT，如图 8-6 所示。

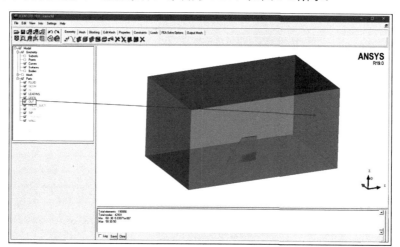

图 8-6 出口边界条件

步骤03 同步骤（2）方法生成新的 Part，命名为 WALL，如图 8-7 所示。

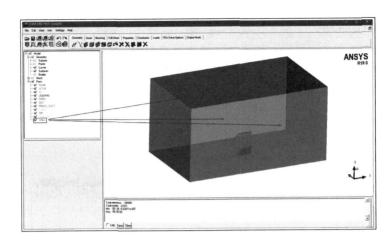

图 8-7 WALL

步骤 04 同步骤（2）方法生成新的 Part，命名为 SYMM，如图 8-8 所示。

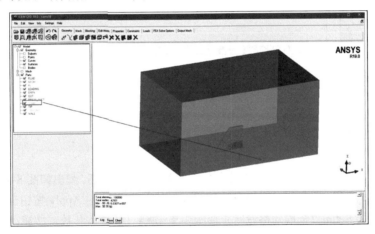

图 8-8 SYMM

步骤 05 同步骤（2）方法在机翼上生成 4 个新的 Part，分别命名为 LEADING、TRAILING、TIP、PRESS_SUCT，如图 8-9 所示。

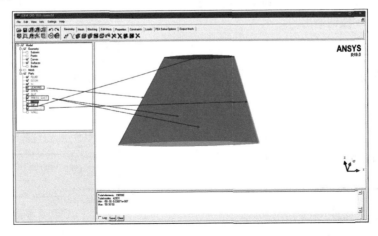

图 8-9 机翼上的 Part

步骤06 单击功能区内 Geometry（几何）选项卡中的 ![icon]（生成体）按钮，弹出如图 8-10 所示的 Create Body（生成体）面板，单击 按钮，输入 Part 名称为 FLUID，选择如图 8-11 所示的两个屏幕位置，单击鼠标中键确认并确保物质点在管的内部同时也在叶片的外部。

步骤07 在操作控制树中右键单击 Parts，弹出如图 8-12 所示为目录树，选择"Good"Colors 命令。

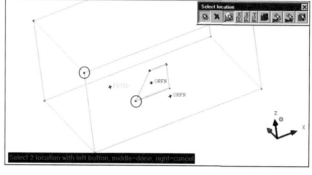

图 8-10　生成体面板　　　　　图 8-11　选择点位置　　　　　图 8-12　选择"Good"Colors 命令

8.2.4　网格生成

步骤01 单击功能区内 Mesh（网格）选项卡中的 ![icon]（全局网格设定）按钮，弹出如图 8-13 所示的 Global Mesh Setup（全局网格设定）面板，在 Max element 中输入 32，单击 Apply 按钮确认。

步骤02 在 Global Mesh Setup（全局网格设定）面板中单击 ![icon]（棱柱体参数）按钮，如图 8-14 所示，设置 Number of layers 为 3，单击 Apply 按钮确认。

步骤03 单击功能区内 Mesh（网格）选项卡中的 ![icon]（部件网格尺寸设定）按钮，弹出如图 8-15 所示的 Part Mesh Setup（部件网格尺寸设定）对话框，勾选 Prism 为 LEADING、PRESS_SUCT、TIP 和 TRAILING 复选框，为 FLUID 勾选 Hexa-Core 复选框，设置六面体单元的尺寸为 4.0，单击 Apply 按钮确认并单击 Dismiss 按钮退出。

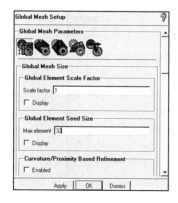

图 8-13　全局网格设定面板　　　　　　　　　　图 8-14　棱柱体网格设定面板

第 8 章 以六面体为核心的网格划分

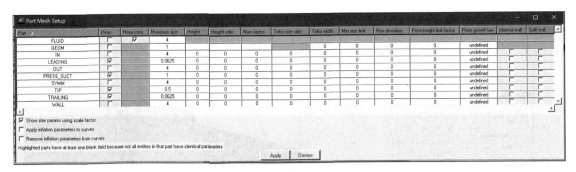

图 8-15 部件网格尺寸设定对话框

步骤 04 单击功能区内 Geometry（几何）选项卡中的 ☆（创建点）按钮，弹出如图 8-16 所示的 Create Point（创建点）对话框，单击 xyz 按钮，创建两个点（12, 0, 0）和（12, 0, 15），单击 Apply 按钮确认创建点，如图 8-17 所示。

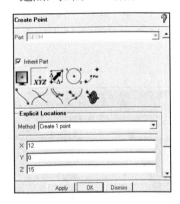

图 8-16 创建点对话框

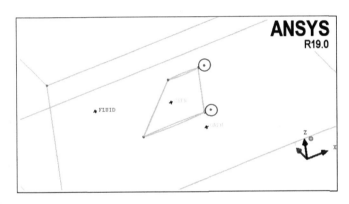

图 8-17 创建点位置

步骤 05 单击功能区内 Mesh（网格）选项卡中的 ☆（网格加密）按钮，弹出如图 8-18 所示的 Create Density（创建密度盒）面板，在 Size 中输入 0.25，在 Width 中输入 8，在 Density Location 下 From 中选择 Points，单击 ☆ 按钮，选择步骤（4）创建的两个点，单击 Apply 按钮，确认显示网格加密区域，如图 8-19 所示。

步骤 06 单击功能区内 Geometry（几何）选项卡中的 ☆（删除点）按钮，弹出如图 8-20 所示的 Delete Block（删除点）面板，选择步骤（4）创建的两个点并单击 Apply 按钮确认。

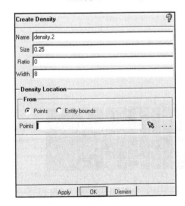

图 8-18 创建密度盒面板

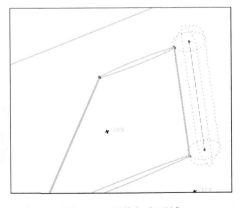

图 8-19 网格加密区域

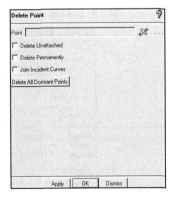

图 8-20 删除点面板

步骤 07 单击功能区内 Mesh（网格）选项卡中的 ![] （计算网格）按钮，弹出如图 8-21 所示的 Compute Mesh（计算网格）面板，单击 ![] （体网格）按钮，单击 Apply 按钮确认生成体网格文件，如图 8-22 所示。

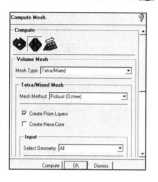

图 8-21 计算网格面板

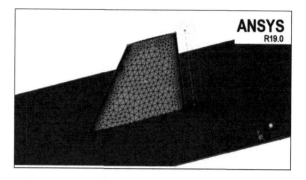

图 8-22 生成体网格

步骤 08 在操作控制树中右键单击 Mesh，弹出如图 8-23 所示的目录树，选择 Cut Plane→Manage Cut Plane，显示 Manage Cut Plane（管理剖面）面板，如图 8-24 所示。在 Method 中选择 Middle Z Plane，调整 Fraction Value 值显示不同剖面的结果，如图 8-25 所示。

图 8-23 目录树

图 8-24 管理剖面面板

图 8-25 剖面显示

 设置 Smooth transition 可保证 Mesh Density 规则过渡。

步骤 09 单击功能区内 Edit Mesh（网格编辑）选项卡中的 ![] （光顺网格）按钮，弹出如图 8-26 所示的 Smooth Elements Globally（光顺网格）面板，调节 Up to value 为 0.4，单击 Apply 按钮确认，在信息栏中显示网格质量信息，如图 8-27 所示。

图 8-26 光顺网格面板

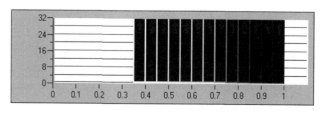

图 8-27 网格质量信息

步骤⑩ 单击功能区内 Mesh（网格）选项卡中的 (计算网格) 按钮，弹出如图 8-28 所示的 Compute Mesh（计算网格）面板，单击 (棱柱体网格) 按钮，单击 OK 按钮重新生成体网格文件，如图 8-29 所示。

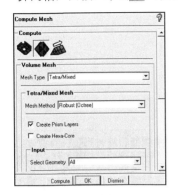
图 8-28 计算网格面板

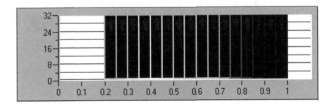
图 8-29 体网格

步骤⑪ 单击功能区内 Edit Mesh（网格编辑）选项卡中的 (光顺网格) 按钮，弹出如图 8-30 所示的 Smooth Mesh Globally（光顺网格）面板，调节 Up to value 为 0.2，单击 Apply 按钮确认，在信息栏中显示网格质量信息，如图 8-31 所示。

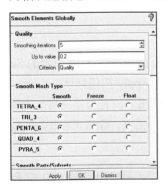
图 8-30 光顺网格面板

图 8-31 网格质量信息

步骤⑫ 单击功能区内 Mesh（网格）选项卡中的 (计算网格) 按钮，弹出如图 8-32 所示的 Compute Mesh（计算网格）面板，单击 (体网格) 按钮，勾选 Create Prism Layers 和 Create Hexa-Core 复选框，单击 Apply 按钮确认生成体网格文件，如图 8-33 所示。

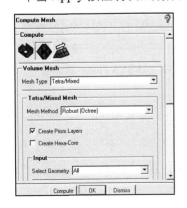
图 8-32 计算网格面板

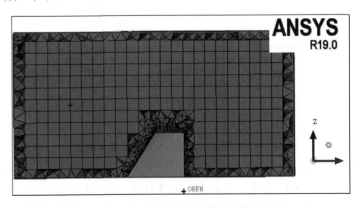
图 8-33 生成体网格

步骤 13　单击功能区内 Edit Mesh（网格编辑）选项卡中的 (光顺网格) 按钮，弹出如图 8-34 所示的 Smooth Elements Globally（光顺网格）面板，调节 Up to value 为 0.2，单击 Apply 按钮确认，在信息栏中显示网格质量信息，如图 8-35 所示。

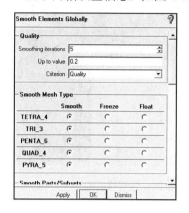

图 8-34　光顺网格面板

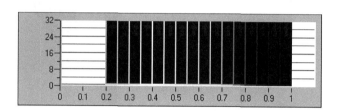

图 8-35　网格质量信息

8.2.5　网格输出

步骤 01　单击功能区内 Output（输出）选项卡中的 (选择求解器) 按钮，弹出如图 8-36 所示的 Select Solver（选择求解器）面板，Output Solver 选择 ANSYS Fluent，单击 Apply 按钮确认。

步骤 02　单击功能区内 Output（输出）选项卡中的 (输出) 按钮，弹出"打开网格文件"对话框，选择文件，单击"打开"按钮，弹出如图 8-37 所示 ANSYS Fluent 对话框，Grid dimension 选择 3D，单击 Done 按钮确认完成。

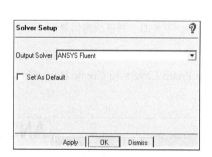

图 8-36　选择求解器面板

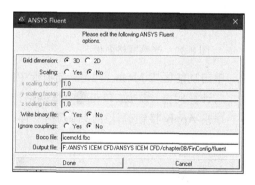

图 8-37　ANSYS Fluent 对话框

8.2.6　计算与后处理

步骤 01　在 Windows 系统下执行"开始"→"所有程序"→"ANSYS 19.0"→Fluid Dynamics→"FLUENT 19.0"命令，启动 FLUENT 19.0，进入 FLUENT Launcher 界面。

步骤 02　Dimension 选择 3D，单击 OK 按钮进入 FLUENT 界面。

步骤 03   执行 File→Read→Mesh 命令，读入 ICEM CFD 生成的网格文件，如图 8-38 所示。

步骤 04   在任务栏单击 ■（保存）按钮进入 Write Case（保存项目）对话框，在 File name（文件名）中输入 fluent.cas，单击 OK 按钮保存项目文件。

步骤 05   执行 Mesh→Check 命令，检查网格质量，应保证 Minimum Volume 大于 0。

步骤 06   执行 Define→General 命令，在 Time 中选择 Steady。

步骤 07   执行 Define→Model→Viscous 命令，选择 k-epsilon（2 eqn）模型。

步骤 08   执行 Define→Boundary Condition 命令，定义边界条件，如图 8-39 所示。

- IN：Type 选择为 velocity-inlet（速度入口边界条件），在 Velocity Magnitude（速度大小）中输入 10。
- OUT：Type 选择为 pressure-outlet（压力出口），将 Gauge Pressure 设置为 0。

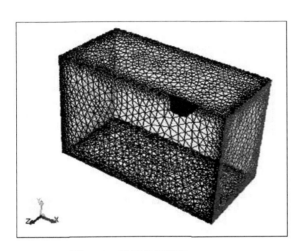

图 8-38 显示几何模型

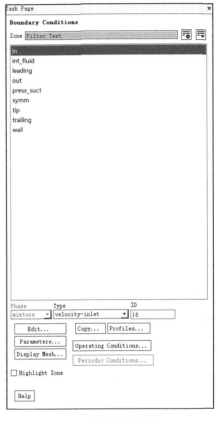

图 8-39 边界条件面板

步骤 09   执行 Solve→Controls 命令，弹出 Solution Controls（设置松弛因子）面板，保持默认值，单击 OK 按钮退出。

步骤 10   执行 Solve→Initialize 命令，弹出 Solution Initialization（设置初始值）面板，Compute From 选择 in，单击 Initialize 按钮进行计算初始化。

步骤 11   执行 Solve→Monitors→Residual 命令，设置各个参数的收敛残差值为 1e-3，单击 OK 按钮确认。

步骤 12   执行 Solve→Run Calculation 命令，迭代步数设为 600，单击 Calculate 按钮开始计算。

步骤 13   执行 Surface→ISO Surface 命令，设置生成 y=0.02m 的平面，命名为 y0。

步骤 14   执行 Graphics and Aniimation→Views 命令，弹出 Views 对话框，在 Mirror Planes 中选择 symm（见图 8-40），单击 Apply 按钮确认。

步骤 15   执行 Display→Graphics and Animations→Contours 命令，Contours of 选择 Velocity Magnitude，surfaces 选择 y0，单击 Display 按钮显示速度云图，如图 8-41 所示。

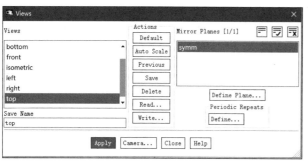

图 8-40 Views 对话框   图 8-41 速度云图

- **步骤 (16)** 执行 Display→Graphics and Animations→Contours 命令，Contours of 选择 Velocity Magnitude，surfaces 选择 y0，单击 Display 按钮显示速度矢量图，如图 8-42 所示。
- **步骤 (17)** 执行 Display→Graphics and Animations→Contours 命令，Contours of 选择 Static Pressure，surfaces 选择 y0，单击 Display 按钮显示压力云图，如图 8-43 所示。

图 8-42 速度矢量图   图 8-43 压力云图

从上述计算结果可以看出，生成的网格能够满足计算的要求，并且能够较好地模拟机翼周围流场问题。

8.3 管内叶片Hexa-Core网格生成

本节将以 7.4 节管内叶片几何模型的例子进行 Hexa-Core 网格划分，并对在同样边界条件下进行计算分析，与 7.4 节的计算结果形成对比。

8.3.1 启动 ICEM CFD 并建立分析项目

- **步骤 01** 在 Windows 系统下执行"开始"→"所有程序"→"ANSYS 19.0"→Meshing→"ICEM CFD 19.0"命令，启动 ICEM CFD 19.0，进入 ICEM CFD 19.0 界面。
- **步骤 02** 执行 File→Save Project 命令，弹出 Save Project As（保持项目）对话框，在"文件名"中输入 Bullet，单击确认，关闭对话框。

8.3.2 导入几何模型

执行 File→Geometry→Open Geometry 命令,弹出"打开"对话框,在"文件名"中输入 geometry.tin,单击"打开"按钮确认。导入几何文件后,在图形显示区将显示几何模型,如图 8-44 所示。

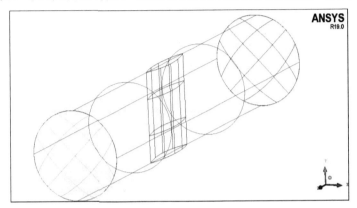

图 8-44　几何模型

8.3.3 模型建立

步骤 01 单击功能区内 Geometry(几何)选项卡中的 (修复模型)按钮,弹出如图 8-45 所示的 Repair Geometry (修复模型) 面板,单击 按钮,在 Tolerance 中输入 0.1,勾选 Filter points 和 Filter curves 复选框过滤,在 Feature angle 中输入 30,单击 OK 按钮确认,几何模型将修复完毕,如图 8-46 所示。

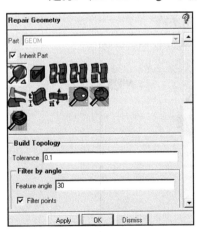

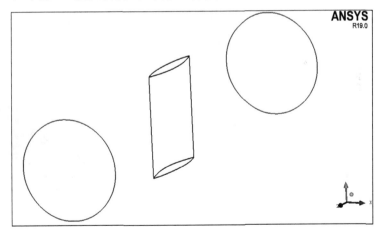

图 8-45　修复模型面板　　　　　　图 8-46　修复后的几何模型

步骤 02 在操作控制树中右键单击 Parts,弹出如图 8-47 所示的目录树,选择 Create Part,弹出如图 8-48 所示的 Create Part (生成边界) 面板,在 Part 中输入 IN,单击 按钮,选择边界并单击鼠标中键确认,生成入口边界条件如图 8-49 所示。

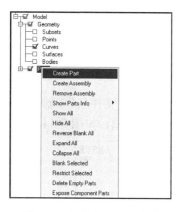 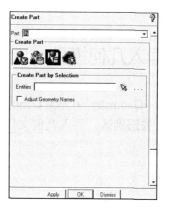

图 8-47 选择生成边界命令　　　　　图 8-48 生成边界面板

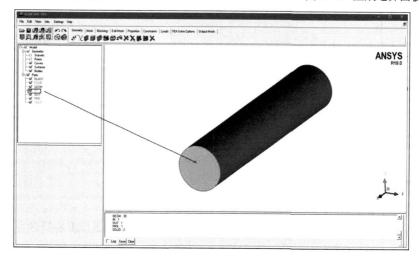

图 8-49 入口边界条件

步骤 03 同步骤（2）方法生成出口边界条件，命名为 OUT，如图 8-50 所示。

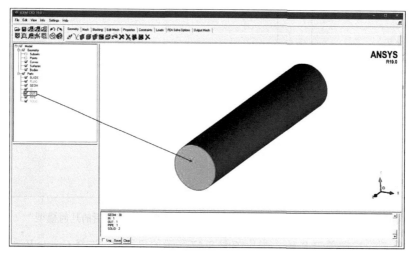

图 8-50 出口边界条件

步骤 04 同步骤（2）方法生成新的 Part，命名为 BLADE，如图 8-51 所示。

第8章 以六面体为核心的网格划分

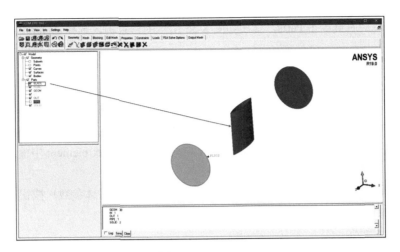

图 8-51 BLADE

步骤 05 同步骤（2）方法生成新的 Part，命名为 PIPE，如图 8-52 所示。

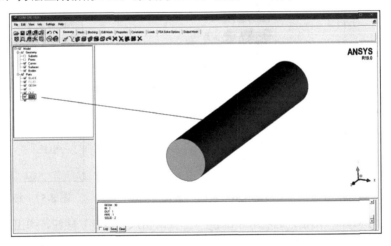

图 8-52 PIPE

步骤 06 单击功能区内 Geometry（几何）选项卡中的 ![] （生成体）按钮，弹出如图 8-53 所示的 Create Body（生成体）面板，单击 ![] 按钮，输入 Part 名称为 FLUID，选择如图 8-54 所示的两个屏幕位置，单击鼠标中键确认并确保物质点在管的内部同时在叶片的外部。

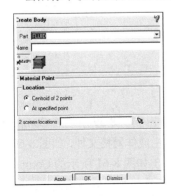

图 8-53 生成体面板

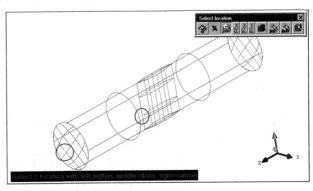

图 8-54 选择点位置

步骤07 在操作控制树中右键单击 Parts，弹出如图 8-55 所示的目录树，选择 "Good" Colors 命令。

8.3.4 网格生成

步骤01 单击功能区内 Mesh（网格）选项卡中的 ![icon]（全局网格设定）按钮，弹出如图 8-56 所示的 Global Mesh Setup（全局网格设定）面板，在 Scale factor 中输入 1，在 Max element 中输入 16，单击 Apply 按钮确认。

步骤02 在 Global Mesh Setup（全局网格设定）面板中，单击 ![icon]（棱柱体参数）按钮，如图 8-57 所示，设置 Number of layers 为 3，单击 Apply 按钮确认。

图 8-55 选择 "Good" Colors 命令

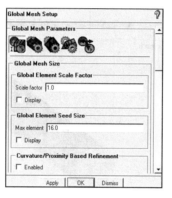
图 8-56 全局网格设定面板

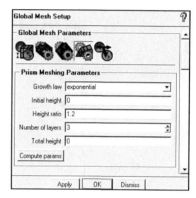
图 8-57 棱柱体网格设定面板

步骤03 单击功能区内 Mesh（网格）选项卡中的 ![icon]（部件网格尺寸设定）按钮，弹出如图 8-58 所示的 Part Mesh Setup（部件网格尺寸设定）对话框，勾选 Prism 为 BLADE 和 PIPE 复选框，为 FLUID 勾选 Hexa-core 复选框，单击 Apply 按钮确认并单击 Dismiss 按钮退出。

Part	Prism	Hexa-core	Maximum size	Height	Height ratio	Num layers	Tetra size ratio	Tetra width	Min size limit	Max deviation	Prism height limit factor	Prism growth law	Internal wall	Split wall
BLADE	✓		0.3	0.03	1.2	0	1.2	0	0	0	0	undefined		
FLUID		✓												
GEOM			1	0.0					0	0	0	undefined		
IN			0.3	0	0	0	0	0	0	0	0	undefined		
OUT			0.3	0	0	0	0	0	0	0	0	undefined		
PIPE	✓		0.3	0.03	1.2	0	1.2	0	0	0	0	undefined		

图 8-58 部件网格尺寸设定对话框

步骤04 单击功能区内 Mesh（网格）选项卡中的 ![icon]（计算网格）按钮，弹出如图 8-59 所示的 Compute Mesh（计算网格）面板，单击 ![icon]（体网格）按钮，单击 Apply 按钮确认生成体网格文件，如图 8-60 所示。

步骤05 单击功能区内 Mesh（网格）选项卡中的 ![icon]（计算网格）按钮，弹出如图 8-61 所示的 Compute Mesh（计算网格）面板，单击 ![icon]（棱柱体网格）按钮，单击 OK 按钮重新生成体网格文件，如图 8-62 所示。

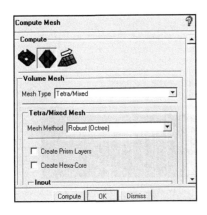

图 8-59 计算网格面板　　　　图 8-60 生成体网格

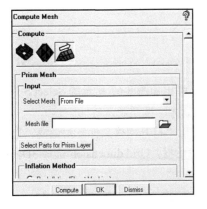

图 8-61 计算网格面板　　　　图 8-62 体网格

步骤 06　单击功能区内 Mesh（网格）选项卡中的 ■（计算网格）按钮，弹出如图 8-63 所示的 Compute Mesh（计算网格）面板，单击 ◆（体网格）按钮，勾选 Create Prism Layers 和 Create Hexa-Core 复选框，单击 Apply 按钮确认生成体网格文件，如图 8-64 所示。

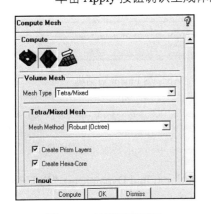

图 8-63 计算网格面板　　　　图 8-64 生成体网格

步骤 07　单击功能区内 Edit Mesh（网格编辑）选项卡中的 ■（光顺网格）按钮，弹出如图 8-65 所示的 Smooth Elements Globally（光顺网格）面板，调节 Up to value 为 0.2，单击 Apply 按钮确认，在信息栏中显示网格质量信息，如图 8-66 所示。

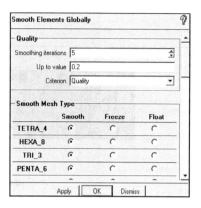

图 8-65　光顺网格面板

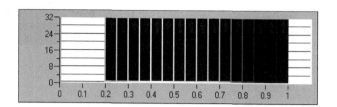

图 8-66　网格质量信息

8.3.5　网格输出

步骤 01　单击功能区内 Output（输出）选项卡中的 ![] （选择求解器）按钮，弹出如图 8-67 所示的 Select Solver（选择求解器）面板，Output Solver 选择 ANSYS Fluent，单击 Apply 按钮确认。

步骤 02　单击功能区内 Output（输出）选项卡中的 ![] （输出）按钮，弹出"打开网格文件"对话框，选择文件，单击"打开"按钮弹出如图 8-68 所示的 ANSYS Fluent 对话框，Grid dimension 选择 3D，单击 Done 按钮确认完成。

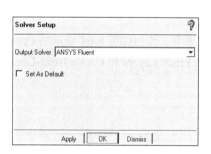

图 8-67　选择求解器面板

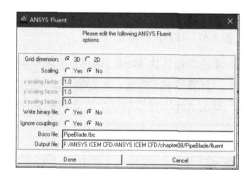

图 8-68　ANSYS Fluent 对话框

8.3.6　计算与后处理

步骤 01　在 Windows 系统下执行"开始"→"所有程序"→"ANSYS 19.0"→Fluid Dynamics→"FLUENT 19.0"命令，启动 FLUENT 19.0，进入 FLUENT Launcher 界面。

步骤 02　Dimension 选择 3D，单击 OK 按钮进入 FLUENT 界面。

步骤 03　执行 File→Read→Mesh 命令，读入 ICEM CFD 生成的网格文件，如图 8-69 所示。

步骤 04　在任务栏单击 ![] （保存）按钮进入 Write Case（保存项目）对话框，在 File name（文件名）中输入 fluent.cas，再单击 OK 按钮保存项目文件。

步骤 05　执行 Mesh→Check 命令，检查网格质量，应保证 Minimum Volume 大于 0。

步骤06 执行 Define→General 命令，在 Time 中选择 Steady。

步骤07 执行 Define→Model→Viscous 命令，选择 k-epsilon（2 eqn）模型。

步骤08 执行 Define→Boundary Condition 命令，定义边界条件，如图 8-70 所示。

- IN：Type 选择为 velocity-inlet（速度入口边界条件），在 Velocity Magnitude（速度大小）中输入 1。
- OUT：Type 选择为 pressure-outlet（压力出口），将 Gauge Pressure 设置为 0。

步骤09 执行 Solve→Controls 命令，弹出 Solution Controls（设置松弛因子）面板，保持默认值，单击 OK 按钮退出。

步骤10 执行 Solve→Initialize 命令，弹出 Solution Initialization（设置初始值）面板，Compute From 选择 in，单击 Initialize 按钮进行计算初始化。

步骤11 执行 Solve→Monitors→Residual 命令，设置各个参数的收敛残差值为 1e-3，单击 OK 按钮确认。

步骤12 执行 Solve→Run Calculation 命令，迭代步数设为 300，单击 Calculate 按钮开始计算。

步骤13 执行 Surface→ISO Surface 命令，设置生成 X=0m 的平面，命名为 x0，设置生成 y=0.02m 的平面，命名为 y0。

步骤14 执行 Display→Graphics and Animations→Contours 命令，Contours of 选择 Velocity Magnitude，surfaces 选择 x0/y0，单击 Display 按钮显示速度云图，如图 8-71 所示。

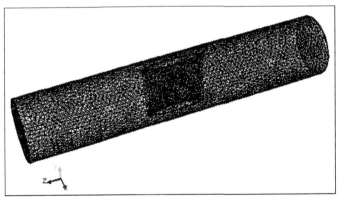

图 8-69 显示几何模型

图 8-70 边界条件面板

步骤15 执行 Display→Graphics and Animations→Contours 命令，Contours of 选择 Velocity Magnitude，surfaces 选择 x0/y0，单击 Display 按钮显示速度矢量图，如图 8-72 所示。

步骤16 执行 Display→Graphics and Animations→Contours 命令，Contours of 选择 Static Pressure，surfaces 选择 x0/y0，单击 Display 按钮显示压力云图，如图 8-73 所示。

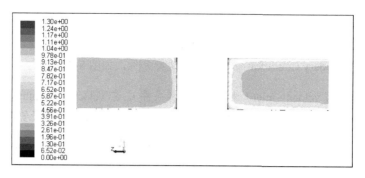

(a) x0 平面

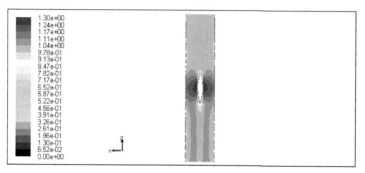

(b) y0 平面

图 8-71 速度云图

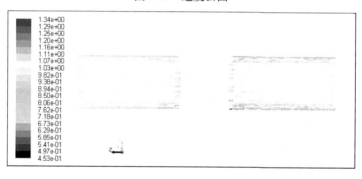

(a) x0 平面

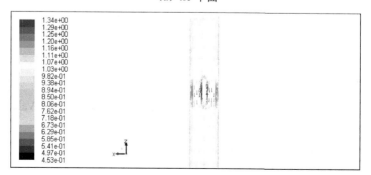

(b) y0 平面

图 8-72 速度矢量图

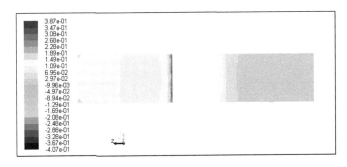

(a) x0 平面

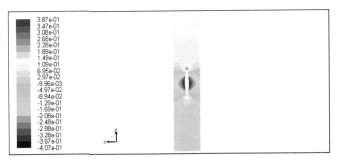

(b) y0 平面

图 8-73 压力云图

从上述计算结果可以看出,生成的网格能够满足计算的要求,并且能够较好地模拟三维叶片流场问题。

8.4 弯管部件Hexa-Core网格生成

本节将在 7.4 节网格划分的基础上设置 Hexa-Core 网格,在保证网格质量的前提下,可大大降低网格的数量并提高计算的速度。

8.4.1 启动 ICEM CFD 并打开分析项目

步骤01 在 Windows 系统下执行 "开始" → "所有程序" → "ANSYS 19.0" →Meshing→ "ICEM CFD 19.0" 命令,启动 ICEM CFD 19.0,进入 ICEM CFD 19.0 界面。

步骤02 执行 File→Open Project 命令,弹出 Open Project(打开项目)对话框,在 "文件名" 中输入 icemcfd,单击 "打开" 按钮确认关闭对话框。

8.4.2 网格生成

步骤01 单击功能区内 Mesh(网格)选项卡中的 按钮,弹出如图 8-74 所示的 Global Mesh Setup(全局网格设定)面板,在 Max element 中输入 16,单击 Apply 按钮确认。

239

步骤02 单击功能区内 Mesh（网格）选项卡中的 ■（全局网格设定）按钮，弹出如图 8-75 所示的 Global Mesh Setup（全局网格设定）面板，单击 ■（棱柱体参数）按钮，设置 Number of layers 为 2，单击 Apply 按钮确认。

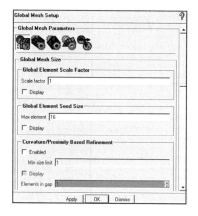

图 8-74 全局网格设定面板

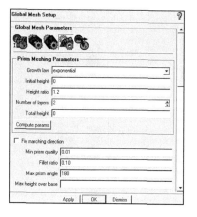

图 8-75 棱柱体网格设定面板

步骤03 单击功能区内 Mesh（网格）选项卡中的 ■（部件网格尺寸设定）按钮，弹出如图 8-76 所示的 Part Mesh Setup（部件网格尺寸设定）对话框，勾选 Prism 为 CYLIN 和 ELBOW 复选框，为 FLUID 勾选 Hexa-core，单击 Apply 按钮确认并单击 Dismiss 按钮退出。

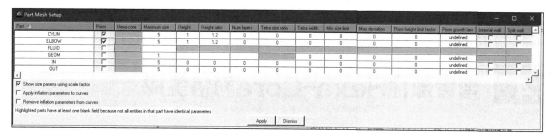

图 8-76 部件网格尺寸设定对话框

步骤04 单击功能区内 Mesh（网格）选项卡中的 ■（计算网格）按钮，弹出如图 8-77 所示的 Compute Mesh （计算网格）面板，单击 ■（体网格）按钮，勾选 Create Prism Layers 和 Create Hexa-Core 复选框，单击 Apply 按钮确认生成体网格文件，如图 8-78 所示。

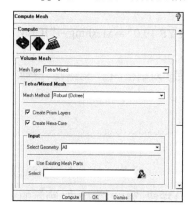

图 8-77 计算网格面板

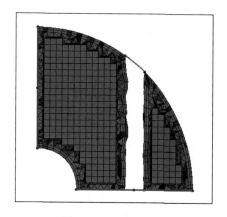

图 8-78 生成体网格

步骤 05　单击功能区内 Edit Mesh（网格编辑）选项卡中的 (光顺网格) 按钮，弹出如图 8-79 所示的 Smooth Elements Globally（光顺网格）面板，调节 Up to value 为 0.2，单击 Apply 按钮确认，在信息栏中显示网格质量信息，如图 8-80 所示。

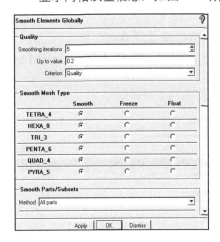

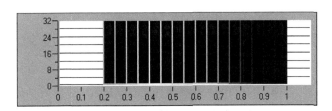

图 8-79　光顺网格面板　　　　　　　　　图 8-80　网格质量信息

8.4.3　网格输出

步骤 01　单击功能区内 Output（输出）选项卡中的 (选择求解器) 按钮，弹出如图 8-81 所示的 Select Solver（选择求解器）面板，Output Solver 选择 ANSYS Fluent，单击 Apply 按钮确认。

步骤 02　单击功能区内 Output（输出）选项卡中的 (输出) 按钮，弹出"打开网格文件"对话框，选择文件，单击"打开"按钮，弹出如图 8-82 所示的 ANSYS Fluent 对话框，Grid dimension 选择 3D，单击 Done 按钮确认完成。

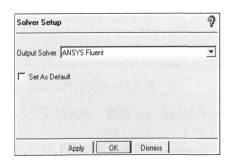

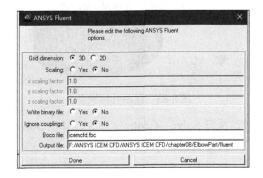

图 8-81　选择求解器面板　　　　　　　　图 8-82　ANSYS Fluent 对话框

8.4.4　计算与后处理

步骤 01　在 Windows 系统下执行"开始"→"所有程序"→"ANSYS 19.0"→Fluid Dynamics→"FLUENT 19.0"命令，启动 FLUENT 19.0，进入 FLUENT Launcher 界面。

步骤 02 Dimension 选择 3D，单击 OK 按钮进入 FLUENT 界面。

步骤 03 执行 File→Read→Mesh 命令，读入 ICEM CFD 生成的网格文件，如图 8-83 所示。

步骤 04 在任务栏单击 ■（保存）按钮进入 Write Case（保存项目）对话框，在 File name（文件名）中输入 fluent.cas，单击 OK 按钮保存项目文件。

步骤 05 执行 Mesh→Check 命令，检查网格质量，应保证 Minimum Volume 大于 0。

步骤 06 执行 Mesh→Scale 命令，打开 Scale Mesh 面板，定义网格尺寸单位，在 Mesh Was Created In 中选择 mm，单击 Scale 按钮。

步骤 07 执行 Define→General 命令，在 Time 中选择 Steady。

步骤 08 执行 Define→Model→Viscous 命令，选择 k-epsilon（2 eqn）模型。

步骤 09 执行 Define→Boundary Condition 命令，定义边界条件，如图 8-84 所示。

- IN：Type 选择为 velocity-inlet（速度入口边界条件），在 Velocity Magnitude（速度大小）中输入 5。
- OUT：Type 选择为 pressure-outlet（压力出口），将 Gauge Pressure 设置为 0。

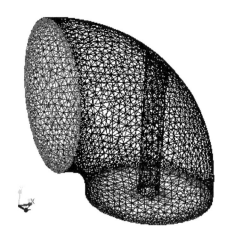

图 8-83　显示几何模型

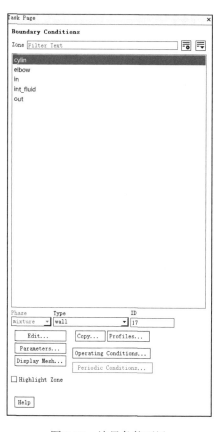

图 8-84　边界条件面板

步骤 10 执行 Solve→Controls 命令，弹出 Solution Controls（设置松弛因子）面板，保持默认值，单击 OK 按钮退出。

步骤 11 执行 Solve→Initialize 命令，弹出 Solution Initialization（设置初始值）面板，Compute From 选择 in，单击 Initialize 按钮进行计算初始化。

步骤 12 执行 Solve→Monitors→Residual 命令，设置各个参数的收敛残差值为 1e-3，单击 OK 按钮确认。

步骤 13 执行 Solve→Run Calculation 命令，迭代步数设为 300，单击 Calculate 按钮开始计算。

步骤 14 迭代到第 63 步，计算收敛，收敛曲线如图 8-85 所示。

步骤 15 执行 Surface→ISO Surface 命令，设置生成 Z=0m 的平面，命名为 z0。

步骤 16 执行 Display→Graphics and Animations→Contours 命令，Contours of 选择 Velocity Magnitude，surfaces 选择 z0，单击 Display 按钮显示速度云图，如图 8-86 所示。

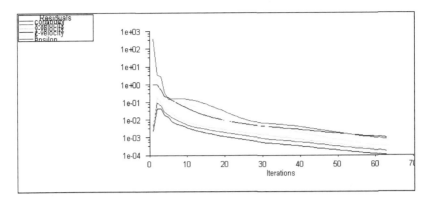

图 8-85　收敛曲线

步骤 17　执行 Display→Graphics and Animations→Contours 命令，Contours of 选择 Velocity Magnitude，surfaces 选择 z0，单击 Display 按钮显示速度矢量图，如图 8-87 所示。

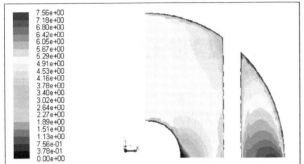

图 8-86　速度云图

图 8-87　速度矢量图

步骤 18　执行 Display→Graphics and Animations→Contours 命令，Contours of 选择 Pressure，surfaces 选择 z0，单击 Display 按钮显示压力云图，如图 8-88 所示。

步骤 19　执行 Display→Graphics and Animations→Contours 命令，Contours of 选择 Turbulence Wall Yplus，surfaces 选择 z0，单击 Display 按钮显示 Yplus 云图，如图 8-89 所示。

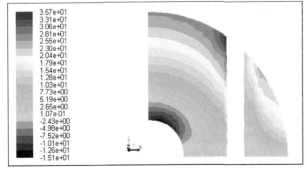

图 8-88　压力云图

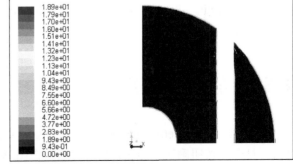

图 8-89　壁面 Yplus

步骤 20　执行 Report→Results Reports 命令，在弹出如图 8-90 所示的 Reports 面板中选择 Surface Integrals，单击 Set Up 按钮，弹出如图 8-91 所示的 Surface Integrals 对话框，在 Report Type 中选择 Mass Flow Rate，在 Surface 中选择 IN 和 OUT，单击 Compute 按钮计算得到进出口流量差。

图 8-90 Reports 面板

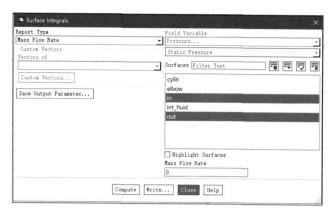

图 8-91 Surface Integrals 对话框

从上述计算结果可以看出，生成的网格能够满足计算的要求，并且能够较好地模拟弯管部件内流场问题。

8.5 巡航导弹模型Hexa-Core网格生成

本节将以一个巡航导弹模型为例来讲解如何生成以六面体为主的自动体网格生成，并在以流场域主要为六面体网格为主的导弹近壁面生成棱柱网格，加密边界层，并对以六面体为主的体网格进行求解，计算导弹高度为海平面的大气中以 0.6 马赫数的速度、飞行攻角为 0°巡航飞行时的压强、温度和速度等变化情况。

8.5.1 启动 ICEM CFD 并建立分析项目

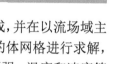

步骤 01 在 Windows 系统下执行"开始"→"所有程序"→"ANSYS 19.0"→Meshing→"ICEM CFD 19.0"命令，启动 ICEM CFD 19.0，进入 ICEM CFD 19.0 界面。

步骤 02 执行 File→Save Project 命令，弹出 Save Project As（保持项目）对话框，在"文件名"中输入 missile，单击确认，关闭对话框。

8.5.2 导入几何模型

执行 File→Geometry→Open Geometry 命令，弹出"打开"对话框，在"文件名"中输入 geometry.tin，单击"打开"按钮确认。导入几何文件后，在图形显示区将显示几何模型，如图 8-92 所示。

图 8-92 几何模型

8.5.3 模型建立

步骤 01 执行标签栏中的 Geometry 命令，单击 ■ 按钮，弹出设置面板，单击 ■ 按钮，选中 Centroid of 2 points 单选按钮，如图 8-93 所示。左键选择两点，分别为外域上一点和弹翼上一点（见图 8-94），单击鼠标中键确认，更改名称为 FLUID，完成材料点的创建。

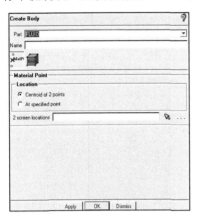

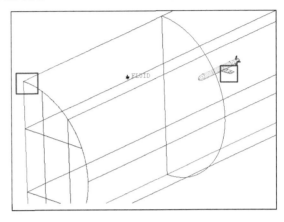

图 8-93　创建材料点操作　　　　　　　　　图 8-94　设置材料点选取点

步骤 02 定义 point。右击模型树中 Model→Parts（见图 8-95），选择 Create Part，弹出 Create Part 设置面板，如图 8-96 所示。输入想要定义的 Part 名称为 POINTS，单击 ■ 按钮选择几何元素，弹出选择几何图形工具栏，如图 8-97 所示。关闭所有线面，只显示全部点，单击 ■ 按钮，选择可见点并单击鼠标中键确认。

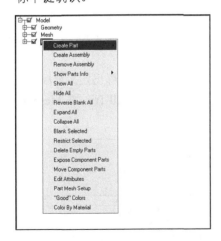

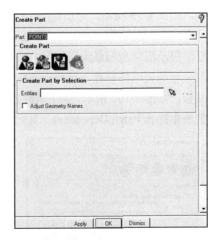

图 8-95　选择 Create Part　　　　　　　　　图 8-96　Create Part 面板

图 8-97　选择几何图形工具栏

步骤 03 采用类似的方法定义所有线，定义 Part 名称为 CURVES。

步骤04 定义入口 Part。输入要定义的 Part 名称为 INLET，单击 按钮，选择几何元素，选择导弹头部对应远方的半圆面并单击鼠标中键确定。利用同样的方法定义出口 part，输入名称 OUTLET，选择导弹尾部对应的远方半圆面。定义名称为 BOX 的 part，选择圆柱面并单击鼠标中键确认。定义对称 part，名称为 SYM，选择与导弹相交的平面。定义弹身 part，输入名称 BODY，选择弹体曲面。定义垂平尾 part，输入名称 TAIL，选择导弹垂尾及平尾。定义弹翼 part，输入名称 WING。选择弹翼曲面，完成所有边界条件的定义。

步骤05 完成几何模型的创建，如图 8-98 所示。保存几何模型，执行 File→Geometry→Save Geometry As 命令，保存当前几何模型为 missile.tin。

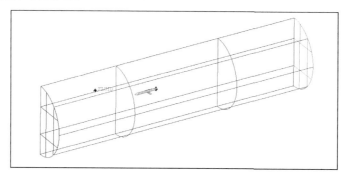

图 8-98 完成几何模型

8.5.4 定义网格参数

步骤01 定义网格全局尺寸。执行标签栏中的 Blocking 命令，单击 按钮，弹出定义全局网格参数设置面板，如图 8-99 所示。单击 按钮，在 Global Element Scale Factor 栏中设置 Scale factor 值为 1，勾选 Display 复选框。在 Global Element Seed Size 栏中设置 Max element 值为 300，勾选 Display 复选框。显示限制全局最大网格尺寸，单击 Apply 按钮。

步骤02 定义全局壳网格参数。执行标签栏中的 Blocking 命令，单击 按钮，弹出定义全局网格参数设置面板，如图 8-100 所示。单击 按钮，在 Mesh type 下拉列表中选择 All Tri，在 Mesh method 下拉列表中选择 Patch Dependent，其余选项保持默认，单击 Apply 按钮。

图 8-99 定义全局网格尺寸

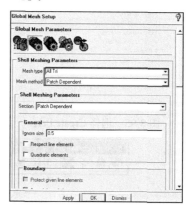

图 8-100 壳网格参数设置

步骤 03 定义全局体网格参数。执行标签栏中的 Blocking 命令，单击 按钮，弹出定义全局网格参数设置面板，如图 8-101 所示。单击 按钮，在 Mesh type 下拉列表中选择 Tetra/Mixed，在 Mesh method 下拉列表中选择 Robust（Octree），其余选项保持默认，单击 Apply 按钮。

步骤 04 定义棱柱网格参数。执行标签栏中的 Blocking 命令，单击 按钮，弹出定义全局网格参数设置面板，如图 8-102 所示。单击 按钮，在 Growth law 下拉列表中选择 exponential，设置 initial height 值为 0，Height ratio 值为 1.2，Number of layers 值为 3，其余选项保持默认，单击 Apply 按钮。

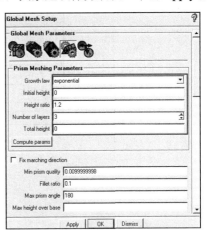

图 8-101　体网格参数设置　　　　　　　　图 8-102　棱柱网格参数设置

步骤 05 执行标签栏中的 Mesh 命令，单击 按钮，弹出 Part 网格参数设置面板，如图 8-103 所示。在名称 BOX、INLET、OUTLET 和 SYM 的 part 栏中设置 Maximum size 为 200，在名称为 FLUID 的 part 栏中设置 Maximum size 值为 150，勾选 Hexa-core 复选框，在名称为 BODY、TAIL、WING 的 part 栏中分别设置 Maximum size 值为 20、10、10，同时三个 part 设置 Height 值为 3；Height ratio 值为 1.2；Num layers 值为 4，其余选项保持默认，单击 Apply 按钮确认，单击 Dismiss 按钮退出设置面板。

Part	Prism	Hexa-core	Maximum size	Height	Height ratio	Num layers	Tetra size ratio	Tetra width	Min size limit	Max deviation	Prism height limit factor	Prism growth law	Internal wall	Split wall
BODY	☑	☐	20	3	1.2	4	0	0	0	0	0	undefined	☐	☐
BOX	☐	☐	200	0	0	0	0	0	0	0	0	undefined	☐	☐
CURVES	☐	☐	0	0	0	0	0	0	0	0	0	undefined		
FLUID	☐	☑	150											
GEOM														
INLET	☐	☐	200	0	0	0	0	0	0	0	0	undefined	☐	☐
OUTLET	☐	☐	200	0	0	0	0	0	0	0	0	undefined	☐	☐
POINTS														
SYM	☐	☐	200	0	0	0	0	0	0	0	0	undefined	☐	☐
TAIL	☑	☐	10	3	1.2	4	0	0	0	0	0	undefined	☐	☐
WING	☑	☐	10	3	1.2	4	0	0	0	0	0	undefined	☐	☐

图 8-103　定义 part 网格参数

8.5.5　网格生成

步骤 01 执行标签栏中的 Mesh 命令，单击 按钮，弹出生成网格设置面板，如图 8-104 所示。单击 按钮，其余参数保持默认，单击 Compute 按钮生成非结构网格，如图 8-105 所示。

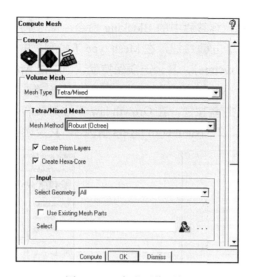

图 8-104　生成网格面板

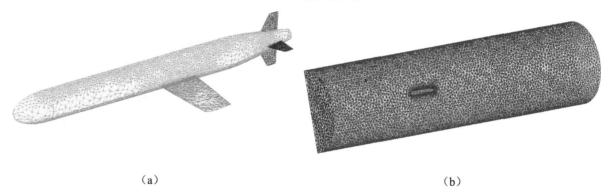

（a）　　　　　　　　　　　　　　　　　　　（b）

图 8-105　生成体网格

步骤02 对生成的网格进行定性观察和判定，经过观察图 8-106 中飞艇艇身前部网格相对稀疏，分析由于 FLUID 中设置的网格尺寸太大与艇身过渡过于剧烈所致，重新定义 part 参数设置中的 FLUID 的网格最大尺寸值 Maximum size 值为 80，同时更改 BODY 中的网格最大尺寸值 Maximum size 值为 10。按照步骤（1）方法重新生成网格，观察弹身网格质量，如图 8-107 所示，网格尺寸大小已均匀分布。

步骤03 生成棱柱网格。执行标签栏中的 Mesh 命令，单击 按钮，弹出生成网格设置面板，如图 8-108 所示。单击 按钮，其余参数保持默认，单击 Compute 按钮生成近壁面棱柱体网格，如图 8-109 所示。

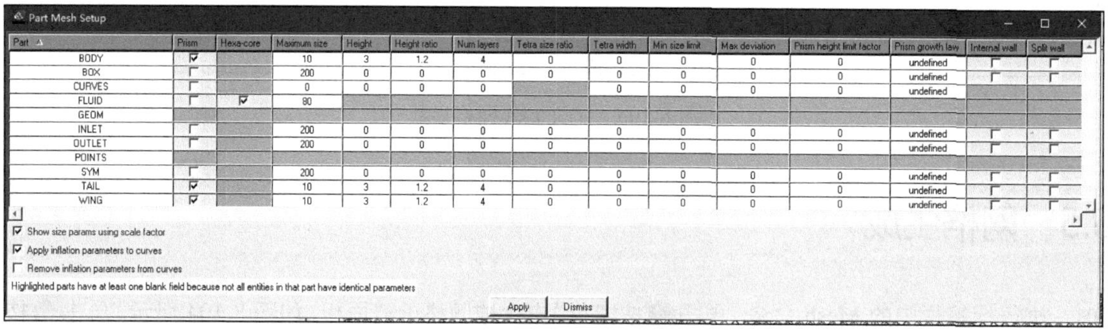

图 8-106　更改 part 网格尺寸设置

第 8 章 以六面体为核心的网格划分

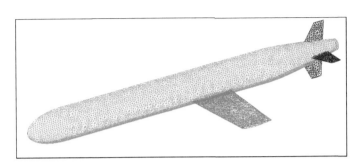

图 8-107 重新生成网格

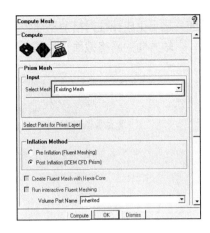

图 8-108 生成网格设置面板

步骤 04 取消对模型树 Model→Geometry 的选择，即关闭几何模型。

步骤 05 右击模型树中 Model→Mesh，弹出如图 8-110 所示的目录树，选择 Cut Plane→Manage Cut Plane，弹出 Manage Cut Plane 设置面板，如图 8-111 所示。在 Method 下拉列表中选择 by Coefficient，在 Ax、By、Bz 中分别输入 1.1.0（表示垂直 Z 轴平面的网格切片），Fraction Value 值的范围为 0～1 区间，通过输入数值或拖动数值后的滚动条，观察任意位置网格切面，单击 Apply 按钮。

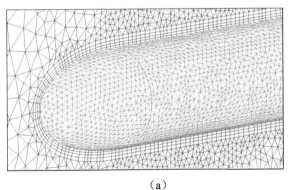

（a）

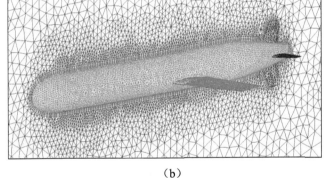

（b）

图 8-109 近壁面棱柱网格

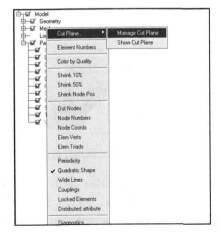

图 8-110 选择 Manage Cut Plane

图 8-111 Manage Cut Plane 设置面板

249

步骤 06 显示生成棱柱网格前不同位置网格截面,如图 8-112 所示。按照步骤(5)方法,还可以观察其他轴方向的网格截面(见图 8-113),垂直 Y 轴截面网格。

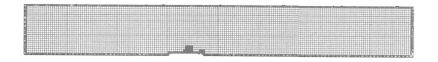

(a)

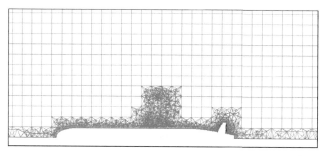

(b)

图 8-112 垂直 Z 轴网格截面

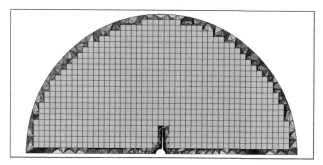

图 8-113 垂直 Y 网格轴截面

步骤 07 显示生成棱柱网格后不同截面的网格,如图 8-114 和图 8-115 所示。

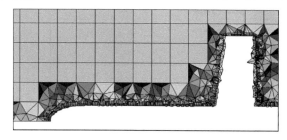

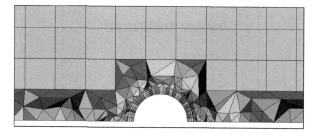

图 8-114 垂直 Z 轴网格截面   图 8-115 垂直 X 网格轴截面

步骤 08 执行标签栏中的 Edit Mesh 命令,单击■按钮,弹出检查网格质量设置面板,如图 8-116 所示。在 Mesh types to check 栏中 LINE-2 选择 No,TRI-3、TETRA_4、HEXA_8、PYRA_5、PENTA_6 和 QUAD_4 选择 Yes。Elements to check 选择 All,在 Quality type 下的 Criterion 下拉列表中选择 Quality,单击 Apply 按钮,网格质量显示如图 8-117 所示。

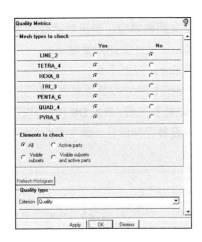

图 8-116 网格质量设置面板

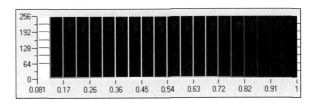

图 8-117 网格质量分布

步骤 09 执行 File→Mesh→Save Mesh As 命令,保存当前的网格文件为 missile.uns。

8.5.6 导出网格

步骤 01 执行标签栏中的 Output 命令,单击  按钮,弹出选择求解器设置面板,如图 8-118 所示。在 Output Solver 下拉列表中选择 ANSYS Fluent,单击 Apply 按钮确定。

步骤 02 执行标签栏中的 Output 命令,单击 按钮,弹出设置面板,保存 fbc 和 atr 文件为默认名,在弹出的对话框中单击 No 按钮,不保存当前项目文件,在随后弹出的对话框中选择保存的文件 missile.uns。

步骤 03 然后弹出如图 8-119 所示的对话框,Grid dimension 选择 3D,表示输出三维网格,在 BoCo file 中将文件名修改为 missile,单击 Done 按钮导出网格,导出完成后可在设定的工作目录中找到 missile.mesh。

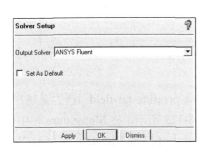

图 8-118 选择求解器面板

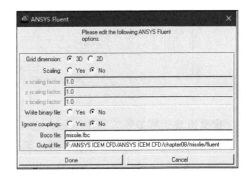

图 8-119 导出网格

8.5.7 计算与后处理

步骤 01 打开 FLUENT,选择 3D 求解器。

步骤 02 执行 File→Read→Mesh 命令,选择生成的网格 missile.mesh。

步骤03 单击界面左侧流程中 General，单击 Mesh 栏下的 Scale 定义网格单位，弹出对话框，在 Mesh Was Created In 下拉列表中选择 mm，单击 Scale 按钮，单击 Close 按钮关闭对话框。

步骤04 单击 Mesh 栏下的 Check 检查网格质量，注意 Minimum Volume 应大于 0。

步骤05 单击界面左侧流程中 General，在 Solver 栏下分别选择基于密度的稳态平面求解器。如图 8-120 所示。

步骤06 单击界面左侧流程中 Models，双击 Energy 弹出对话框，启动能量方程，单击 OK 按钮。双击 Viscous，选择湍流模型，在列表中选择 Spalart-Allmaras 模型，其余设置保持默认，单击 OK 按钮，结果如图 8-121 所示。

图 8-120 选择求解器

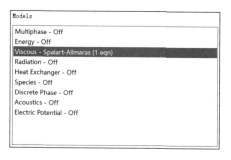

图 8-121 开启能量方程和湍流方程

步骤07 单击界面左侧流程中 Materials，定义材料。双击 Fluid→air，弹出对话框，如图 8-122 所示，在 Density 下拉列表中选择 ideal-gas，其余保持默认设置，单击 Change/Create 按钮。

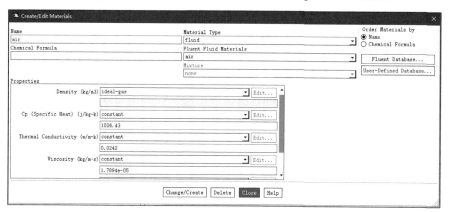

图 8-122 流体材料设定

步骤08 定义远场边界条件。选中 inlet，在 Type 下拉列表中选择 pressure-far-field（压力远场）边界条件，弹出对话框，单击 Yes 按钮，弹出另一个对话框，如图 8-123 所示，在 Momentum 栏中设置 Gauge Pressure 值为 101325，Mach Number 值为 0.6，X-Component of Flow Direction 值为 1，Y-Component of Flow Direction 值为 0，Z-Component of Flow Direction 值为 0。在 Thermal 栏中设置 Temperature 值为 300，单击 OK 按钮。对名称为 box 和 outlet 的边界定义同样的边界条件。

步骤09 定义物面边界条件。选中 body，在 Type 下拉列表中选择 wall（壁面）边界条件，弹出对话框，单击 Yes 按钮，弹出另一个对话框，保持默认设置，单击 OK 按钮。利用同样的方法定义 tail 和 wing 边界为物面边界条件 wall。

步骤10 定义对称边界条件。选中 sym，在 Type 下拉列表中选择 symmetry，弹出对话框，单击 Yes 按钮，弹出另一个对话框，保持默认设置，单击 OK 按钮。

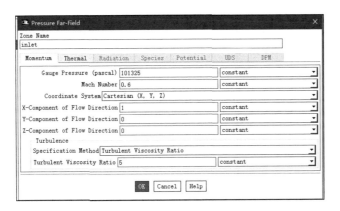

图 8-123 设置远场边界条件

步骤⑪ 设置操作压力值。在 Boundary Condition 操作面板中（见图 8-124）单击 Operating Conditions，弹出如图 8-125 所示的对话框，将 Operating Pressure 值更改为 0。

图 8-124 边界条件设置面板

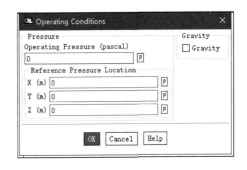

图 8-125 设置操作压力

步骤⑫ 定义参考值。单击界面左侧流程中 Reference Values，对计算参考值进行设置，在 Compute from 下拉列表中选中 inlet，其他参数保持默认。

步骤⑬ 定义求解方法。单击界面左侧流程中 Solution Methods，对求解方法进行设置，为了提高精度均可选用 First Order Upwind（一阶迎风格式），如图 8-126 所示，其余设置保持默认即可。

步骤⑭ 定义克朗数和松弛因子。单击界面左侧流程中 Solution Controls，保持默认设置。

步骤⑮ 定义收敛条件。单击界面左侧流程中 Monitors，双击 Residual 设置收敛条件，将 continuity 值修改为 1e-04，其余保持不变，单击 OK 按钮。

步骤⑯ 定义阻力系数。单击界面上侧 Solving，（见图 8-127），单击 Definitions 下的 New 按钮，弹出如图 8-128 所示的列表，选择 Drag 选项，设置阻力系数监视器，弹出设置面板（见图 8-129），在 Force Vector 栏的 X、Y、Z 中分别输入 1、0 和 0，在 Wall Zones 栏中选中 body 和 tail，单击 OK 按钮。

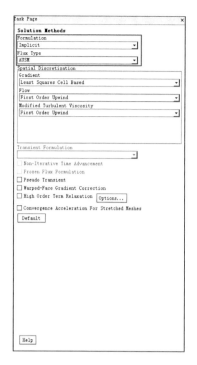

图 8-126 设置求解方法

图 8-127 设置 Definition 面板

图 8-128 设置阻力系数

步骤 17 定义升力系数。利用类似定义阻力系数的方法，单击界面左侧流程中 Monitors，单击 Residuals，Statistic and Force Monitors 下的 Create 按钮，弹出列表，选择 Lift 选项，设置升力系数监视器，弹出如图 8-130 所示的设置面板，在 Force Vector 栏的 X、Y、Z 中分别输入 0、1 和 0，在 Wall Zones 栏中选中 body 和 tail，单击 OK 按钮。

步骤 18 初始化。单击界面左侧流程中 Solution Initialization，在 Compute from 下拉列表中选中 inlet，其他参数保持默认，单击 Initialize 按钮。

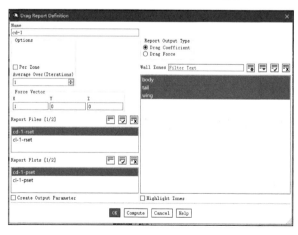

图 8-129 设置阻力系数面板

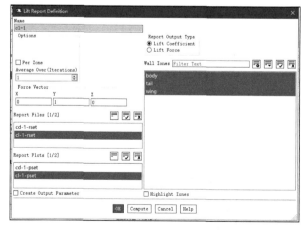

图 8-130 设置升力系数面板

步骤 19 求解。单击界面左侧流程中 Run Calculation，设置迭代次数 1000，单击 Calculate 按钮，开始迭代计算，大约 600 步收敛。如图 8-131 所示为残差变化情况，如图 8-132 所示为升力变化情况，如图 8-133 所示为阻力变化情况。

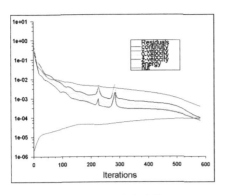

图 8-131 残差变化情况

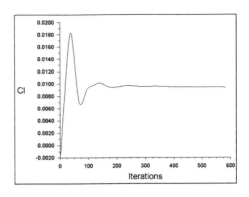

图 8-132 升力变化情况

步骤 20 显示云图。单击界面左侧流程中 Graphics and Animations，弹出如图 8-134 所示的对话框，选择 Contours，单击 Set Up 按钮，弹出对话框，如图 8-135 所示。在 Options 中勾选 Filled 复选框，在 Surfaces 栏中选择需要显示云图的面，如 body、sym、wing 和 tail，在 Contours of 栏中分别选择 Velocity 和 Velocity Magnitude、Temperature 和 Static Temperature、Pressure 和 Static Pressure，显示速度标量、静温云图和压力云图，如图 8-136～图 8-138 所示。

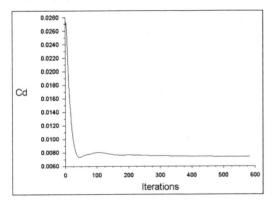

图 8-133 阻力变化情况

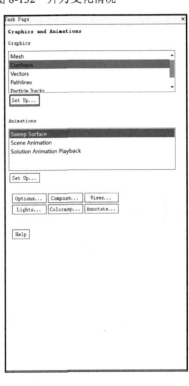

图 8-134 选择 Contours

步骤 21 显示流线图。单击界面左侧流程中 Graphics and Animations，双击 Pathlines，弹出对话框。在 Style 下拉列表中选择 line，在 Step Size 中输入值 1，在 Steps 中输入值 5，在 Path Skip 中输入值 4，设置流线间距；在 Release from Surfaces 中选择 body、sym、wing 和 tail，单击 Display 按钮，得到如图 8-139 所示的流线图。

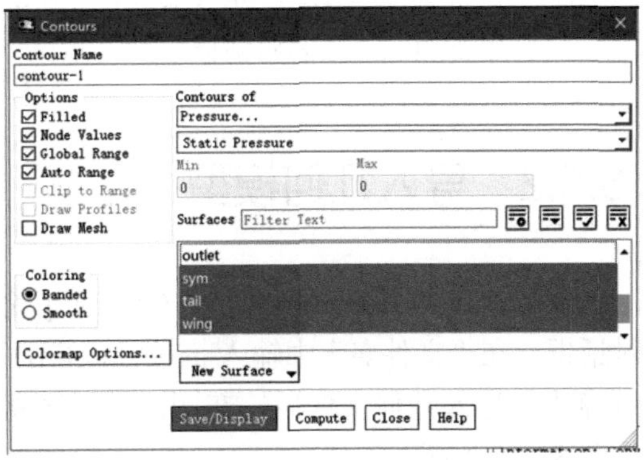

图 8-135 云图设置面板

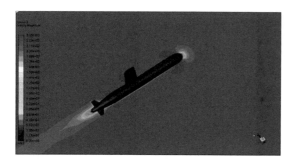
图 8-136 速度标量云图

图 8-137 静温云图

图 8-138 压力云图

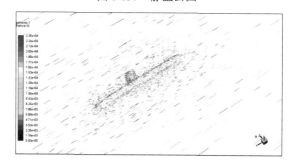
图 8-139 流线图

8.6 飞艇模型Hexa-Core网格生成

本节将以一个飞艇模型为例来讲解如何生成以六面体为主的自动体网格生成,并对以六面体为主的体网格进行求解,飞船返回舱以 30m/s 的速度,0°攻角在大气中飞行。

8.6.1 启动 ICEM CFD 并建立分析项目

步骤 01 在 Windows 系统下执行"开始"→"所有程序"→"ANSYS 19.0"→Meshing→"ICEM CFD 19.0"命令,启动 ICEM CFD 19.0,进入 ICEM CFD 19.0 界面。

步骤 02 执行 File→Save Project 命令,弹出 Save Project As(保持项目)对话框,在"文件名"中输入 feiting,单击确认,关闭对话框。

8.6.2 导入几何模型

执行 File→Geometry→Open Geometry 命令,弹出"打开"对话框,在"文件名"中输入 geometry.tin,单击"打开"按钮确认。导入几何文件后,在图形显示区将显示几何模型,如图 8-140 所示。

图 8-140 几何模型

8.6.3 模型建立

步骤 01 执行标签栏中的 Geometry 命令，单击 按钮，弹出设置面板，单击 按钮，选中 Centroid of 2 points 单选按钮，如图 8-141 所示。左键选择两点，其中一点为如图 8-142 所示的外域一点，另一点为飞艇上一点，单击鼠标中键确认，更改名称为 FLUID，完成材料点的创建。

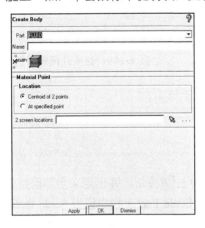

图 8-141　创建材料点操作

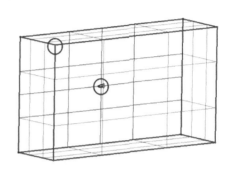

图 8-142　设置材料点选取点

步骤 02 定义 point。右击模型树中 Model→Parts（见图 8-143），选择 Create Part，弹出 Create Part 设置面板，如图 8-144 所示。输入想要定义的 Part 名称为 POINTS，单击 按钮，选择几何元素，弹出选择几何图形工具栏，如图 8-145 所示。关闭所有线面，只显示全部点，单击 按钮，选择可见点并单击鼠标中键确认。

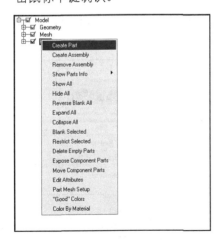

图 8-143　选择 Create Parts

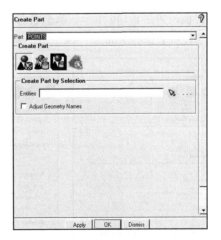

图 8-144　Create Part 面板

图 8-145　选择几何图形工具栏

步骤 03 采用类似的方法定义所有线，定义 Part 名称为 CURVES。

步骤04 定义入口 Part。输入想要定义的 Part 名称为 IN，单击 按钮，选择几何元素，选择外域进口和飞艇外围三个面并单击鼠标中键确认。采用相同的方法定义出口 part，名称为 OUT，选择飞艇尾部出口的一个平面。定义对称面 part，名称为 SYM，选择与飞艇相交对称面。定义飞艇艇身 part，名称为 BODY，选择飞艇艇身曲面。定义飞艇平垂尾 part，名称为 TAIL，选择飞艇的平尾和垂尾曲面，注意小曲面的选取。

步骤05 完成几何模型的创建，如图 8-146 所示。保存几何模型，执行 File→Geometry→Save Geometry As 命令，保存当前几何模型为 feiting.tin。

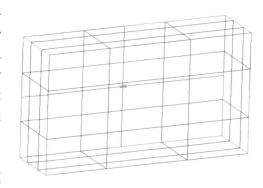

图 8-146 完成几何模型创建

8.6.4 定义网格参数

步骤01 定义网格全局尺寸。执行标签栏中的 Blocking 命令，单击 按钮，弹出定义全局网格参数设置面板，如图 8-147 所示。单击 按钮，在 Global Element Scale Factor 栏中设置 Scale factor 值为 1，勾选 Display 复选框。在 Global Element Seed Size 栏中设置 Max element 值为 8000，勾选 Display 复选框。显示限制全局最大网格尺寸，单击 Apply 按钮。

步骤02 定义全局壳网格参数。执行标签栏中的 Blocking 命令，单击 按钮，弹出定义全局网格参数设置面板，如图 8-148 所示。单击 按钮，在 Mesh type 下拉列表中选择 All Tri，在 Mesh method 下拉列表选择 Patch Dependent，其余选项保持默认，单击 Apply 按钮。

步骤03 定义全局体网格参数。执行标签栏中的 Blocking 命令，单击 按钮，弹出定义全局网格参数设置面板，如图 8-149 所示。单击 按钮，在 Mesh type 下拉列表中选择 Tetra/Mixed，在 Mesh method 下拉列表选择 Robust（Octree），其余选项保持默认，单击 Apply 按钮。

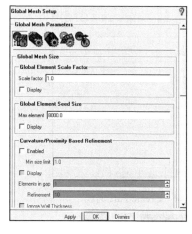
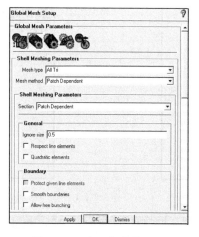
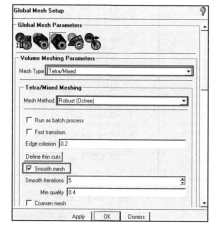

图 8-147 定义全局网格尺寸　　图 8-148 壳网格参数设置　　图 8-149 体网格参数设置

步骤04 执行标签栏中的 Mesh 命令，单击 按钮，弹出 Part 网格参数设置面板，如图 8-150 所示。在名称 IN、OUT 和 SYM 的 part 栏中设置 Maximum size 为 4000，在名称为 FLUID 的 part 栏中设置 Maximum size 值为 3000，勾选 Hexa-coret 复选框，在名称为 BODY、TAIL 的 part 栏中分别设置 Maximum size 值为 60，其余选项保持默认，单击 Apply 按钮确认，单击 Dismiss 按钮退出设置面板。

Part	Prism	Hexa-core	Maximum size	Height	Height ratio	Num layers	Tetra size ratio	Tetra width	Min size limit	Max deviation	Prism height limit factor	Prism growth law	Internal wall	Split wall
BODY			60	0	0	0	0		0	0	0	undefined		
BOX			4000	0	0	0	0		0	0	0	undefined		
CURVES				0	0	0								
FLUID		✓	1500											
POINTS														
SYM			4000	0	0	0	0		0	0	0	undefined		
TAIL			60	0	0	0	0		0	0	0	undefined		

图 8-150 定义 part 网格参数

8.6.5 网格生成

步骤01 执行标签栏中的 Mesh 命令，单击 按钮，弹出生成网格设置面板，如图 8-151 所示。单击 按钮，其余参数保持默认，单击 Compute 按钮生成非结构网格，如图 8-152 所示。

步骤02 对生成的网格进行定性观察和判定，经过观察飞艇艇身前部网格相对稀疏，分析由于 FLUID 中设置的网格尺寸太大与艇身过渡过于剧烈所致，重新定义 part 参数设置中的 FLUID 的网格最大尺寸值 Maximum size 值为 1500，按照步骤（1）方法重新生成网格，观察艇身网格质量如图 8-153 所示，网格质量有所改善。

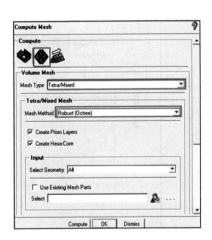

图 8-151 生成网格面板

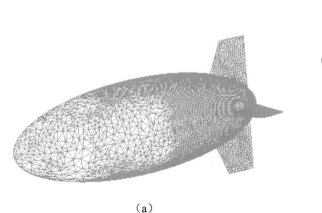

（a）

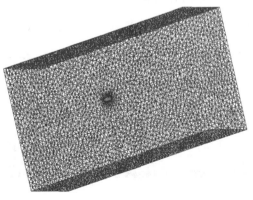

（b）

图 8-152 生成体网格

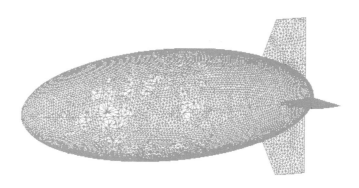

图 8-153　重新艇身生成网格

步骤03　右击模型树中 Model→Mesh，弹出如图 8-154 所示的目录树，选择 Cut Plane→Manage Cut Plane，弹出 Manage Cut Plane 设置面板，如图 8-155 所示。在 Method 下拉列表中选择 by Coefficients，在 Ax、By、Bz 中分别输入 1、0、0（表示垂直 X 轴平面的网格切片），Fraction Value 值的范围为 0～1 区间，通过输入数值或拖动数值后的滚动条，观察任意位置网格切面，单击 Apply 按钮。

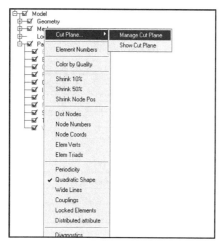

图 8-154　选择 Manage Cut Plane

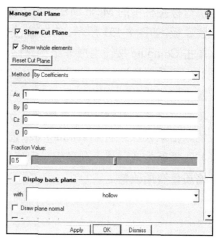

图 8-155　Manage Cut Plane 设置面板

步骤04　显示不同位置网格截面，如图 8-156 所示。

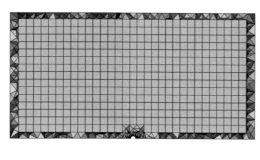

（a）

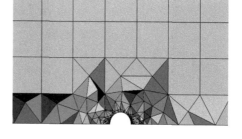

（b）

图 8-156　垂直 X 网格轴截面

步骤05　按照步骤（3）的方法，还可以观察其他轴方向的网格截面，如图 8-157 所示垂直 Z 轴截面网格。

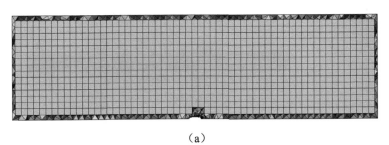
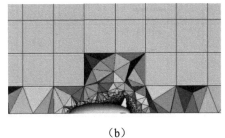

(a)　　　　　　　　　　　　　　　　　　　　(b)

图 8-157　垂直 Z 网格轴截面

步骤 06 执行标签栏中的 Edit Mesh 命令，单击 按钮，弹出检查网格质量设置面板，如图 8-158 所示。在 Mesh types to check 栏的 LINE-2 中选择 No，TRI-3、TETRA_4、HEXA_8 和 PYRA_5 选择 Yes。Elements to check 选择 All，在 Quality type 的 Criterion 下拉列表中选择 Quality，单击 Apply 按钮，网格质量显示如图 8-159 所示。

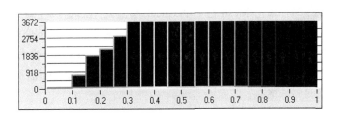

图 8-158　网格质量设置面板　　　　　　　图 8-159　网格质量分布

步骤 07 执行 File→Mesh→Save Mesh As 命令，保存当前网格文件为 feiting.uns。

8.6.6　导出网格

步骤 01 执行标签栏中的 Output 命令，单击 按钮，弹出选择求解器设置面板，如图 8-160 所示。在 Output Solver 下拉列表中选择 ANSYS Fluent，单击 Apply 按钮确定。

步骤 02 执行标签栏中的 Output 命令，单击 按钮，弹出设置面板，保存 fbc 和 atr 文件为默认名，在弹出的对话框中单击 No 按钮，不保存当前项目文件，在随后弹出的对话框中选择保存的文件 feiting.uns。然后弹出如图 8-161 所示的对话框，Grid dimension 选中 3D，表示输出三维网格，在 BoCo file 中将文件名更改为 feiting，单击 Done 按钮导出网格，导出完成后可在设定的工作目录中找到 feiting.mesh。

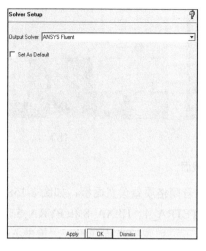
图 8-160　选择求解器设置面板

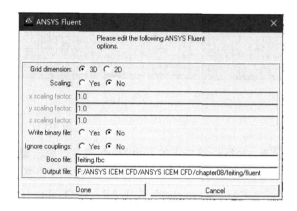
图 8-161　导出网格

8.6.7　计算与后处理

步骤 01　打开 FLUENT，选择 3D 求解器。

步骤 02　执行 File→Read→Mesh 命令，选择生成的网格 feiting.mesh。

步骤 03　单击界面左侧流程中 General，单击 Mesh 栏下的 Scale 定义网格单位，弹出对话框，在 Mesh Was Created In 下拉列表中选择 mm，单击 Scale 按钮，单击 Close 按钮关闭对话框。

步骤 04　单击 Mesh 栏下的 Check 检查网格质量，注意 Minimum Volume 应大于 0。

步骤 05　单击界面左侧流程中 General，在 Solver 栏下分别选择基于密度的稳态平面求解器，如图 8-162 所示。

步骤 06　单击界面左侧流程中的 Models，双击 Energy 弹出对话框，启动能量方程，单击 OK 按钮。双击 Viscous，选择湍流模型，在列表中选择 Spalart-Allnaras 模型，其余设置保持默认，单击 OK 按钮，如图 8-163 所示。

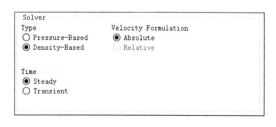
图 8-162　选择求解器

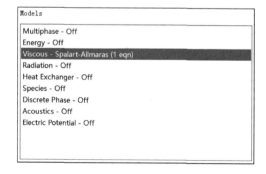
图 8-163　开启能量方程和湍流方程

步骤 07　单击界面左侧流程中的 Materials，定义材料。双击 Fluid→air，弹出如图 8-164 所示的对话框，保持默认设置，单击 Change/Create 按钮。

步骤 08　单击界面左侧流程中的 Boundary Condition，对边界条件进行设置，由于在 ICEM 中建立网格时已经对可能用到的边界条件进行了命名，在这里体现了其便捷性，可以直接根据名称进行设置。

步骤09 定义入口边界条件。选中 in，在 Type 下拉列表中选择 velocity-inlet（速度入口）边界条件，弹出对话框，单击 Yes 按钮，弹出另一个对话框，如图 8-165 所示，在 Velocity Specification Method 下拉列表中选择 Components，在 Reference Frame 下拉列表中选择 Absolute，设置 Supersonic/Initial Gauge Pressure 值为 101325，X-Velocity 值为 30，Outflow Gauge Pressure 值为 101325。设置 Thermal 栏中的 Temperature 值为 300，单击 OK 按钮。

图 8-164 材料设定

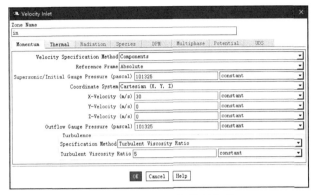

图 8-165 设置远场边界条件

步骤10 定义出口边界条件。选中 out，在 Type 下拉列表中选择 outflow（自由流出）边界条件，弹出对话框，单击 Yes 按钮，弹出另一个对话框，保持默认设置，单击 OK 按钮。

步骤11 定义物面边界条件。选中 body，在 Type 下拉列表中选择 wall（壁面）边界条件，弹出对话框，单击 Yes 按钮，弹出另一个对话框，保持默认设置，单击 OK 按钮。同样选中 tail，在 Type 下拉列表中选择 wall（壁面）边界条件，弹出对话框，单击 Yes 按钮，弹出另一个对话框，保持默认设置，单击 OK 按钮。

步骤12 定义对称边界条件。选中 sym，在 Type 下拉列表中选择 symmetry，弹出对话框，单击 Yes 按钮，弹出另一个对话框，保持默认设置，单击 OK 按钮。

步骤13 定义参考值。单击界面左侧流程中的 Reference Values，对计算参考值进行设置，在 Compute from 下拉列表中选择 in，更改 Area 值为 314，更改 Length 值为 10，其余参数保持默认，如图 8-166 所示。

步骤14 定义求解方法。单击界面左侧流程中的 Solution Methods，对求解方法进行设置，为了计算快捷均可选用 First Order Upwind（一阶迎风格式），如图 8-167 所示，其余设置保持默认。

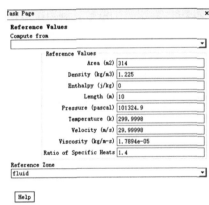

图 8-166 设置参考值

步骤15 定义克朗数和松弛因子。单击界面左侧流程中的 Solution Controls，保持默认设置。

步骤16 定义收敛条件。单击界面左侧流程中的 Monitors，双击 Residual 设置收敛条件，将 continuity 值更改为 1e-04，其余值不变，单击 OK 按钮。

步骤17 定义阻力系数。单击界面上侧 Solving（见图 8-168），单击 Definitions 下的 New 按钮，弹出如图 8-169 所示的列表，选择 Drag 选项，设置阻力系数监视器，弹出设置面板，如图 8-170 所示。在 Force Vector 的 X、Y、Z 中分别输入 1、0 和 0，在 Wall Zones 栏中选中 body 和 tail，单击 OK 按钮。

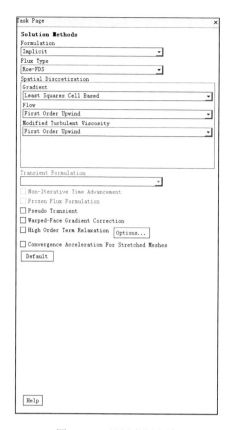

图 8-167 设置求解方法

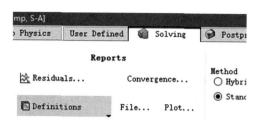

图 8-168 设置 Definition 面板

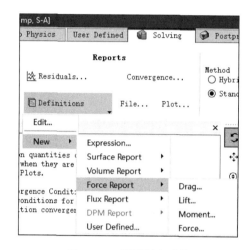

图 8-169 设置阻力系数

步骤 18 定义升力系数。利用类似定义阻力系数的方法，单击界面左侧流程中 Monitors，单击 Residuals，Statistic and Force Monitors 下的 Create 按钮，弹出列表，选择 Lift 选项，设置升力系数监视器，弹出如图 8-172 所示的设置面板，在 Force Vector 的 X、Y、Z 中分别输入 0、1 和 0，在 Wall Zones 栏中选中 body 和 tail，单击 OK 按钮。

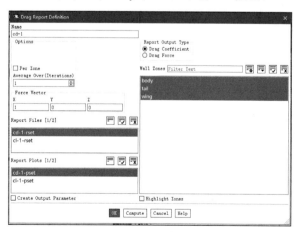

图 8-170 设置阻力系数面板

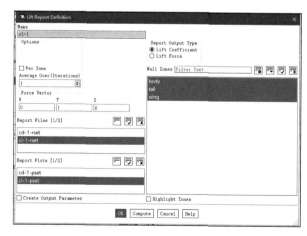

图 8-171 设置升力系数面板

步骤 19 初始化。单击界面左侧流程中的 Solution Initialization，在 Compute from 下拉列表中选择 in，其他参数保持默认，单击 Initialize 按钮。

第 8 章 以六面体为核心的网格划分

步骤 20 求解。单击界面左侧流程中 Run Calculation，设置迭代次数 600，单击 Calculate 按钮，开始迭代计算，大约 350 步收敛。如图 8-172 所示为残差变化情况，如图 8-173 所示为升力变化情况，如图 8-174 所示为阻力变化情况。

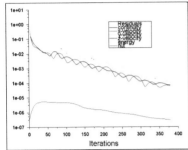
图 8-172 残差变化情况

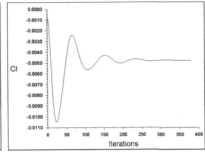
图 8-173 升力变化情况

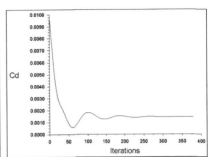
图 8-174 阻力变化情况

步骤 21 显示云图。单击界面左侧流程中的 Graphics and Animations，弹出如图 8-175 所示的对话框。选择 Contours，单击 Set Up 按钮，弹出对话框，如图 8-176 所示。在 Options 中勾选 Filled 复选框，在 Surfaces 栏中选择需要显示云图的面，如 body、sym 和 tail，在 Contours of 栏中分别选择 Velocity 和 Velocity Magnitude、Temperature 和 Static Temperature、Pressure 和 Static Pressure，显示速度标量、静温云图和压力云图，如图 8-177～图 8-179 所示。

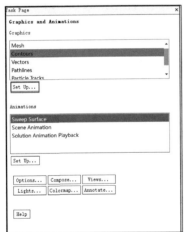
图 8-175 选择 Contours

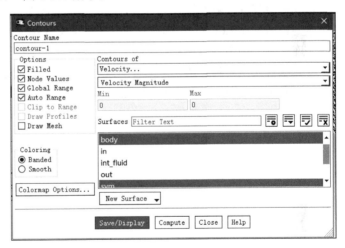
图 8-176 云图设置面板

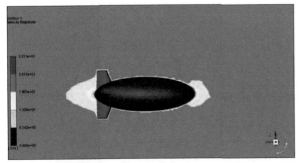
图 8-177 速度标量云图

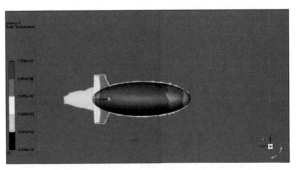
图 8-178 静温云图

步骤22 显示流线图。单击界面左侧流程中的 Graphics and Animations，选中 Pathlines，单击 set up 按钮，弹出对话框。在 Style 下拉列表中选择 line，在 Step Size 中输入值 1，在 Steps 中输入值 5，在 Path Skip 中输入值 1，设置流线间距；在 Release from Surfaces 中选择 sym、body 和 tail，单击 Display 按钮，得到如图 8-180 所示的流线图。

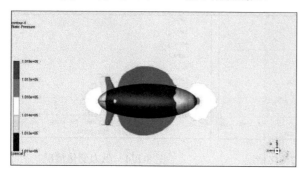

图 8-179　压力云图　　　　　　　　　图 8-180　流线图

8.7　本章小结

为取得更好的收敛性及计算速度，对于内部体积空间较大的复杂几何模型，ICEM CFD 可以通过以六面体为核心（Hexa-Core）网格生成方法将指定大小的六面体单元插入到模型网格中心去，在与四面体单元连接处采用金字塔单元过渡。

本章结合典型实例介绍了 ICEM CFD 以六面体为核心的网格生成的基本过程。通过对本章内容的学习，读者可以掌握 ICEM CFD 以六面体为核心的网格生成的使用方法。

第 9 章 混合网格划分

导言

混合网格是指在计算域中同时存在结构网格与非结构网格，如图 9-1 所示。在几何模型非常复杂的情况下，为了降低网格数量，需要将计算域进行适当的分割，模型相对简单的部分进行结构网格划分，而对于复杂部分则采用非结构网格的划分。

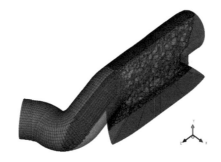

图 9-1 混合网格

本章将通过一个实例来介绍在 ICEM CFD 中如何处理复杂几何模型混合网格的划分方法。

学习目标

- ★ ICEM CFD 混合网格生成方法
- ★ 网格质量的检查方法
- ★ 网格输出的基本步骤

9.1 混合网格概述

混合网格划分其实是在一个模型中同时生成结构化网格和非结构化网格，因此在混合网格划分过程中，既用到了结构化网格的生成方法，也用到了非结构化网格的生成方法，同时注意两种网格交接处的特殊处理。

混合网格生成过程如下：

步骤 01　生成/导入几何模型。

步骤 02　对几何模型进行处理。

步骤03 分割模型。
步骤04 分别生成结构化网格和非结构化网格。
步骤05 合并网格。
步骤06 检查网格质量。
步骤07 进行网格编辑提高网格质量。

9.2 管内叶片混合网格生成

本节将通过 5.4 节管内叶片几何模型的例子,让读者对 ANSYS ICEM CFD 19.0 进行混合网格划分的过程有一个初步了解。

9.2.1 启动 ICEM CFD 并建立分析项目

步骤01 在 Windows 系统下执行"开始"→"所有程序"→"ANSYS 19.0"→Meshing→"ICEM CFD 19.0"命令,启动 ICEM CFD 19.0,进入 ICEM CFD 19.0 界面。

步骤02 执行 File→Save Project 命令,弹出 Save Project As(保持项目)对话框,在"文件名"中输入 WaterJacket,单击确认,关闭对话框。

9.2.2 导入几何模型

执行 File→Geometry→Open Geometry 命令,弹出"打开"对话框,在"文件名"中输入 geometry.tin,单击"打开"确认。导入几何文件后,在图形显示区将显示几何模型,如图 9-2 所示。

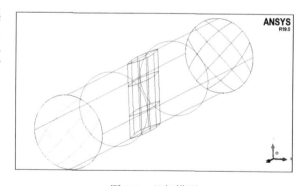

图 9-2 几何模型

9.2.3 分割模型

步骤01 单击功能区内 Geometry(几何)选项卡中的 按钮(创建/修改曲线)按钮,弹出如图 9-3 所示的 Create/Modify Curve(创建/修改曲线)面板,单击 按钮,选择两点并单击鼠标中键,创建如图 9-4 所示的曲线。

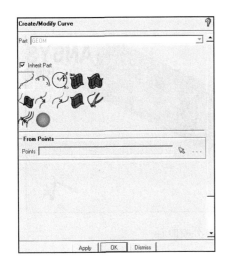

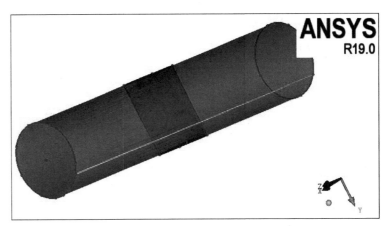

图 9-3　创建曲线面板　　　　　　　　　　　　图 9-4　创建曲线

步骤 02　单击功能区内 Geometry（几何）选项卡中的 按钮，弹出如图 9-5 所示的 Create Point（创建点）面板。单击 ，Method 选择 N point，在 N points 中输入 2，单击 Curve 旁的 ，选择步骤（1）方法创建的曲线，创建如图 9-6 所示的两个点。

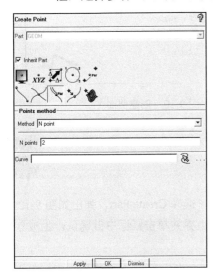

图 9-5　创建点面板　　　　　　　　　　　　图 9-6　创建点

步骤 03　单击功能区内 Geometry（几何）选项卡中的 按钮，弹出如图 9-7 所示的 Create/Modify Surface（创建/修改曲面）面板，单击 ，Method 选择 By Plane，单击 Surface 旁的 ，选择圆柱表面，在 Plane Setup 的 Method 中选择 Point and Plane，单击 Through Point 旁的 ，选择步骤（1）方法创建的点，在 Normal 中输入 0 0 1，将圆柱表面分割为三部分，如图 9-8 所示。

步骤 04　在 Create/Modify Surface（创建/修改曲面）面板中，单击 （见图 9-9），Method 选择 from 2-4 Curves，单击 Surface 旁的 ，分别选择分割圆柱表面的曲线，单击鼠标中键确认，创建如图 9-10 所示的两个面。

ANSYS ICEM CFD
网格划分从入门到精通

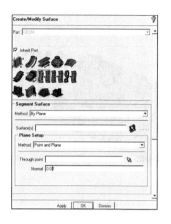

图 9-7　创建/修改曲面

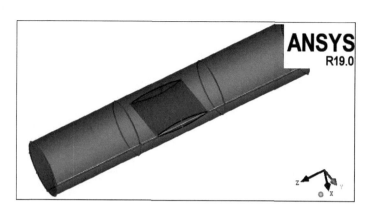

图 9-8　分割曲面

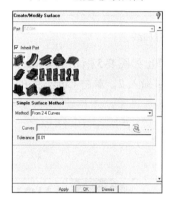

图 9-9　创建/修改曲面

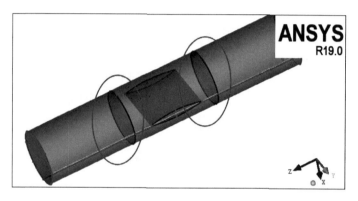

图 9-10　创建曲面

9.2.4　模型建立

步骤 01 在操作控制树中右键单击 Parts，弹出如图 9-11 所示的目录树，选择 Create Part，弹出如图 9-12 所示的 Create Part 面板，在 Part 中输入 IN，单击 按钮，选择边界并单击鼠标中键确认，生成入口边界条件，如图 9-13 所示。

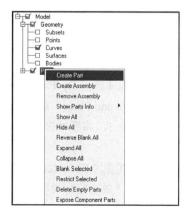

图 9-11　选择生成边界命令

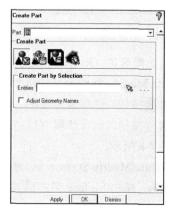

图 9-12　生成边界面板

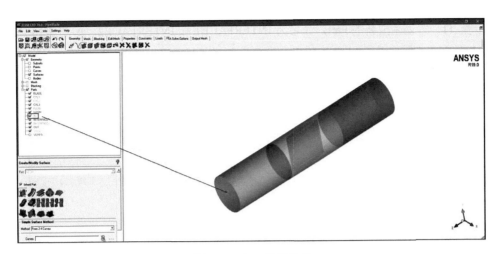

图 9-13 入口边界条件

步骤 02 同步骤（1）方法生成出口边界条件，命名为 OUT，如图 9-14 所示。

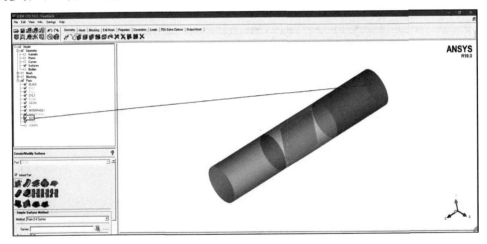

图 9-14 出口边界条件

步骤 03 同步骤（1）方法生成圆柱壁面边界条件，分别命名为 CYL1，CYL2，CYL3，如图 9-15 所示。

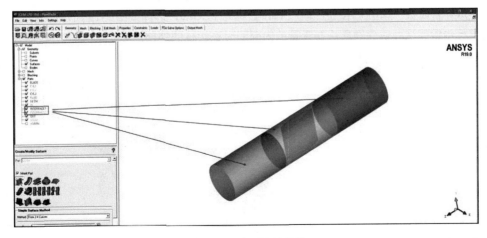

图 9-15 壁面边界条件

步骤 04 同步骤（1）方法生成新的 Part，命名为 INTERFACE1 和 INTERFACE2，如图 9-16 所示。

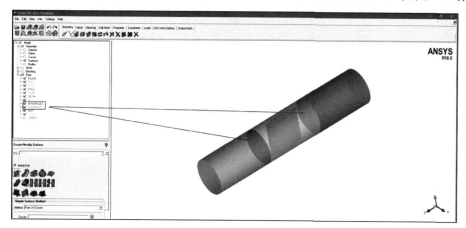

图 9-16　INTERFACE

步骤 05 同步骤（1）方法生成新的 Part，命名为 BLADE，如图 9-17 所示。

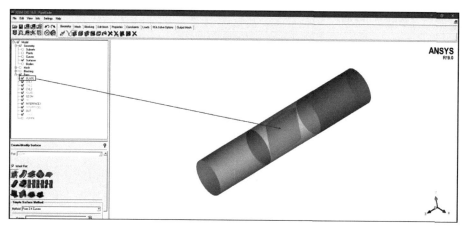

图 9-17　BLADE

步骤 06 单击功能区内 Geometry（几何）选项卡中的 按钮，弹出如图 9-18 所示的 Create Body（生成体）面板，单击 按钮，输入 Part 名称为 FLUID，选择如图 9-19 所示的两个屏幕位置，单击鼠标中键确认并确保物质点在弯管的内部同时在圆柱的外部。

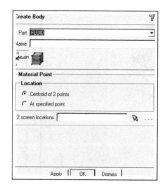 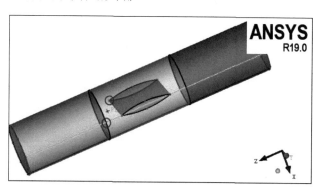

图 9-18　生成体面板　　　　　　　　　　图 9-19　选择点位置

步骤 07 在操作控制树中右键单击 Parts，弹出如图 9-20 所示的目录树，选择 "Good" Colors 命令。

图 9-20 选择 "Good" Colors 命令

9.2.5 生成四面体网格

步骤 01 单击功能区内 Mesh（网格）选项卡中的 （部件网格尺寸设定）按钮，弹出如图 9-21 所示的 Part Mesh Setup（部件网格尺寸设定）对话框，设置所有参数，单击 Apply 按钮确认，单击 Dismiss 按钮退出。

图 9-21 部件网格尺寸设定对话框

步骤 02 单击功能区内 Mesh（网格）选项卡中的 （计算网格）按钮，弹出如图 9-22 所示的 Compute Mesh（计算网格）面板，单击 （体网格）按钮，单击 Apply 按钮确认生成体网格文件，如图 9-23 所示。

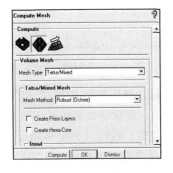

图 9-22 计算网格面板

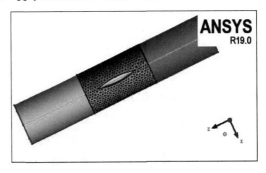

图 9-23 生成四面体网格

9.2.6 生成六面体网格

步骤01 单击功能区内 Blocking（块）选项卡中的 (创建块) 按钮，弹出如图 9-24 所示的 Create Block（创建块）面板，单击 按钮，单击 OK 按钮确认，创建初始块如图 9-25 所示。

图 9-24 创建块面板　　　　　　　图 9-25 创建初始块

步骤02 单击功能区内 Blocking（块）选项卡中的 (分割块) 按钮，弹出如图 9-26 所示的 Split Block（分割块）面板。单击 按钮，单击 Edge 旁的 按钮，在几何模型上单击要分割的边，新建一条边，新建边垂直于选择的边，利用鼠标左键拖动新建边到合适的位置，单击鼠标中键或 Apply 按钮完成操作，创建分割块如图 9-27 所示。

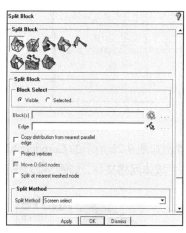
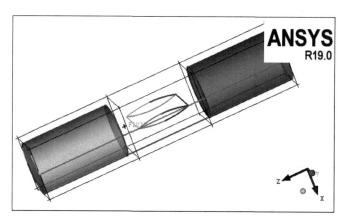

图 9-26 分割块面板　　　　　　　图 9-27 分割块

步骤03 单击功能区内 Blocking（块）选项卡中的 (删除块) 按钮，弹出如图 9-28 所示的 Delete Block（删除块）面板，选择下面两角的块并单击 Apply 按钮确认，删除块效果如图 9-29 所示。

步骤04 在 Blocking Associations（块关联）面板中单击 (Edge 关联) 按钮（见图 9-30），单击 按钮，选择块上的端面的各个边并单击鼠标中键确认，然后单击 按钮，选择模型上的对应的曲线并单击鼠标中键确认，选择的曲线会自动组成一组，关联边和曲线的选取如图 9-31 所示。

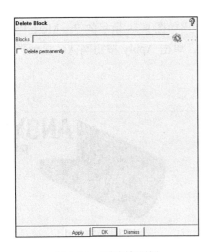

图 9-28 删除块面板

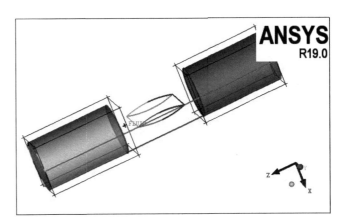

图 9-29 删除块

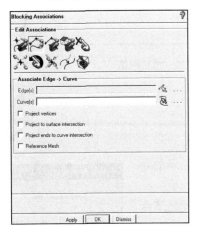

图 9-30 Edge 关联面板

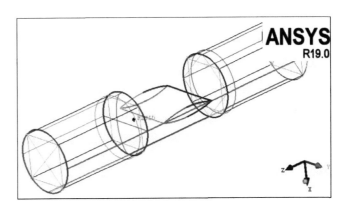

图 9-31 边关联

步骤 05 单击功能区内 Blocking（块）选项卡中的 (O-Grid) 按钮（见图 9-32），单击 Select Blocks 旁的 按钮，选择所有的块，单击 Select Faces 旁的 按钮，选择管两端的面，单击 Apply 按钮完成操作，选择面如图 9-33 所示。

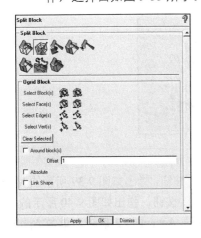

图 9-32 分割块面板

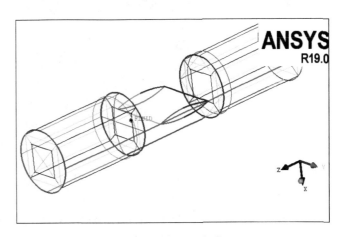

图 9-33 选择面

步骤06 单击功能区内 Blocking（块）选项卡中的 （预览网格）按钮，弹出如图 9-34 所示的 Pre-Mesh Params（预览网格）面板，单击 按钮，选择 Update All 单选按钮，单击 Apply 按钮确认，显示预览网格如图 9-35 所示。

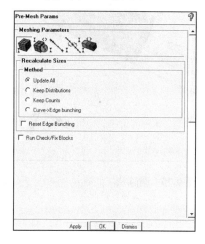
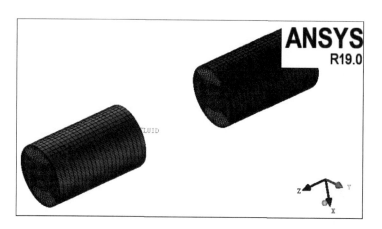

图 9-34　预览网格面板　　　　　　　　　　图 9-35　预览网格

9.2.7　合并网格

步骤01 执行 File→Mesh→Load from Blocking 命令，在弹出如图 9-36 所示的对话框中单击 Merge 按钮导入六面体网格。

步骤02 同时勾选四面体网格和六面体网格（见图 9-37），在交界面处网格节点并没有对应，交界面网格如图 9-38 所示。

图 9-36　网格合并对话框

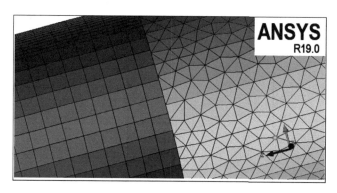

图 9-37　交界面体表面网格

步骤03 单击功能区内 Edit Mesh（网格编辑）选项卡中的 （合并节点）按钮，弹出如图 9-39 所示的 Merge Nodes（合并节点）面板，单击 Merge Surface mesh parts 旁边 按钮，弹出如图 9-40 所示的选择部件对话框，勾选 INTERFACE1 和 INTERFACE2 复选框，单击 Accept 按钮确认，单击 Apply 按钮确认合并节点，如图 9-41 所示。

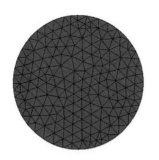

(a)四面体网格　　　　　　　　　　　(b)六面体网格

图 9-38　交界面体表面网格

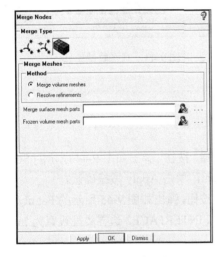
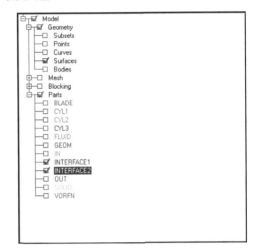

图 9-39　合并节点面板　　　　　　　图 9-40　选择部件对话框

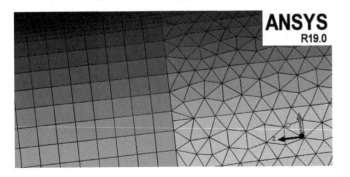
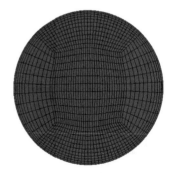

(a)圆柱表面网格　　　　　　　　　(b)INTERFACE 面网格

图 9-41　合并节点显示

9.2.8　网格质量检查

单击功能区内 Edit Mesh（网格编辑）选项卡中的 （检查网格）按钮，弹出如图 9-42 所示的 Quality Metrics（网格质量）面板，单击 Apply 按钮确认，在信息栏中显示网格质量信息，如图 9-43 所示。

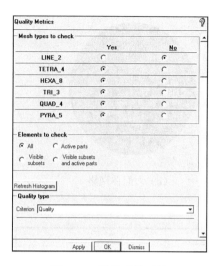

图 9-42 网格质量面板

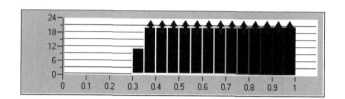

图 9-43 网格质量信息

9.2.9 网格输出

步骤 01 单击功能区内 Output（输出）选项卡中的 ![] （选择求解器）按钮，弹出如图 9-44 所示的 Solver Setup（选择求解器）面板，Output Solver 选择 ANSYS Fluent，单击 Apply 按钮确认。

步骤 02 单击功能区内 Output（输出）选项卡中的 ![] （边界条件）按钮，弹出如图 9-45 所示的 Family Boundary Conditions（边界条件设置）面板，将 INTERFACE1 和 INTERFACE2 边界类型设置为 interior，单击 Apply 按钮确认。

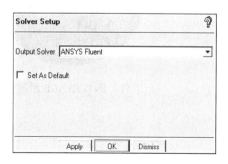

图 9-44 选择求解器面板

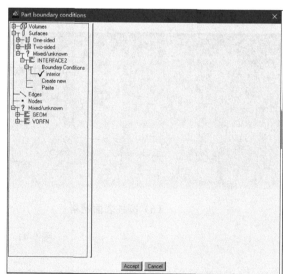

图 9-45 边界条件设置面板

步骤 03 单击功能区内 Output（输出）选项卡中的 ![] （输出）按钮，弹出"打开网格文件"对话框，选择文件，单击"打开"按钮，弹出如图 9-46 所示的 ANSYS Fluent 对话框，Grid dimension 选择 3D，单击 Done 按钮确认完成。

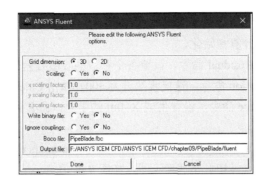

图 9-46 ANSYS Fluent 对话框

9.2.10 计算与后处理

步骤 01 在 Windows 系统下执行"开始"→"所有程序"→"ANSYS 19.0"→Fluid Dynamics→"FLUENT 19.0"命令,启动 FLUENT 19.0,进入 FLUENT Launcher 界面。

步骤 02 Dimension 选择 3D,单击 OK 按钮进入 FLUENT 界面。

步骤 03 执行 File→Read→Mesh 命令,读入 ICEM CFD 生成的网格文件,如图 9-47 所示。

步骤 04 在任务栏单击 ■ (保存) 按钮进入 Write Case (保存项目) 对话框,在 File name (文件名) 中输入 fluent.cas,单击 OK 按钮保存项目文件。

步骤 05 执行 Mesh→Check 命令,检查网格质量,应保证 Minimum Volume 大于 0。

步骤 06 执行 Define→General 命令,在 Time 中选择 Steady。

步骤 07 执行 Define→Model→Viscous 命令,选择 k-epsilon (2 eqn) 模型。

步骤 08 执行 Define→Boundary Condition 命令,定义边界条件,如图 9-48 所示。

图 9-47 显示几何模型　　　　　　　　　　图 9-48 边界条件面板

- IN:Type 选择为 velocity-inlet(速度入口边界条件),在 Velocity Magnitude(速度大小)中输入 1。
- OUT:Type 选择为 pressure-outlet(压力出口),将 Gauge Pressure 设置为 0。

步骤 09 执行 Solve→Controls 命令,弹出 Solution Controls(设置松弛因子)面板,保持默认值,单击 OK 按钮退出。

步骤⑩ 执行 Solve→Initialize 命令，弹出 Solution Initialization（设置初始值）面板，Compute From 选择 in，单击 Initialize 按钮进行计算初始化。

步骤⑪ 执行 Solve→Monitors→Residual 命令，设置各个参数的收敛残差值为 1e-3，单击 OK 按钮确认。

步骤⑫ 执行 Solve→Run Calculation 命令，迭代步数设为 300，单击 Calculate 按钮开始计算。

步骤⑬ 执行 Surface→ISO Surface 命令，设置生成 X=0m 的平面，命名为 x0，设置生成 y=0.02m 的平面，命名为 y0。

步骤⑭ 执行 Display→Graphics and Animations→Contours 命令，Contours of 选择 Velocity Magnitude，surfaces 选择 x0/y0，单击 Display 按钮显示速度云图，如图 9-49 所示。

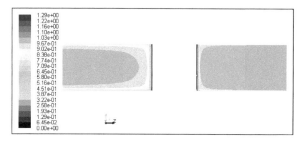
（a）x0 平面

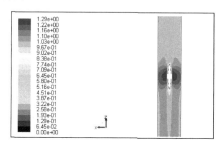
（b）y0 平面

图 9-49　速度云图

步骤⑮ 执行 Display→Graphics and Animations→Contours 命令，Contours of 选择 Velocity Magnitude，surfaces 选择 x0/y0，单击 Display 按钮显示速度矢量图，如图 9-50 所示。

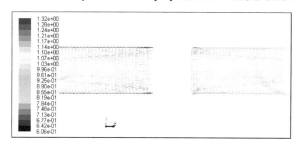
（a）x0 平面

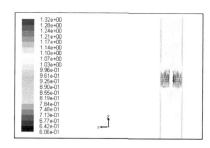
（b）y0 平面

图 9-50　速度矢量图

步骤⑯ 执行 Display→Graphics and Animations→Contours 命令，Contours of 选择 Static Pressure，surfaces 选择 x0/y0，单击 Display 按钮显示压力云图，如图 9-51 所示。

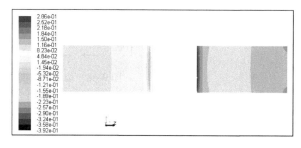
（a）x0 平面

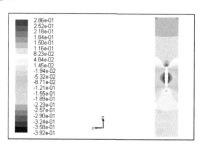
（b）y0 平面

图 9-51　压力云图

从上述计算结果可以看出，生成的网格能够满足计算的要求，并且能够较好地模拟三维叶片流场问题。

9.3 弯管部件混合网格生成

本节将通过弯管部件几何模型的例子，让读者在了解结构/非结构网格划分知识的基础上熟悉使用 ANSYS ICEM CFD 19.0 进行模型分割、网格合并和网格编辑的操作。

9.3.1 启动 ICEM CFD 并建立分析项目

步骤01 在 Windows 系统下执行"开始"→"所有程序"→"ANSYS 19.0"→Meshing→"ICEM CFD 19.0"命令，启动 ICEM CFD 19.0，进入 ICEM CFD 19.0 界面。

步骤02 执行 File→Save Project 命令，弹出 Save Project As（保持项目）对话框，在"文件名"中输入 icemcfd，单击确认，关闭对话框。

9.3.2 导入几何模型

执行 File→Geometry→Open Geometry 命令，在弹出的"打开"对话框中打开文件 geometry.tin。导入几何文件后，在图形显示区将显示几何模型，如图 9-52 所示。

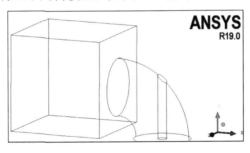

图 9-52 几何模型

9.3.3 分割模型

步骤01 单击功能区内 Geometry（几何）选项卡中的 ![] （修复模型）按钮，弹出如图 9-53 所示的 Repair Geometry（修复模型）面板，单击 ![] 按钮，在 Tolerance 中输入 0.1，勾选 Filter points 和 Filter curves 复选框过滤，在 Feature angle 中输入 30，单击 OK 按钮确认，几何模型将修复完毕，如图 9-54 所示。

步骤02 单击功能区内 Geometry（几何）选项卡中的 ![] （创建/修改曲面）按钮，弹出如图 9-55 所示的 Create/Modify Surface（创建/修改曲面）面板，单击 ![] 按钮，Method 选择 From 2-4 Curves，单击 Curves 旁的 ![] 按钮，选择立方体与弯管交界线，将圆柱表面分割为三部分，如图 9-56 所示。

图 9-53 修复模型面板

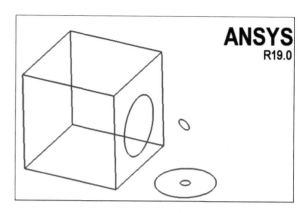

图 9-54 修复后几何模型

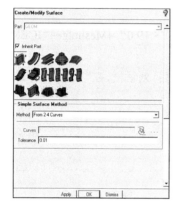

图 9-55 创建/修改曲面

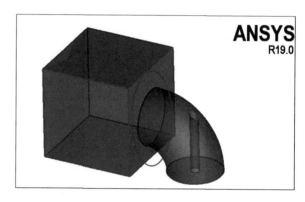

图 9-56 分割曲面

9.3.4 模型建立

步骤 01 在操作控制树中右键单击 Parts，弹出如图 9-57 所示的目录树，选择 Create Part，弹出如图 9-58 所示的 Create Part 面板，在 Part 中输入 IN，单击按钮，选择边界并单击鼠标中键确认，生成入口边界条件如图 9-59 所示。

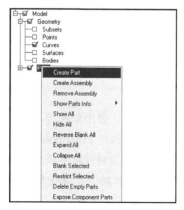

图 9-57 选择生成边界命令

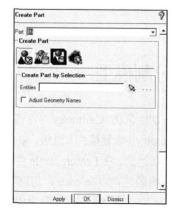

图 9-58 生成边界面板

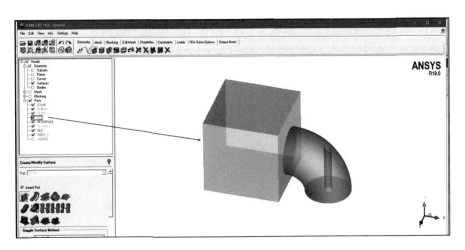

图 9-59 入口边界条件

步骤 02 同步骤（1）方法生成出口边界条件，命名为 OUT，如图 9-60 所示。

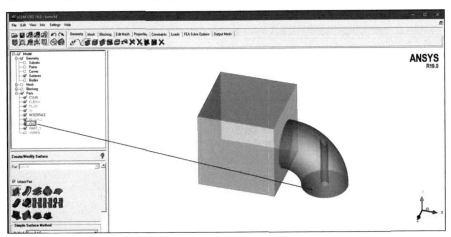

图 9-60 出口边界条件

步骤 03 同步骤（1）方法生成圆柱壁面边界条件，分别命名为 CYLIN，如图 9-61 所示。

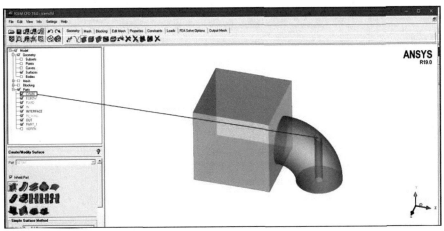

图 9-61 壁面边界条件

步骤04 同步骤（1）方法生成新的 Part，命名为 INTERFACE，如图 9-62 所示。

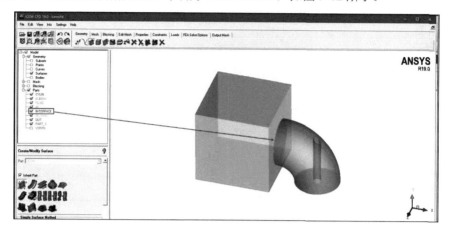

图 9-62　INTERFACE

步骤05 同步骤（1）方法生成新的 Part，命名为 ELBOW，如图 9-63 所示。

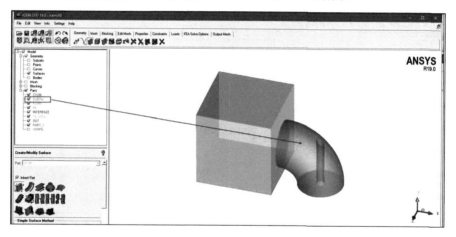

图 9-63　ELBOW

步骤06 同步骤（1）方法生成新的 Part，命名为 IN_WALL，如图 9-64 所示。

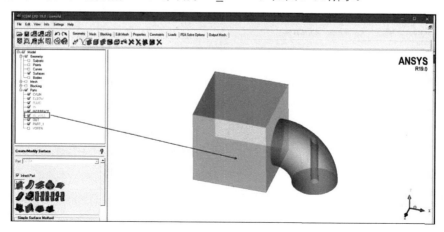

图 9-64　IN_WALL

步骤 07　单击功能区内 Geometry（几何）选项卡中的 ■（生成体）按钮，弹出如图 9-65 所示的 Create Body（生成体）面板，单击 ■ 按钮，输入 Part 名称为 FLUID，选择如图 9-66 所示的两个屏幕位置，单击鼠标中键确认并确保物质点在弯管的内部同时在圆柱的外部。

步骤 08　在操作控制树中右键单击 Parts，弹出如图 9-67 所示的目录树，选择 "Good" Colors 命令。

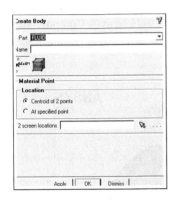
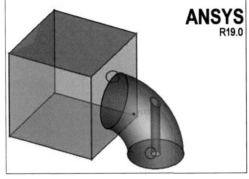

图 9-65　生成体面板　　　　图 9-66　选择点位置　　　　图 9-67　选择 "Good" Colors 命令

9.3.5　生成四面体网格

步骤 01　单击功能区内 Mesh（网格）选项卡中的 ■（全局网格设定）按钮，弹出如图 9-68 所示的 Global Mesh Setup（全局网格设定）面板，在 Max element 中输入 16，单击 Apply 按钮确认。

步骤 02　单击功能区内 Mesh（网格）选项卡中的 ■（全局网格设定）按钮，弹出如图 9-69 所示的 Global Mesh Setup（全局网格设定）面板，单击 ■（棱柱体参数）按钮，设置 Number of layers 为 2，单击 Apply 按钮确认。

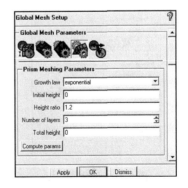

图 9-68　全局网格设定面板　　　　图 9-69　棱柱体网格设定面板

步骤 03　单击功能区内 Mesh（网格）选项卡中的 ■（部件网格尺寸设定）按钮，弹出如图 9-70 所示的 Part Mesh Setup（部件网格尺寸设定）对话框，勾选 Prism 为 CYLIN，单击 Apply 按钮确认并单击 Dismiss 按钮退出。

图 9-70 部件网格尺寸设定对话框

步骤 04 单击功能区内 Mesh（网格）选项卡中的 按钮，弹出如图 9-71 所示的 Compute Mesh（计算网格）面板，单击 按钮，勾选 Create Prism Layers 复选框，单击 Apply 按钮确认生成体网格文件，如图 9-72 所示。

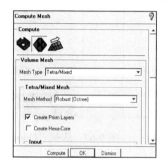

图 9-71 计算网格面板

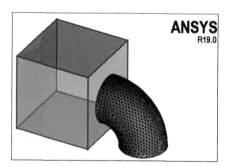

图 9-72 生成体网格

9.3.6 生成六面体网格

步骤 01 单击功能区内 Blocking（块）选项卡中的 按钮，弹出如图 9-73 所示的 Create Block（创建块）面板，单击 ![]按钮，单击 OK 按钮确认，创建初始块如图 9-74 所示。

图 9-73 创建块面板

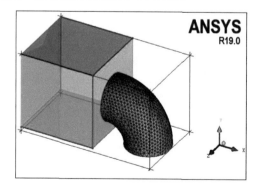

图 9-74 创建初始块

步骤 02 单击功能区内 Blocking（块）选项卡中的 按钮，弹出如图 9-75 所示的 Split Block（分割块）面板。单击 ![]按钮，单击 Edge 旁的 ![]按钮，在几何模型上单击要分割的边，新建一条边，新建边垂直于选择的边，利用鼠标左键拖动新建边到合适的位置，单击鼠标中键或 Apply 按钮完成操作，创建分割块如图 9-76 所示。

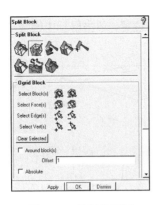

图 9-75 分割块面板

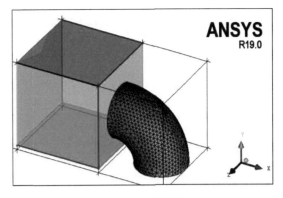

图 9-76 分割块

步骤03 单击功能区内 Blocking（块）选项卡中的 ❎（删除块）按钮，弹出如图 9-77 所示的 Delete Block（删除块）面板，选择下面两角的块并单击 Apply 按钮确认，删除块效果如图 9-78 所示。

图 9-77 删除块面板

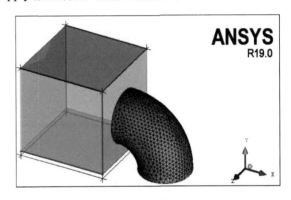

图 9-78 删除块

步骤04 单击功能区内 Blocking（块）选项卡中的 ❎（关联）按钮，弹出如图 9-79 所示的 Blocking Associations（块关联）面板，单击 ❎（Vertex 关联）按钮，Entity 类型选择为 Point，单击 ❎ 按钮，选择块上的一个顶点并单击鼠标中键确认，然后单击 ❎ 按钮，选择模型上的一个对应的几何点，块上的顶点会自动移动到几何点上，关联顶点和几何点的选取如图 9-80 所示。

图 9-79 块关联面板

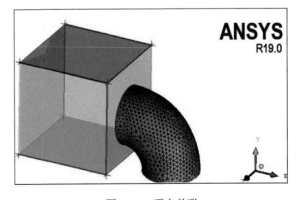

图 9-80 顶点关联

步骤05 单击功能区内 Blocking（块）选项卡中的 ❎（分割块）按钮，弹出如图 9-81 所示的 Split Block（分割块）面板。单击 ❎ 按钮，单击 Edge 旁的 ❎ 按钮，在几何模型上单击要分割的边，新建一条边。

新建边垂直于选择的边,利用鼠标左键拖动新建边到合适的位置,单击鼠标中键或 Apply 按钮,完成操作,创建分割块如图 9-82 所示。

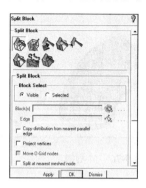

图 9-81 分割块面板

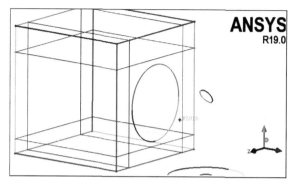

图 9-82 分割块

步骤 06 在 Blocking Associations(块关联)面板中,单击 (Edge 关联)按钮(见图 9-83),单击 按钮,选择块的端面上中间的边并单击鼠标中键确认,然后单击 按钮,选择模型上的对应的 INTERFACE 面上的曲线并单击鼠标中键确认,选择的曲线会自动组成一组,关联边和曲线的选取如图 9-84 所示。

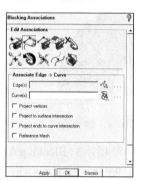

图 9-83 Edge 关联面板

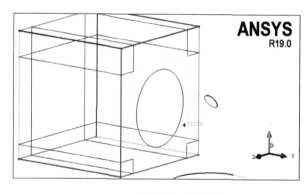

图 9-84 边关联

步骤 07 单击功能区内 Blocking(块)选项卡中的 (O-Grid)按钮(见图 9-85),单击 Select Blocks 旁 按钮,选择中间的块,单击 Select Faces 旁的 按钮,选择与弯管相连接的面,单击 Apply 按钮完成操作,选择面如图 9-86 所示。

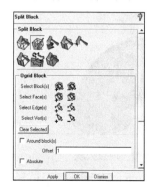

图 9-85 分割块面板

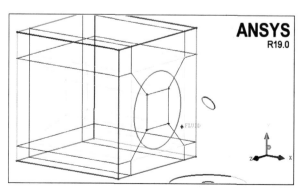

图 9-86 选择面显示

步骤 08　单击功能区内 Blocking（块）选项卡中的 （预览网格）按钮，弹出如图 9-87 所示的 Pre-Mesh Params（预览网格）面板，单击 按钮，选中 Update All 单选按钮，单击 Apply 按钮确认，显示预览网格如图 9-88 所示。

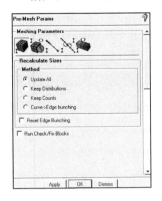

图 9-87　预览网格面板

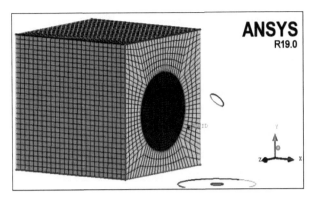

图 9-88　预览网格

9.3.7　合并网格

步骤 01　执行 File→Mesh→Load from Blocking 命令，在弹出如图 9-89 所示的对话框中单击 Merge 按钮导入六面体网格。

步骤 02　同时勾选四面体网格和六面体网格，如图 9-90 所示，在交界面处网格节点并没有对应，交界面网格如图 9-91 所示。

图 9-89　网格合并对话框

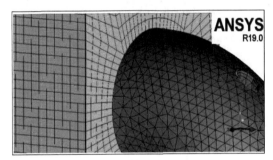

图 9-90　交界面体表面网格

（a）四面体网格

（b）六面体网格

图 9-91　交界面体表面网格

步骤03 单击功能区内 Edit Mesh（网格编辑）选项卡中的 （合并节点）按钮，弹出如图 9-92 所示的 Merge Nodes（合并节点）面板，单击 Merge Surface mesh parts 旁的 按钮，弹出如图 9-93 所示的选择部件对话框，勾选 INTERFACE1 和 INTERFACE2 复选框，单击 Accept 按钮确认，单击 Apply 按钮确认合并节点，如图 9-94 所示。

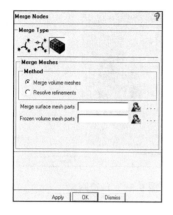

图 9-92　合并节点面板

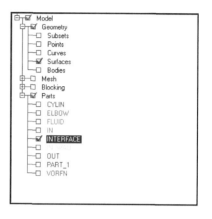

图 9-93　选择部件对话框

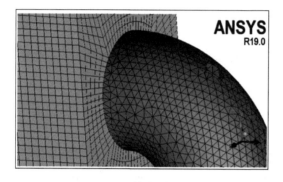

（a）圆柱表面网格　　　　　　　　　　（b）INTERFACE 面网格

图 9-94　合并节点显示

9.3.8　网格质量检查

单击功能区内 Edit Mesh（网格编辑）选项卡中的 （光顺网格）按钮，弹出如图 9-95 所示的 Smooth Elements Globally（光顺网格）面板，调节 Up to value 为 0.2，单击 Apply 按钮确认，在信息栏中显示网格质量信息，如图 9-96 所示。

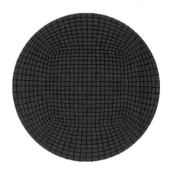

图 9-95　光顺网格面板

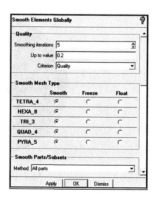

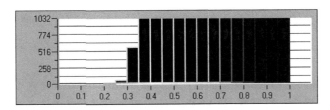

图 9-96 网格质量信息

9.3.9 网格输出

步骤01 单击功能区内 Output（输出）选项卡中的 （选择求解器）按钮，弹出如图 9-97 所示的 Solver Setup（选择求解器）面板，Output Solver 选择 ANSYS Fluent，单击 Apply 按钮确认。

步骤02 单击功能区内 Output（输出）选项卡中的 （边界条件）按钮，弹出如图 9-98 所示的 Family Boundary Conditions（边界条件设置）面板，将 INTERFACE 边界类型设置为 interior，单击 Apply 按钮确认。

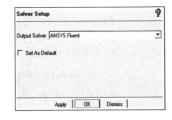

图 9-97 选择求解器面板

步骤03 单击功能区内 Output（输出）选项卡中的 （输出）按钮，弹出"打开网格文件"对话框，选择文件，单击"打开"按钮，弹出如图 9-99 所示的 ANSYS Fluent 对话框，Grid dimension 选择 3D，单击 Done 按钮确认完成。

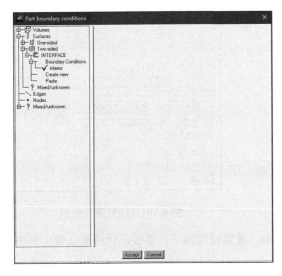

图 9-98 边界条件设置面板

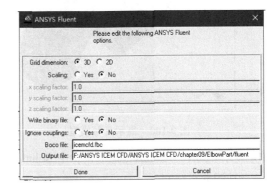

图 9-99 ANSYS Fluent 对话框

9.3.10 计算与后处理

步骤01 在 Windows 系统下执行"开始"→"所有程序"→"ANSYS 19.0"→Fluid Dynamics→"FLUENT 19.0"命令，启动 FLUENT 19.0，进入 FLUENT Launcher 界面。

步骤02 Dimension 选择 3D，单击 OK 按钮进入 FLUENT 界面。

步骤 03 执行 File→Read→Mesh 命令，读入 ICEM CFD 生成的网格文件，如图 9-100 所示。

步骤 04 在任务栏单击 ■（保存）按钮进入 Write Case（保存项目）对话框，在 File name（文件名）中输入 fluent.cas，单击 OK 按钮保存项目文件。

步骤 05 执行 Mesh→Check 命令，检查网格质量，应保证 Minimum Volume 大于 0。

步骤 06 执行 Mesh→Scale 命令，打开 Scale Mesh 面板，定义网格尺寸单位，在 Mesh Was Created In 中选择 mm，单击 Scale 按钮。

步骤 07 执行 Define→General 命令，在 Time 中选择 Steady。

步骤 08 执行 Define→Model→Viscous 命令，选择 k-epsilon（2 eqn）模型。

步骤 09 执行 Define→Boundary Condition 命令，定义边界条件，如图 9-101 所示。

- IN: Type 选择为 velocity-inlet（速度入口边界条件），在 Velocity Magnitude（速度大小）中输入 5。
- OUT: Type 选择为 pressure-outlet（压力出口），将 Gauge Pressure 设置为 0。

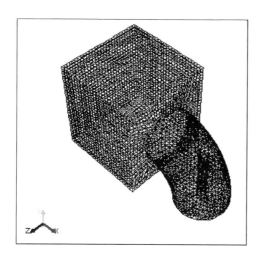

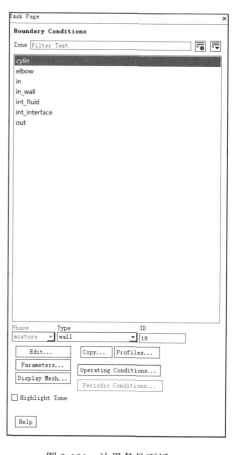

图 9-100 显示几何模型　　　　　图 9-101 边界条件面板

步骤 10 执行 Solve→Controls 命令，弹出 Solution Controls（设置松弛因子）面板，保持默认值，单击 OK 按钮退出。

步骤 11 执行 Solve→Initialize 命令，弹出 Solution Initialization（设置初始值）面板，Compute From 选择 in，单击 Initialize 按钮进行计算初始化。

步骤 12 执行 Solve→Monitors→Residual 命令，设置各个参数的收敛残差值为 1e-3，单击 OK 按钮确认。

步骤 13 执行 Solve→Run Calculation 命令，迭代步数设为 300，单击 Calculate 按钮开始计算。

步骤 14 迭代到第 122 步，计算收敛，收敛曲线如图 9-102 所示。

步骤 15 执行 Surface→ISO Surface 命令，设置生成 Z=0m 的平面，命名为 z0。

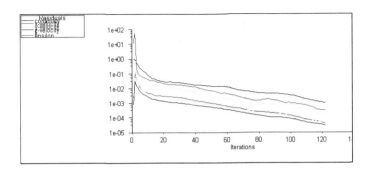

图 9-102　收敛曲线

步骤 16　执行 Display→Graphics and Animations→Contours 命令，Contours of 选择 Velocity Magnitude，surfaces 选择 z0，单击 Display 按钮显示速度云图，如图 9-103 所示。

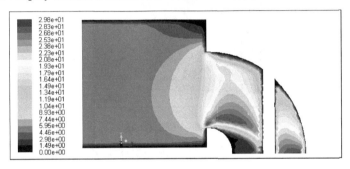

图 9-103　速度云图

步骤 17　执行 Display→Graphics and Animations→Contours 命令，Contours of 选择 Velocity Magnitude，surfaces 选择 z0，单击 Display 按钮显示速度矢量图，如图 9-104 所示。

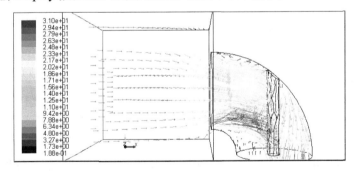

图 9-104　速度矢量图

步骤 18　执行 Display→Graphics and Animations→Contours 命令，Contours of 选择 Pressure，surfaces 选择 z0，单击 Display 按钮显示压力云图，如图 9-105 所示。

步骤 19　执行 Display→Graphics and Animations→Contours 命令，Contours of 选择 Turbulence Wall Yplus，surfaces 选择 z0，单击 Display 显示 Yplus 云图，如图 9-106 所示。

步骤 20　执行 Report→Results Reports 命令，在弹出如图 9-107 所示的 Reports 面板中选择 Surface Integrals，单击 Set Up 按钮，弹出如图 9-108 所示的 Surface Integrals 对话框，在 Report Type 中选择 Mass Flow Rate，在 Surface 中选择 IN 和 OUT，单击 Compute 按钮计算得到进出口流量差。

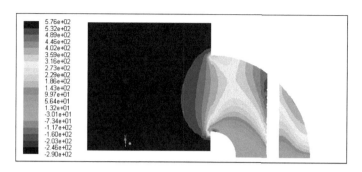

图 9-105　压力云图

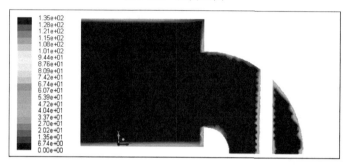

图 9-106　壁面 Yplus

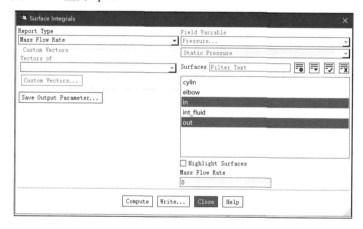

图 9-107　Reports 面板　　　　　　　　图 9-108　Surface Integrals 对话框

从上述计算结果可以看出，生成的网格能够满足计算的要求，并且能够较好地模拟弯管部件内流场问题。

9.4　本章小结

在几何模型非常复杂的情况下，为了降低网格数量，需要将计算域进行适当的分割，采用混合网格划分方法，即模型相对简单的部分进行结构网格划分，对于复杂部分则采用非结构网格的划分。本章结合典型实例介绍了 ICEM CFD 混合网格生成的基本过程。通过对本章内容的学习，读者可以掌握 ICEM CFD 混合网格生成的使用方法。

第 10 章
曲面网格划分

导言

曲面网格是指二维平面网格或三维曲面网格。曲面网格既可以用于固体力学中壳体的数值计算，也可以用于流体力学中非结构三维网格生成的边界。流体力学问题中二维平面网格也可看作是曲面网格的一种特殊形式。

本章将介绍 ICEM CFD 中曲面网格自动生成方法，并通过具体实例详细讲解使用 ICEM CFD 曲面网格的工作流程。

学习目标

★ 掌握 ICEM CFD 曲面网格的方法和流程
★ 掌握生成网格的查看方法

10.1 曲面网格概述

本节介绍曲面网格一些重要的基础知识，包括曲面网格的类型、网格划分流程等，有助于理解 ICEM CFD 软件中曲面网格生成的相应设置方法。

10.1.1 曲面网格类型

ICEM CFD 具有多种曲面网格生成方法。Mesh Method（网格生成方法）的网格单元类型主要有以下几种可供选择。

- All Tri：所有网格单元类型为三角形。
- Quad w/one Tri：面上的网格单元大部分为四边形，最多允许有一个三角形网格单元。
- Quad Dominant：面上的网格单元大部分为四边形，允许有一部分三角形网格单元的存在。这种网格类型多用于复杂的面，此时如果生成全部四边形网格，则会导致网格质量非常低。对于简单的几何，该网格类型和 Quad w/one Tri 生成的网格效果相似。
- All Quad：所有网格单元类型为四边形。

Mesh Method 有以下 4 种网格生成方法可供选择。

- AutoBlock：自动块方法，自动在每个面上生成二维的 Block，然后生成网格。
- Patch Dependent：根据面的轮廓线来生成网格，该方法能够较好地捕捉几何特征，创建以四边形为主的高质量网格。
- Patch Independent：网格生成过程不严格按照轮廓线，使用稳定的八叉树方法，生成网格过程中能够忽略小的几何特征，适用于精度不高的几何模型。
- Shrinkwrap：是一种笛卡尔网格生成方法，会忽略大的几何特征，适用于复杂的几何模型快速生成面网格，此方法不适合薄板类实体的网格生成。

10.1.2 曲面网格生成流程

ICEM CFD 自动生成曲面网格的流程如下：

步骤 01 Global Mesh Setup（全局网格设定）。

- （全局网格尺寸）：设定最大网格尺寸及比例来确定全局网格尺寸。
- （表面网格尺寸）：设定表面网格类型及生成方法。

步骤 02 Mesh Size for Parts（部件网格尺寸设定）。
步骤 03 Surface Mesh Setup（表面网格设定）：通过鼠标选择几何模型中一个或几个面，设定其网格尺寸。
步骤 04 Curve Mesh Parameters（曲线网格参数）：设定几何模型中指定曲线的网格尺寸。
步骤 05 Mesh Curve（生成曲线网格）：为一维曲线生成网格。
步骤 06 Compute Mesh（计算网格）：根据前面的设置生成曲面网格。

后面几节将通过 5 个案例来介绍曲面网格的划分方法。

10.2 机翼模型曲面网格划分

本节将对一机翼模型进行非结构面网格划分，使读者对三维曲面非结构网格的划分流程有一定的了解。

10.2.1 启动 ICEM CFD 并建立分析项目

步骤 01 在 Windows 系统下执行"开始"→"所有程序"→"ANSYS 19.0"→Meshing→"ICEM CFD 19.0"命令，启动 ICEM CFD 19.0，进入 ICEM CFD 19.0 界面。

步骤 02 执行 File→Save Project 命令，弹出 Save Project As（保持项目）对话框，在"文件名"中输入 Wingbody，单击确认，关闭对话框。

10.2.2 导入几何模型

执行 File→Geometry→Open Geometry 命令,弹出"打开"对话框,在"文件名"中输入 F6_complete.tin,单击"打开"按钮确认。导入几何文件后,在图形显示区将显示几何模型,如图 10-1 所示。

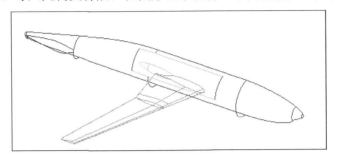

图 10-1 几何模型

10.2.3 网格生成

步骤 01 单击功能区内 Mesh(网格)选项卡中的 ![] (全局网格设定) 按钮,弹出如图 10-2 所示的 Global Mesh Setup(全局网格设定)面板,在 Max element 中输入 1000,单击 Apply 按钮确认。

步骤 02 单击功能区内 Mesh(网格)选项卡中的 ![] (部件网格尺寸设定) 按钮,弹出如图 10-3 所示的 Part Mesh Setup(部件网格尺寸设定)对话框,设定所有参数,单击 Apply 按钮确认,单击 Dismiss 按钮退出。

图 10-2 全局网格设定面板　　　　图 10-3 部件网格尺寸设定对话框

步骤 03 单击功能区内 Mesh(网格)选项卡中的 ![] (全局网格设定) 按钮,弹出如图 10-4 所示的 Global Mesh Setup(全局网格设定)面板,单击 ![] (壳网格参数) 按钮,Mesh type 选择 All Tri,Mesh Method 选择 Patch Dependent,在 Set Ignore size 输入 0.05,单击 Apply 按钮确认。

步骤 04 单击功能区内 Mesh(网格)选项卡中的 ![] (表面网格设定) 按钮,弹出如图 10-5 所示的 Surface Mesh Setup(表面网格设定)面板,单击 ![] 按钮,弹出 Select geometry(选择几何)工具栏,选择如图 10-6 所示的机翼前段和后端的曲面,在 Maximum element size 中输入 5,Mesh method 选择 AutoBlock,单击 Apply 按钮确认。

图 10-4 全局网格设定面板

图 10-5 表面网格设定面板

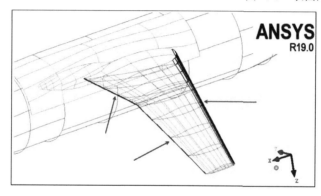

图 10-6 选择曲面

步骤 05 在操作控制树中右键单击 Geometry→Curves，弹出如图 10-7 所示的目录树，选择 Curve Node Spacing，显示如图 10-8 所示曲线上的节点。

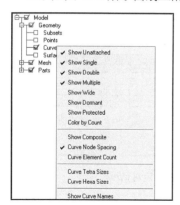

图 10-7 目录树

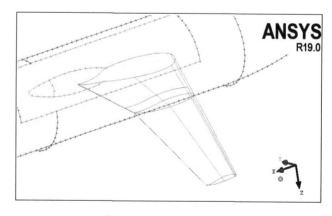

图 10-8 显示曲线上节点

步骤 06 单击功能区内 Mesh（网格）选项卡中的 （曲线网格参数）按钮，弹出如图 10-9 所示的 Curve Mesh Setup（曲线网格设定）面板。Method 选择为 Dynamic，单击 Number of nodes 旁边 按钮，将鼠标放置在机翼与机身的连接处曲线位置，单击鼠标左键增加节点数目至 11（单击鼠标右键将减少节点数目），Bunching law 选择 Geometric 2，单击 Bunching ratio 旁边的 按钮，将鼠标放置在机翼与机身的连接处曲线位置，单击鼠标左键增加 Bunching ratio 值为 1.2，效果如图 10-10 所示。

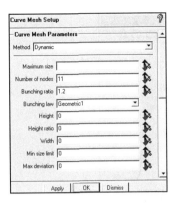

图 10-9　曲线网格设定面板

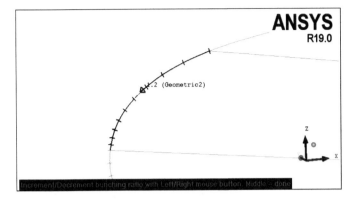

图 10-10　曲线上节点设置

步骤07 同步骤（6）方法设置曲线，如图 10-11 所示。

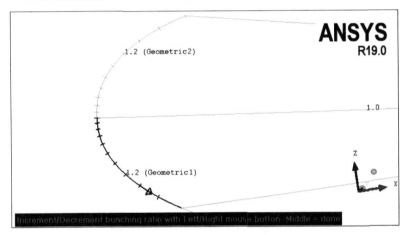

图 10-11　曲线上节点设置

步骤08 在 Curve Mesh Setup（曲线网格设定）面板中（见图 10-12），Method 选择为 Copy Parameters，单击 From Curve 中 curve 旁边的 按钮，选择步骤（6）中设置的曲线，单击 Selected Curve（s）中 Curve（s）旁边 按钮，选择平行的两条曲线，单击鼠标中键确认，如图 10-13 所示。

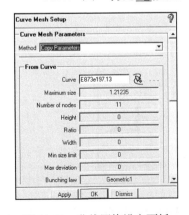

图 10-12　曲线网格设定面板

图 10-13　曲线上节点设置

步骤09 同步骤（8）方法设置曲线，如图 10-14 所示。

299

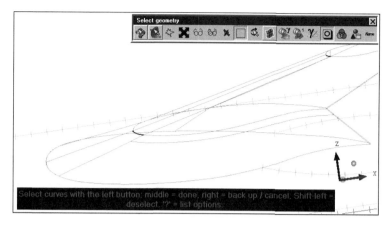

图 10-14 曲线上节点设置

步骤 10 同步骤（6）方法设置曲线，如图 10-15 和图 10-16 所示。

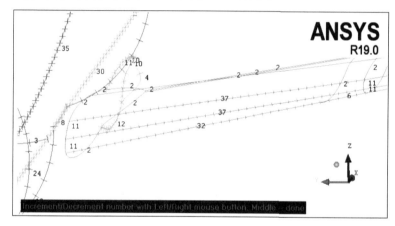

图 10-15 曲线上节点设置

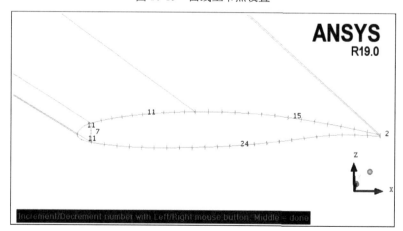

图 10-16 曲线上节点设置

步骤 11 在 Curve Mesh Setup（曲线网格设定）面板中（见图 10-17），Method 选择为 General，单击 Selected Curve（s）中 Curve（s）旁的 按钮，选择机身前端曲线，在 Maximum size 中输入 5，单击鼠标中键确认，如图 10-18 所示。

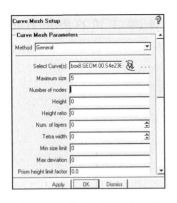

图 10-17　曲线网格设定面板

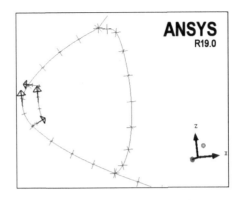

图 10-18　曲线上节点设置

步骤 12　单击功能区内 Mesh（网格）选项卡中的 ![] （计算网格）按钮，弹出如图 10-19 所示的 Compute Mesh（计算网格）面板，单击 ![] （曲面网格）按钮，单击 Apply 按钮确认生成曲面网格文件，如图 10-20 所示。

图 10-19　计算网格面板

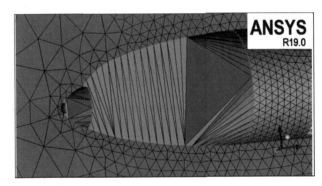

图 10-20　生成曲面网格

10.2.4　网格编辑

步骤 01　单击功能区内 Edit Mesh（网格编辑）选项卡中的 ![] （删除网格）按钮，弹出如图 10-21 所示的删除网格面板，选择机身前端某个网格，单击 ![] 按钮或在键盘上输入 v，选择周边所有网格（见图 10-22），单击 Apply 按钮确认。

图 10-21　删除网格面板

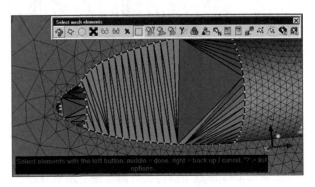

图 10-22　删除网格选择

步骤02 单击功能区内 Mesh（网格）选项卡中的 按钮,弹出如图 10-23 所示的 Global Mesh Setup（全局网格设定）面板,单击 按钮,勾选 General 中的 Respect line elements 复选框,在 Repair 中设置 Try harder 为 3,单击 Apply 按钮确认。

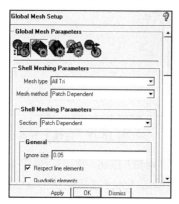 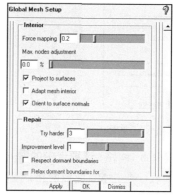

图 10-23　全局网格设定面板

步骤03 单击功能区内 Mesh（网格）选项卡中的 按钮,弹出如图 10-24 所示的 Compute Mesh（计算网格）面板,单击 按钮,Select geometry 选择 From Screen,选择步骤（1）中删除网格的两个面,单击 Apply 按钮确认生成曲面网格文件,如图 10-25 所示。

 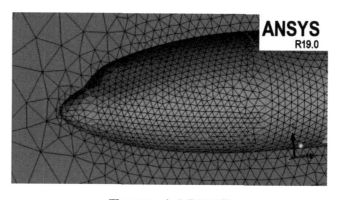

图 10-24　计算网格面板　　　　　　　　　图 10-25　生成曲面网格

10.3　圆柱绕流曲面网格划分

本节将通过对典型圆柱绕流问题进行网格划分,介绍 ICEM CFD 中二维曲面模型建立、结构网格划分的方法和操作流程,并将网格导入到 FLUENT 中进行计算求解。

10.3.1　启动 ICEM CFD 并建立分析项目

步骤01 在 Windows 系统下执行"开始"→"所有程序"→"ANSYS 19.0"→Meshing→"ICEM CFD 19.0"命令,启动 ICEM CFD 19.0,进入 ICEM CFD 19.0 界面。

步骤02 执行 File→Save Project 命令，弹出 Save Project As（保持项目）对话框，在"文件名"中输入 icemcfd，单击确认，关闭对话框。

10.3.2 建立几何模型

步骤01 单击功能区内 Geometry（几何）选项卡中的 按钮，弹出如图 10-26 所示的 Create Point（创建点）面板，单击 xyz 按钮，Method 选择 Create 1 Point，坐标值输入为（0，0，0），单击 Apply 按钮创建点。

步骤02 同步骤（1）方法创建另外 4 个点，坐标值见表 10-1 所示，单击 Apply 创建点位置，如图 10-27 所示。

表 10-1 创建点坐标

序 号	X	Y	Z
1	-500	500	0
2	-500	-500	0
3	1500	500	0
4	1500	-500	0

步骤03 单击功能区内 Geometry（几何）选项卡中的 按钮，弹出如图 10-28 所示的 Create/Modify Curve（创建曲线）面板，单击 ![] 按钮，依次选取已创建的点创建曲线，如图 10-29 所示。

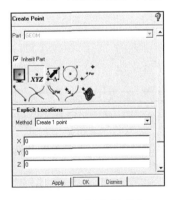

图 10-26 创建点面板

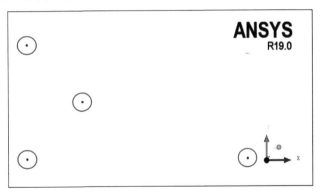

图 10-27 几何模型

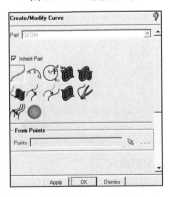

图 10-28 创建曲线面板

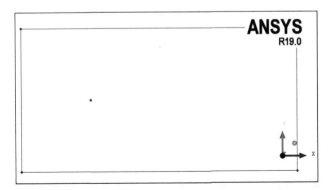

图 10-29 创建曲线

步骤04 在 Create/Modify Curve（创建曲线）面板中单击 按钮（见图 10-30），勾选 Radius 复选框并输入 50，选取圆心（0，0，0）点，再选取圆心周边任意两点创建圆，如图 10-31 所示。

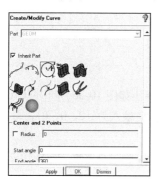

图 10-30　创建曲线面板　　　　　　　　　图 10-31　创建圆

步骤05 单击功能区内 Geometry（几何）选项卡中的 (创建曲面)按钮，弹出如图 10-32 所示的 Create/Modify Surface（创建曲面）面板，单击 按钮，Method 选择 From 2-4 Curves，选取步骤（3）创建的曲线，单击 Apply 按钮创建曲面，如图 10-33 所示。

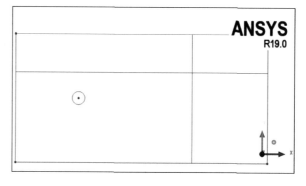

图 10-32　创建曲面面板　　　　　　　　　图 10-33　创建曲面

步骤06 在 Create/Modify Surface（创建曲面）面板中单击 按钮，如图 10-34 所示，选取曲面并选取圆作为分割曲线，单击 Apply 按钮分割曲面，如图 10-35 所示。

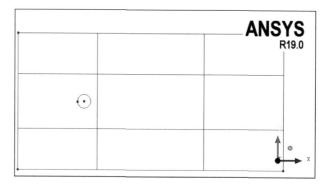

图 10-34　创建曲面面板　　　　　　　　　图 10-35　分割曲面

步骤07 单击功能区内 Geometry(几何)选项卡中的 (删除曲面)按钮,弹出如图10-36所示的 Delete Surface（删除曲面）面板，选取中间圆形曲面，单击 Apply 按钮确认。

步骤08 单击功能区内 Geometry（几何）选项卡中的 ✖（删除曲面）按钮，删除所有点，单击 ✖（删除曲线）按钮，删除所有曲线点。

步骤09 单击功能区内 Geometry（几何）选项卡中的 🔧（修复模型）按钮，弹出如图 10-37 所示的 Repair Geometry（修复模型）面板，单击 🔍 按钮，在 Tolerance 中输入 1，单击 OK 按钮确认，几何模型将修复完毕，如图 10-38 所示。

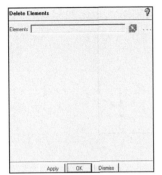
图 10-36 删除曲面面板

图 10-37 修复模型面板

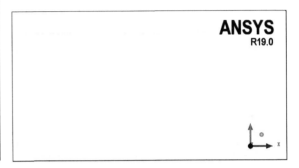
图 10-38 修复后的几何模型

步骤10 在操作控制树中右键单击 Parts，弹出如图 10-39 所示的目录树，选择 Create Part，弹出如图 10-40 所示的 Create Part 面板，在 Part 中输入 IN，单击 🔍 按钮，选择边界并单击鼠标中键确认，生成入口边界条件如图 10-41 所示。

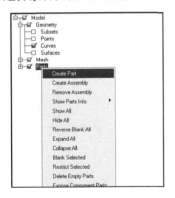
图 10-39 选择生成边界命令

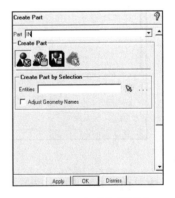
图 10-40 生成边界面板

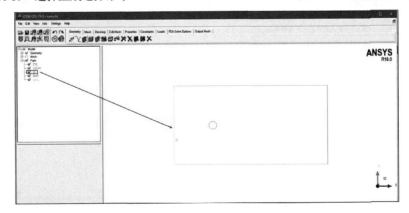
图 10-41 入口边界条件

步骤 11 同步骤（10）方法生成出口边界条件，命名为 OUT，如图 10-42 所示。

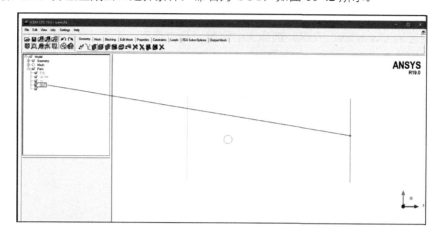

图 10-42 出口边界条件

步骤 12 同步骤（10）方法生成新的 Part，命名为 CYL，如图 10-43 所示。

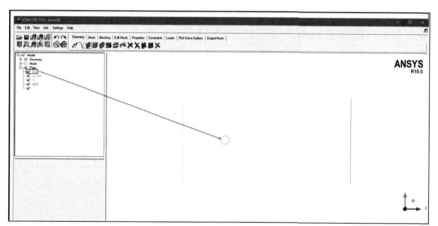

图 10-43 CYL

步骤 13 同步骤（10）方法生成新的 Part，命名为 WALL，如图 10-44 所示。

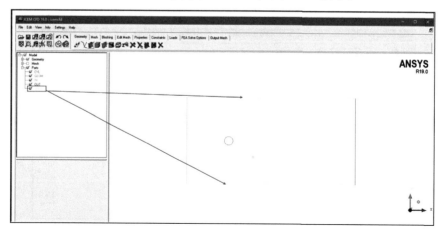

图 10-44 WALL

10.3.3 网格生成

步骤01 单击功能区内 Mesh（网格）选项卡中的 （全局网格设定）按钮，弹出如图 10-45 所示的 Global Mesh Setup（全局网格设定）面板，在 Max element 中输入 50，单击 Apply 按钮确认。

步骤02 单击功能区内 Mesh（网格）选项卡中的 （全局网格设定）按钮，弹出如图 10-46 所示的 Global Mesh Setup（全局网格设定）面板，单击 （壳网格参数）按钮，Mesh type 选择 All Tri，Mesh Method 选择 Patch Dependent，在 Set Ignore size 输入 0.05，单击 Apply 按钮确认。

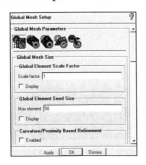
图 10-45 全局网格设定面板

图 10-46 壳网格参数设定面板

步骤03 单击功能区内 Mesh（网格）选项卡中的 （部件网格尺寸设定）按钮，弹出如图 10-47 所示的 Part Mesh Setup（部件网格尺寸设定）对话框，勾选 Prism 为 CYL，Maximum size 设置为 1，Height 设置为 0.5，Height ratio 设置为 1.1，Num layer 设置为 4，勾选 Apply inflation parameters to curves 复选框，单击 Apply 按钮确认并单击 Dismiss 按钮退出。

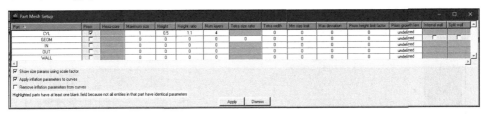
图 10-47 部件网格尺寸设定对话框

步骤04 单击功能区内 Mesh（网格）选项卡中的 （计算网格）按钮，弹出如图 10-48 所示的 Compute Mesh（计算网格）面板，单击 （曲面网格）按钮，单击 Apply 按钮确认生成曲面网格文件，如图 10-49 所示。

图 10-48 计算网格面板

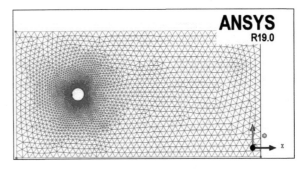
图 10-49 生成曲面网格

10.3.4 网格质量检查

单击功能区内 Edit Mesh（网格编辑）选项卡中的 ■（检查网格）按钮，弹出如图 10-50 所示的 Quality Metrics（网格质量）面板，单击 Apply 按钮确认，在信息栏中显示网格质量信息，如图 10-51 所示。单击网格质量信息图中的长度条，在这个范围内的网格单元会显示出来，如图 10-52 所示。

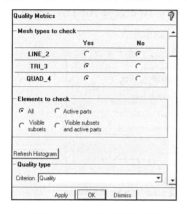

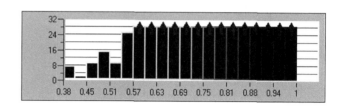

图 10-50　网格质量面板　　　　　　　　图 10-51　网格质量信息

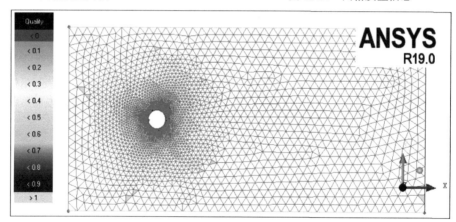

图 10-52　网格显示

10.3.5 网格输出

步骤01 单击功能区内 Output（输出）选项卡中的 ■（选择求解器）按钮，弹出如图 10-53 所示的 Solver Setup（选择求解器）面板，Output Solver 选择 ANSYS Fluent，单击 Apply 按钮确认。

步骤02 单击功能区内 Output（输出）选项卡中的 ■（输出）按钮，弹出"打开网格文件"对话框，选择文件，单击"打开"按钮弹出如图 10-54 所示的 ANSYS Fluent 对话框，Grid dimension 选择 2D，单击 Done 按钮确认完成。

图 10-53　选择求解器面板

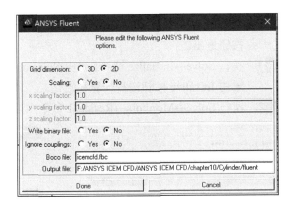

图 10-54　ANSYS Fluent 对话框

10.3.6　计算与后处理

步骤 01　在 Windows 系统下执行 "开始" → "所有程序" → "ANSYS 19.0" →Fluid Dynamics→ "FLUENT 19.0" 命令，启动 FLUENT 19.0，进入 FLUENT Launcher 界面。

步骤 02　Dimension 选择 2D，单击 OK 按钮进入 FLUENT 界面。

步骤 03　执行 File→Read→Mesh 命令，读入 ICEM CFD 生成的网格文件，如图 10-55 所示。

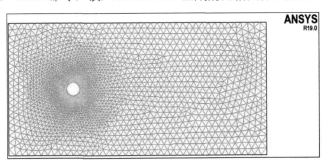

图 10-55　显示几何模型

步骤 04　在任务栏单击 ■（保存）按钮进入 Write Case（保存项目）对话框，在 File name（文件名）中输入 fluent.cas，单击 OK 按钮保存项目文件。

步骤 05　执行 Mesh→Check 命令，检查网格质量，应保证 Minimum Volume 大于 0。

步骤 06　执行 Mesh→Scale 命令，打开 Scale Mesh 面板，定义网格尺寸单位，在 Mesh Was Created In 中选择 mm，单击 Scale 按钮。

步骤 07　执行 Define→General 命令，在 Time 中选择 Transient。

步骤 08　执行 Define→Model→Viscous 命令，选择 Laminar（层流）模型。

步骤 09　执行 Define→Boundary Condition 命令，定义边界条件，如图 10-56 所示。

- IN：Type 选择为 velocity-inlet（速度入口边界条件），在 Velocity Magnitude（速度大小）中输入 0.02。
- OUT：Type 选择为 outflow（自由出流边界条件）。
- WALL：Type 选择为 wall（壁面边界条件），Wall Motion 选择 Moving Wall（滑移壁面），在 Speed 中输入 0.02。

步骤⑩ 执行 Solve→Controls 命令，弹出 Solution Controls（设置松弛因子）面板，保持默认值，单击 OK 按钮退出。

步骤⑪ 执行 Solve→Initialize 命令，弹出 Solution Initialization（设置初始值）面板，Compute From 选择 in，单击 Initialize 按钮进行计算初始化。

步骤⑫ 执行 Solve→Monitors→Residual 命令，设置各个参数的收敛残差值为 1e-8，单击 OK 按钮确认。

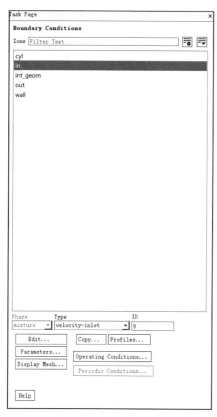

步骤⑬ 执行 Solve→Monitors 命令，单击 Create Lift，在弹出的 Lift Monitor 对话框中勾选 Plot 复选框，Wall Zones 选择 Cyl。

步骤⑭ 执行 Report→Reference Values 命令，弹出 Reference Valuesr 对话框，在 Length 中输入 0.1。

步骤⑮ 执行 Solve→Run Calculation 命令，在 Time Step Size（时间步长）中输入 0.2，在 Number of Time Steps 中输入 200，单击 Calculatek 按钮开始计算。

步骤⑯ 计算完成后升力系数变化情况如图 10-57 所示。

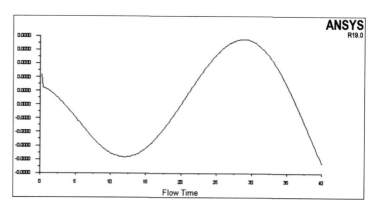

图 10-56　边界条件面板　　　　　　　图 10-57　升力系数

步骤⑰ 执行 Display→Graphics and Animations→Contours 命令，Contours of 选择 Velocity Magnitude，取消选择 Auto Range，速度大小范围选择为 0-0.015m/s，单击 Display 按钮显示速度云图，如图 10-58 所示。

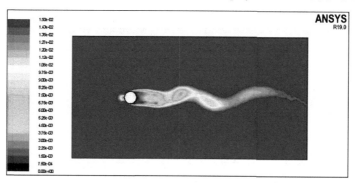

图 10-58　速度云图

步骤⑱ 执行 File→Read→Data 命令，可显示其他时间步速度云图，如图 10-59 所示。

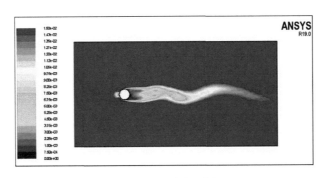

图 10-59 速度云图

从上述计算结果可以看出,生成的网格能够满足计算的要求,并且能够较好地模拟二维圆柱绕流问题。

10.4 半圆曲面网格划分

本节将对半圆曲面进行非结构面网格划分,使读者对三维曲面结构网格的划分流程和 O-Grid 的特殊处理有进一步的了解。

10.4.1 启动 ICEM CFD 并建立分析项目

步骤01 在 Windows 系统下执行"开始"→"所有程序"→"ANSYS 19.0"→Meshing→"ICEM CFD 19.0"命令,启动 ICEM CFD 19.0,进入 ICEM CFD 19.0 界面。

步骤02 执行 File→Save Project 命令,弹出 Save Project As(保持项目)对话框,在"文件名"中输入 icemcfd,单击确认,关闭对话框。

10.4.2 建立几何模型

步骤01 单击功能区内 Geometry(几何)选项卡中的 (创建点)按钮,弹出如图 10-60 所示的 Create Point(创建点)面板,单击 按钮,Method 选择 Create 1 Point,坐标值输入为(0,0,0),单击 Apply 按钮创建点。

步骤02 同步骤(1)方法创建另外 4 个点,坐标值见表 10-2 所示,单击 Apply 创建点位置,如图 10-61 所示。

表 10-2 创建点坐标

序 号	X	Y	Z
1	50	50	0
2	0	50	0

步骤03 单击功能区内 Geometry(几何)选项卡中的 (创建曲线)按钮,弹出如图 10-62 所示的 Create/Modify Curve(创建曲线)面板,单击 按钮,选取圆心点(0,0,0),再选取圆心周边另外两点创建圆弧,如图 10-63 所示。

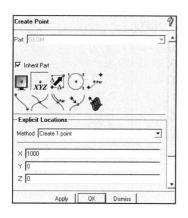

图 10-60　创建点面板

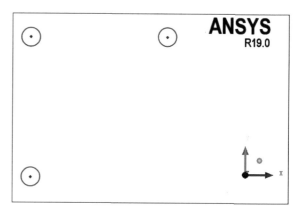

图 10-61　几何模型

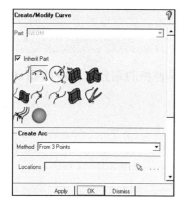

图 10-62　创建曲线面板

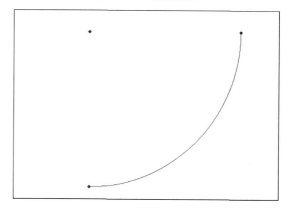

图 10-63　创建圆

步骤 04　单击功能区内 Geometry（几何）选项卡中的 按钮，弹出如图 10-64 所示的 Create/Modify Surface（创建曲面）面板，单击 ![] 按钮，选取旋转轴直线的两个点，再选取步骤（3）创建的曲线，单击 Apply 按钮创建曲面，如图 10-65 所示。

图 10-64　创建曲面面板

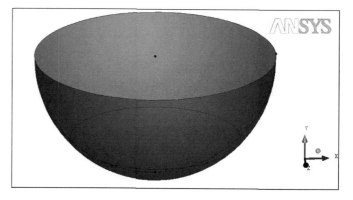

图 10-65　创建曲面

步骤 05　单击功能区内 Geometry（几何）选项卡中的 按钮，弹出如图 10-66 所示的 Delete Curve（删除曲线）面板，选取步骤（3）创建的曲线，单击 Apply 按钮确认。

步骤 06　单击功能区内 Geometry（几何）选项卡中的 按钮，弹出如图 10-67 所示的 Repair Geometry（修复模型）面板，单击 ![] 按钮，单击 OK 按钮确认，几何模型将修复完毕，如图 10-68 所示。

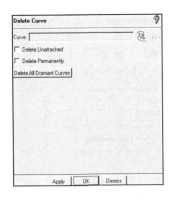
图 10-66　删除曲面面板

图 10-67　修复模型面板

图 10-68　修复后的几何模型

10.4.3　生成块

步骤 01　单击功能区内 Blocking（块）选项卡中的 （创建块）按钮，弹出如图 10-69 所示的 Create Block（创建块）面板，单击 按钮，Type 选择 3D Bounding Box，勾选 2D Blocking 复选框，单击 OK 按钮确认，创建初始块如图 10-70 所示。

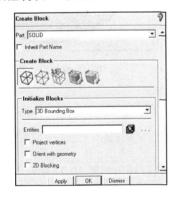
图 10-69　创建块面板

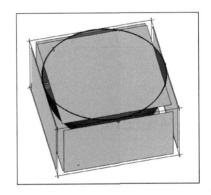
图 10-70　创建初始块

勾选 2D Blocking 复选框后，创建的块不再是实体块，而是包含模型的六个平面，这样便于三维曲面的网格生成。

步骤 02　单击功能区内 Blocking（块）选项卡中的 （删除块）按钮，弹出如图 10-71 所示的 Delete Block（删除块）面板，选择半圆曲面底部的块并单击 Apply 按钮确认，删除块效果如图 10-72 所示。

步骤 03　单击功能区内 Blocking(块)选项卡中的 (关联)按钮,弹出如图 10-73 所示的 Blocking Associations（块关联）面板，单击 （Edge 关联）按钮，单击 按钮，选择块上底面的 4 条边并单击鼠标中键确认，然后单击 按钮，选择模型下面的曲线并单击鼠标中键确认，选择的曲线会自动组成一组，关联边和曲线的选取如图 10-74 所示。

步骤 04　单击功能区内 Blocking(块)选项卡中的 (关联)按钮,弹出如图 10-75 所示的 Blocking Associations（块关联）面板，单击 （捕捉投影点）按钮，ICEM CFD 将自动捕捉顶点到最近的几何位置，如图 10-76 所示。

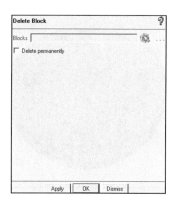 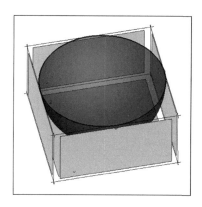 

图 10-71　删除块面板　　　　图 10-72　删除块　　　　图 10-73　Edge 关联面板

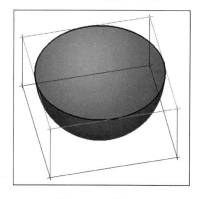 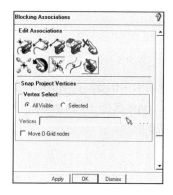 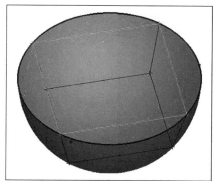

图 10-74　边关联　　　　图 10-75　块关联面板　　　　图 10-76　顶点自动移动

10.4.4　网格生成

步骤 01　单击功能区内 Mesh(网格)选项卡中的 按钮,弹出如图 10-77 所示的 Global Mesh Setup（全局网格设定）面板,在 Max element 中输入 2,单击 Apply 按钮确认。

步骤 02　单击功能区内 Blocking(块)选项卡中的 按钮,弹出如图 10-78 所示的 Pre-Mesh Params（预览网格）面板,单击 ![]按钮,选中 Update All 单选按钮,单击 Apply 按钮确认,显示预览网格如图 10-79 所示。

  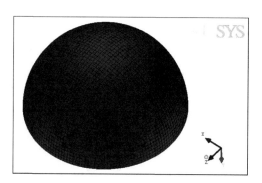

图 10-77　全局网格设定面板　　　　图 10-78　预览网格面板　　　　图 10-79　预览网格显示

10.4.5 网格质量检查

单击功能区内 Blocking（块）选项卡中的 （预览网格质量检查）按钮，弹出如图 10-80 所示的 Pre-Mesh Quality（预览网格质量）面板，单击 Apply 按钮确认，显示网格质量如图 10-81 所示。

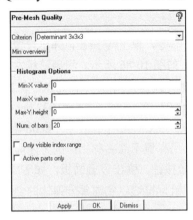

图 10-80　预览网格质量面板

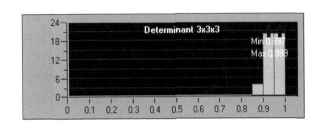

图 10-81　网格检查结果

10.5　冷、热水混合器曲面网格划分

本节的内容是一个冷、热水混合器的内部流动和热量交换的实际问题，温度 T=350K 的热水以 15m/s 的速度从混合器左边的热水入口流入，与从混合器右侧的冷水入口以 10m/s 速度流入的温度为 T=280k 的冷水进行混合和能量交换后，从混合器下方的混合水出口流出。

10.5.1　启动 ICEM CFD 并建立分析项目

步骤 01　在 Windows 系统下执行"开始"→"所有程序"→"ANSYS 19.0"→Meshing→"ICEM CFD 19.0"命令，启动 ICEM CFD 19.0，进入 ICEM CFD 19.0 界面。

步骤 02　执行 File→Save Project 命令，弹出 Save Project As（保持项目）对话框，在"文件名"中输入 hunheqi，单击确认，关闭对话框。

10.5.2　建立几何模型

步骤 01　对有关创建几何模型的选项进行设置。单击菜单栏 Settings 弹出下拉列表，单击 Selection 弹出设置面板（见图 10-82），勾选 Auto Pick Mode 复选框。单击菜单栏 Settings 弹出下拉列表，单击 Geometry Options 弹出设置面板（见图 10-83），勾选 Name new geometry 复选框并选中 Create new part 单选按钮。

步骤02 通过输入坐标的方法创建点。执行标签栏中的 Geometry 命令，单击按钮，弹出设置面板，单击 xyz 按钮，选择 Create 1 point（创建一个点），输入 Part 名称 POINTS，Name 使用默认名称，输入坐标值 pnt.00 (0,0,0)，单击 Apply 按钮创建点，如图 10-84 所示。其余各点创建方法与之相似，坐标分别为 pnt.01 (150,0,0)、pnt.02 (150,-35,0)、pnt.03 (210,-35,0)、pnt.04 (210,-60,0)、pnt.05 (150,-60,0)、pnt.06 (150,-200,0)、pnt.07 (75,-275,0)、pnt.08 (12.5,-275,0)、pnt.09 (12.5,-335,0)、pnt.10 (0,-335,0)。创建所有点后显示点名称，右击模型树中的 Points，选择 Show Point Names，如图 10-85 所示。

步骤03 通过连接点的方式创建直线。执行标签栏中的 Geometry 命令，单击按钮，弹出设置面板，输入 Part 名称 CURVES，Name 使用默认名称，单击按钮，如图 10-86 所示。利用鼠标左键分别选择点 pnt.00 和 pnt.01 并单击鼠标中键确认，创建直线 crv.00。利用同样的方法创建以下轮廓线：pnt.01 和 pnt.02 组成直线 crv.01，pnt.02 和 pnt.03 组成 crv.02，pnt.03 和 pnt.04 组成 crv.03，pnt.04 和 pnt.05 组成 crv.04，pnt.05 和 pnt.06 组成 crv.05，pnt.06 和 pnt.07 组成 crv.06，pnt.07 和 pnt.08 组成 crv.07，pnt.08 和 pnt.09 组成 crv.08，pnt.09 和 pnt.10 组成 crv.09。用和显示点名称相似的方法显示线名称。

步骤04 镜像几何模型。执行标签栏中的 Geometry 命令，单击按钮，弹出设置面板，如图 10-87 所示。单击按钮，勾选 Copy 复选框，平面轴为 X 轴，利用鼠标框选以创建部分弹体的全部点和线，单击鼠标中键确认。

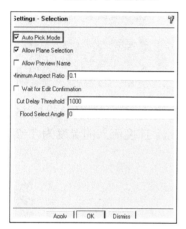

图 10-82 设置自动拾取

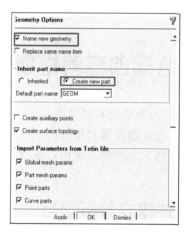

图 10-83 设置几何图形属性

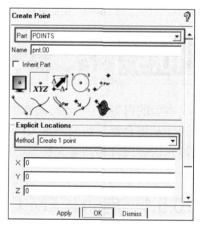

图 10-84 坐标创建点

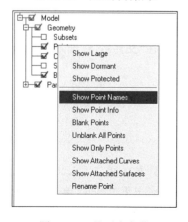

图 10-85 显示点名称

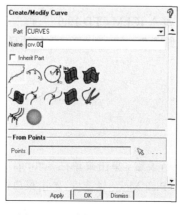

图 10-86 连接点方式创建线

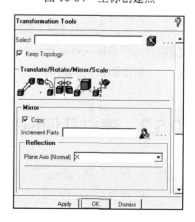

图 10-87 镜像操作

步骤 05 执行标签栏中的 Geometry 命令，单击 按钮，弹出设置面板，单击 按钮，选择 From 2-4 Curves，通过 Curve 创建 Surface，如图 10-88 所示。依次选中修改过的几何模型外轮廓边线，单击鼠标中键确认。

步骤 06 执行标签栏中的 Geometry 命令，单击 按钮，弹出设置面板，单击 按钮，选择 Centroid of 2 points，如图 10-89 所示。选择点 pnt.00 和 pnt.06 并单击鼠标中键确认，完成材料点的创建，设置名称为 fluid。

图 10-88 由线建面

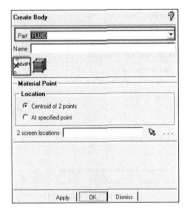
图 10-89 创建材料点

步骤 07 定义入口 Part。右击模型树中 Model→Parts（见图 10-90），选择 Create Part，弹出 Create Part 设置面板，如图 10-91 所示。输入想要定义的 Part 名称为 INTET1，单击 按钮，选择几何元素，选择左边入口处线段并单击鼠标中键确认。采用相同的方法定义其他边界条件：定义另一入口 part 名称 INLET2，选择右侧入口处线段；定义出口 Part 名称为 OUTLET，选择下方出口处线段；定义壁面 Part 名称为 WALL，选择剩余线段。

步骤 08 完成几何模型的创建，如图 10-92 所示。保存几何模型，执行 File→Geometry→Save Geometry As 命令，保存当前几何模型为 hunheqi.tin。

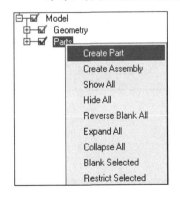
图 10-90 选择 Create Part

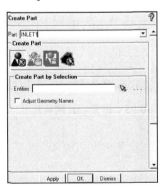
图 10-91 Create Part 设置面板

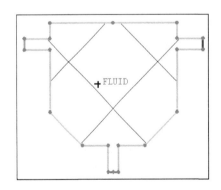
图 10-92 完成几何模型

10.5.3 定义网格参数

步骤 01 定义网格全局尺寸。执行标签栏中的 Blocking 命令，单击 按钮，弹出定义全局网格参数设置面板，如图 10-93 所示。单击 按钮，在 Global Element Scale Factor 栏中设置 Scale factor 值为 1，勾选 Display 复选框。在 Global Element Seed Size 栏中设置 Max element 值为 15，勾选 Display 复选框。显示限制全局最大网格尺寸，单击 Apply 按钮。

步骤 02 定义全局壳网格参数。执行标签栏中的 Blocking 命令，单击 按钮，弹出定义全局网格参数设置面板，如图 10-94 所示。单击 按钮，在 Mesh type 下拉列表中选择 All Tri，在 Mesh method 下拉列表选择 Patch Dependent，其余选项保持默认，单击 Apply 按钮。

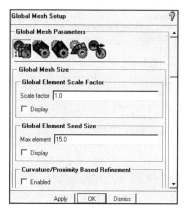

图 10-93　全局网格尺寸设置　　　　　　图 10-94　壳网格参数设置

步骤 03 执行标签栏中的 Mesh 命令，单击 按钮，弹出 Part 网格参数设置面板，如图 10-95 所示。在名称为 SURFACES 的 part 栏中设置 Maximum size 值为 4，在名称为 INLET1、INLET2、OUTLET 的 part 栏中设置 Maximum size 值为 2，其余选项保持默认，单击 Apply 按钮确认，单击 Dismiss 按钮退出。

图 10-95　设置 part 网格尺寸

10.5.4　生成网格

步骤 01 执行标签栏中的 Mesh 命令，单击 按钮，弹出生成网格设置面板，如图 10-96 所示。单击 按钮，其余参数设定保持默认，单击 Compute 按钮生成非结构网格，如图 10-97 所示。

步骤 02 取消模型树 Model 下对 Mesh 的勾选，隐藏已经生成的非结构网格，同样取消 Geometry 下对 Points、Surfaces 和 Bodies 的勾选，只显示 Curves，便于观察和操作。右击 Model→Geometry→Curves（见图 10-98），弹出选项板，勾选 Curve Node Spacing 和 Curve Element Spacing，显示曲线上的节点数和节点分布情况。

 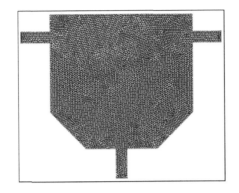 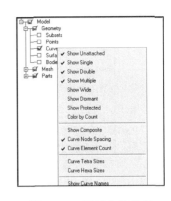

图 10-96　生成网格面板图　　　图 10-97　生成面网格　　　图 10-98　显示曲线节点

步骤 03　执行标签栏中的 Mesh 命令，单击 按钮，弹出曲线网格设置面板，如图 10-99 所示。在 Method 下拉列表中选择 General，选择入口 INLET1 线段，单击鼠标中键确认，定义 Number of nodes 为 14，即节点数为 14，单击 Apply 按钮确定，完成对入口 INLET1 线段网格参数的定义。利用相同的方式定义另外的入口和出口处线节点数以加密局部网格。按步骤（1）中操作重新生成网格。

步骤 04　检查网格质量。执行标签栏中的 Edit Mesh 命令，单击 按钮，弹出检查网格质量设置面板，如图 10-100 所示。在 Mesh types to check 栏中 LINE-2 选择 No，TRI-3 选择 Yes。Elements to check 选择 All，在 Quality type 的 Criterion 下拉列表中选择 Quality，单击 Apply 按钮，网格质量显示如图 10-101 所示。

步骤 05　执行 File→Mesh→Save Mesh As 命令，保存当前网格文件为 hunheqi.uns。

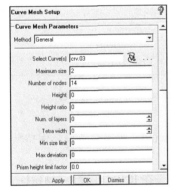 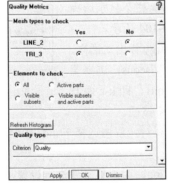

图 10-99　设置曲线节点参数　　　图 10-100　网格质量设置面板　　　图 10-101　网格质量分布

10.5.5　导出网格

步骤 01　执行标签栏中的 Output 命令，单击 按钮，弹出选择求解器设置面板，如图 10-102 所示。在 Output Solver 下拉列表中选择 ANSYS Fluent，单击 Apply 按钮确定。

步骤 02　执行标签栏中的 Output 命令，单击 按钮，弹出设置面板，保存 fbc 和 atr 文件为默认名，在弹出的对话框中单击 No 按钮，不保存当前项目文件，在随后弹出的对话框中选择保存的文件 hunheqi.uns。然后弹出如图 10-103 所示的对话框，在 Grid dimension 栏中选中 2D 单选按钮，表示输出二维网格，在 Output file 栏中将文件名改为 hunheqi，单击 Done 按钮导出网格，导出完成后可在设定的工作目录中找到 hunheqi.mesh。

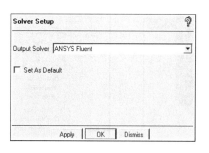
图 10-102　选择求解器面板

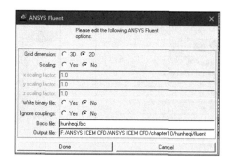
图 10-103　导出网格

10.5.6　计算与后处理

步骤01　打开 FLUENT，选择 2D 求解器。

步骤02　执行 File→Read→Mesh 命令，选择生成的网格 hunheqi.mesh。

步骤03　单击界面左侧流程中 General，单击 Mesh 栏下的 Scale 定义网格单位，弹出对话框，在 Mesh Was Created In 下拉列表中选择 mm，单击 Scale 按钮，单击 Close 按钮关闭对话框。

步骤04　单击 Mesh 栏下的 Check 检查网格质量，注意 Minimum Volume 应大于 0。

步骤05　单击界面左侧流程中 General，在 Solver 栏下分别选择基于密度的稳态平面求解器，如图 10-104 所示。

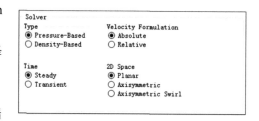
图 10-104　选择求解器

步骤06　单击界面左侧流程中 Models，双击 Energy 弹出对话框，启动能量方程，单击 OK 按钮。双击 Viscous，选择湍流模型，在列表中选择 k-epsilon（2 eqn），即 k-ε 两方程模型，其余设置保持默认，单击 OK 按钮。

步骤07　单击界面左侧流程中 Materials，定义材料。双击选择 Fluid→Water-liquid，弹出对话框，保持默认设置。

步骤08　单击界面左侧流程中 Boundary Condition，对边界条件进行设置，由于在 ICEM 中建立网格时已经对可能用到的边界条件进行了命名，在这里体现了其便捷性，可以直接根据名称进行设置。

步骤09　定义入口。选中 inlet1，在 Type 下拉列表中选择 velocity-inlet（速度入口）边界条件，弹出对话框，单击 Yes 按钮，弹出另一个对话框，如图 10-105 所示，在 Momentum 栏中，设置 Velocity Magnitude 值为 15，Turbulent Intensity 值为 5，Hydraulic Diameter 值为 0.025。用同样的方法设置入口条件 inlet2，在 Momentum 栏中设置 Velocity Magnitude 值 10，Turbulent Intensity 值为 5，Hydraulic Diameter 值为 0.025。选中 outlet，在 Type 下拉列表中选择 outflow 边界条件，弹出对话框，保持默认设置，单击 OK 按钮。选中 wall，在 Type 下拉列表中选择 wall（壁面）边界条件，弹出对话框，单击 Yes 按钮，弹出另一个对话框，保持默认设置，单击 OK 按钮。

步骤10　定义参考值。单击界面左侧流程中 Reference Values，对计算参考值进行设置，在 Compute from 下拉列表中选择 inlet1，参数值保持默认。

步骤11　定义求解方法。单击界面左侧流程中 Solution Methods，对求解方法进行设置，为了提高精度均可选用 Second Order Upwind（二阶迎风格式），其余设置默认即可。

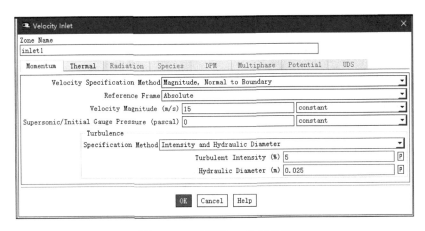

图 10-105 设置入口边界条件

步骤 12 定义克朗数和松弛因子。单击界面左侧流程中 Solution Controls，保持默认设置。

步骤 13 定义收敛条件。单击界面左侧流程中 Monitors，双击 Residual 设置收敛条件，continuity 值改为 1e-05，其余值不变，单击 OK 按钮。

步骤 14 初始化。单击界面左侧流程中 Solution Initialization，在 Compute from 下拉列表中选中 inlet1，其他参数保持默认，单击 Initialize 按钮。

步骤 15 求解。单击界面左侧流程中 Run Calculation，设置迭代次数 2000，单击 Calculate 按钮，开始迭代计算，大约 1500 步收敛。如图 10-106 所示为残差变化情况。

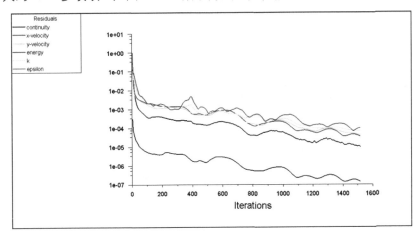

图 10-106 残差变化情况

步骤 16 显示云图。单击界面左侧流程中 Graphics and Animations，双击 Contours，弹出对话框。在 Options 中勾选 Filled 复选框，在 Contours of 栏中分别选择 Velocity 和 Velocity Magnitude、Temperature 和 Static Temperature、Pressure 和 Static Pressure，显示速度标量、静温云图和压力云图，如图 10-107~图 10-109 所示。

步骤 17 显示流线图。单击界面左侧流程中 Graphics and Animations，双击 Pathlines，弹出对话框。在 Style 下拉列表中选择 line，在 Step Size 中输入值 1，在 Steps 中输入值 5，在 Path Skip 栏中输入值 10，设置流线间距；在 Release from Surfaces 中选择 int_surfaces，单击 Display 按钮，得到如图 10-110 所示的流线图。

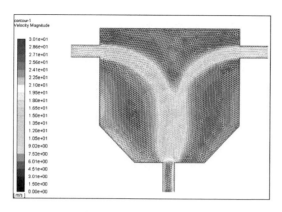

图 10-107 速度标量云图

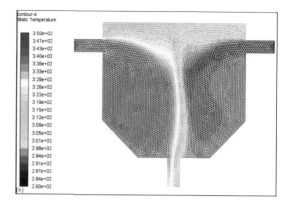

图 10-108 静温云图

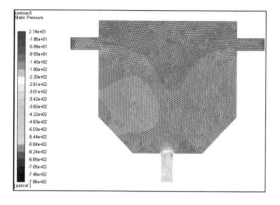

图 10-109 压力云图

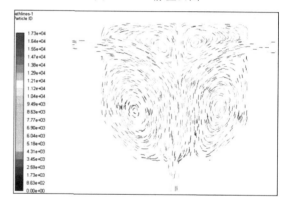

图 10-110 流线图

10.6 二维喷管曲面网格划分

本节是对一二维喷管进行非结构面网格划分,并进行相应数值计算。

10.6.1 启动 ICEM CFD 并建立分析项目

步骤01 在 Windows 系统下执行"开始"→"所有程序"→"ANSYS 19.0"→Meshing→"ICEM CFD 19.0"命令,启动 ICEM CFD 19.0,进入 ICEM CFD 19.0 界面。

步骤02 执行 File→Save Project 命令,弹出 Save Project As(保持项目)对话框,在"文件名"中输入 penguan,单击确认,关闭对话框。

10.6.2 建立几何模型

步骤01 对有关创建几何模型的选项进行设置。单击菜单栏 Settings 弹出下拉列表,单击 Selection 弹出设置面板(见图 10-111),勾选 Auto Pick Mode 复选框。单击菜单栏 Settings 弹出下拉列表,单击 Geometry

Options 弹出设置面板（见图 10-112），勾选 Name new geometry 复选框并选中 Create new part 单选按钮。

步骤02 通过输入坐标的方法创建点。执行标签栏中的 Geometry 命令，单击 按钮，弹出设置面板，单击 按钮，选择 Create 1 point（创建一个点），输入 Part 名称 POINTS，Name 使用默认名称，输入坐标值 pnt.00（0,0,0），单击 Apply 按钮创建点，如图 10-113 所示。其余各点创建方法与之相似，坐标分别为 pnt.01（0,300,0）、pnt.02（550,300,0）、pnt.03（1050,160,0）、pnt.04（1250,160,0）、pnt.05（1750,300,0）、pnt.06（2300,300,0）、pnt.07（2300,0,0）。创建所有点后显示点名称，右击模型树中 Points，选择 Show Point Names，如图 10-114 所示。

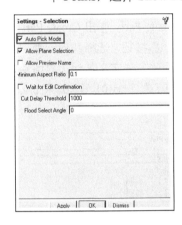
图 10-111　设置自动拾取

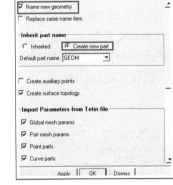
图 10-112　设置几何图形属性

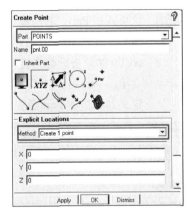
图 10-113　坐标创建点

步骤03 通过连接点的方式创建直线。执行标签栏中的 Geometry 命令，单击 按钮，弹出设置面板，输入 Part 名称 CURVES，Name 使用默认名称，单击 按钮，如图 10-115 所示。利用鼠标左键分别选择点 pnt.00 和 pnt.01 并单击鼠标中键确认，创建直线 crv.00。利用同样的方法创建以下轮廓线：pnt.01 和 pnt.02 组成直线 crv.01，pnt.02、pnt.03、pnt.04 和 pnt.05 组成曲线 crv.02，pnt.05 和 pnt.06 组成 crv.03，pnt.06 和 pnt.07 组成 crv.04，pnt.07 和 pnt.00 组成 crv.05。用和显示点名称相似的方法显示线名称。

步骤04 执行标签栏中的 Geometry 命令，单击 按钮，弹出设置面板，单击 按钮，选择 From 2-4 Curves，通过 Curve 创建 Surface，如图 10-116 所示。依次选中修改过的几何模型外轮廓边线并单击鼠标中键确认，得到完整的几何图形，如图 10-117 所示。

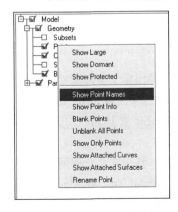
图 10-114　显示点名称

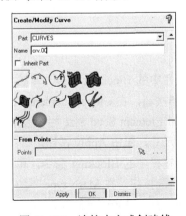
图 10-115　连接点方式创建线

图 10-116　由线建面

图 10-117 完成几何模型

步骤05 执行标签栏中的 Geometry 命令，单击 ![] 按钮，弹出设置面板，单击 ![] 按钮，选中 Centroid of 2 points 单选按钮，如图 10-118 所示。利用鼠标左键选择点 pnt.00 和 pnt.02 并单击鼠标中键确认，完成材料点的创建，默认名为 FLUID。

步骤06 定义入口 Part。右击模型树中 Model→Parts（见图 10-119），选择 Create Part，弹出 Create Part 设置面板，如图 10-120 所示。输入想要定义的 Part 名称为 INTET，单击 ![] 按钮，选择几何元素，选择 crv.00 并单击鼠标中键确定，此时 crv.00 将自动改变颜色。采用相同的方法定义其他边界条件：定义出口 Part 名称为 OUTLET，选择 crv.04；定义壁面 Part 名称为 WALL，选择 crv.01、crv.02 和 crv.03；定义对称边界 Part 名称为 SYM，选择直线 crv.05。

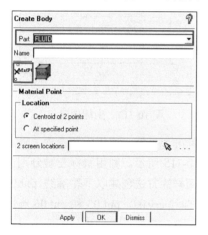

图 10-118 创建材料点

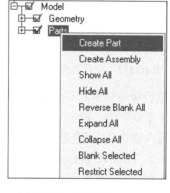

图 10-119 选择 Create Part

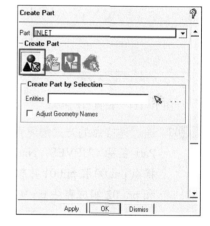

图 10-120 Create Part 设置面板

步骤07 完成几何模型的创建。保存几何模型，执行 File→Geometry→Save Geometry As 命令，保存当前几何模型为 penguan.tin。

10.6.3 定义网格参数

步骤01 定义网格全局尺寸。执行标签栏中的 Blocking 命令，单击 ![] 按钮，弹出定义全局网格参数设置面板，如图 10-121 所示。单击 ![] 按钮，在 Global Element Scale Factor 栏中设置 Scale factor 值为 1，勾选 Display 复选框。在 Global Element Seed Size 栏中设置 Max element 值为 50，勾选 Display 复选框。显示限制全局最大网格尺寸，单击 Apply 按钮。

步骤02 定义全局壳网格参数。执行标签栏中的 Blocking 命令，单击 ![] 按钮，弹出定义全局网格参数设置面板，如图 10-122 所示。单击 ![] 按钮，在 Mesh type 下拉列表中选择 All Tri，在 Mesh method 下拉列表中选择 Patch Dependent，其余选项保持默认，单击 Apply 按钮。

第 10 章
曲面网格划分

图 10-121 定义全局网格参数设置面板　　　　图 10-122 定义全局网格参数设置面板

步骤 03 执行标签栏中的 Mesh 命令，单击 按钮，弹出 Part 网格参数设置面板，如图 10-123 所示。在名称为 SURFACES 的 part 栏中设置 Maximum size 值为 15，在名称为 WALL 的 part 栏中勾选 Prim 生成边界层网格，设置 Maximum size 值为 15，Height 值为 3，Height ratio 值为 1.2，Num layers 值为 5，勾选 Apply inflation parameters to curves 复选框，其余选项保持默认，单击 Apply 按钮确认，单击 Dismiss 按钮退出。

图 10-123 设置 part 网格参数

10.6.4 生成网格

步骤 01 执行标签栏中的 Mesh 命令，单击 按钮，弹出生成网格设置面板，如图 10-124 所示。单击 按钮，其余参数设定保持默认，单击 Compute 按钮生成非结构网格，如图 10-125 所示。

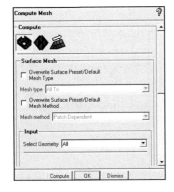
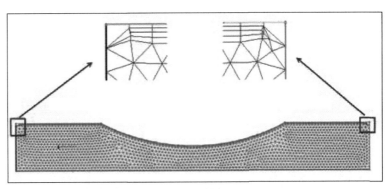

图 10-124 生成面网格　　　　　　　　图 10-125 生成网格

步骤02 取消模型树 Model 下对 Mesh 的勾选，隐藏已经生成的非结构网格，同样取消 Geometry 下的对 Points、Surfaces 和 Bodies 的勾选，只显示 Curves，便于观察和操作。右击 Model→Geometry→Curves（见图 10-126），弹出选项板，勾选 Curve Node Spacing 和 Curve Element Spacing，显示曲线上的节点数和节点分布情况，结果如图 10-127 所示。

图 10-126 显示节点分布　　　　　　　　　图 10-127 初始节点分布情况

步骤03 执行标签栏中的 Mesh 命令，单击 按钮，弹出曲线网格设置面板，如图 10-128 所示。在 Method 下拉列表中选择 General，选择 crv.00 并单击鼠标中键确认，定义 Number of nodes 为 30，即节点数为 30，在 Bunching 下拉列表中选择 BiGeometric，勾选 Curve Direction 复选框，定义 Spacing1=10，Ratio=2，Spacing2=3，Ratio=1.2，单击 Apply 按钮确定，完成对 crv.00 网格参数的定义。采用相同的参数定义 crv.04 的网格尺寸，完成后节点的分布如图 10-129 所示。

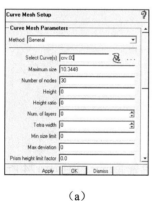 

（a）　　　　　　　　　　　　　　　　　（b）

图 10-128 节点参数定义

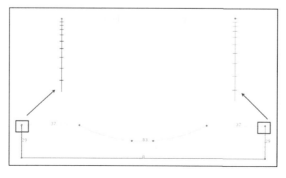

图 10-129 修改完成后节点分布

步骤04 采用步骤（1）的操作重新生成网格，如图 10-130 所示。

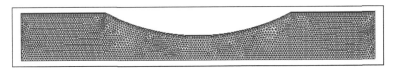

图 10-130　生成网格

步骤05 执行标签栏中的 Edit Mesh 命令，单击 ![] 按钮，弹出检查网格质量设置面板，如图 10-131 所示。在 Mesh types to check 栏中 LINE-2 选择 No，TRI-3 和 QUAD-4 选择 Yes。Elements to check 选择 All，在 Quality type 的 Criterion 下拉列表中选择 Quality，单击 Apply 按钮，网格质量显示如图 10-132 所示。

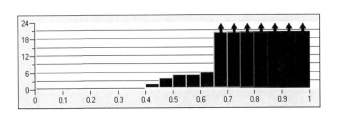

图 10-131　网格质量设置　　　　　　　　图 10-132　网格质量分布

步骤06 执行 File→Mesh→Save Mesh As 命令，保存当前网格文件为 penguan.uns。

10.6.5　导出网格

步骤01 执行标签栏中的 Output 命令，单击 ![] 按钮，弹出选择求解器设置面板，如图 10-133 所示。在 Output Solver 下拉列表中选择 ANSYS Fluent，单击 Apply 按钮确定。

步骤02 执行标签栏中的 Output 命令，单击 按钮，弹出设置面板，保存 fbc 和 atr 文件为默认名，在弹出的对话框中单击 No 按钮，不保存当前项目文件，在随后弹出的对话框中选择保存的文件 penguan.uns。然后弹出如图 10-134 所示的对话框，在 Grid dimension 栏中选中 2D 单选按钮，表示输出二维网格，在 Output file 栏中将文件名改为 penguan，单击 Done 按钮导出网格，导出完成后可在设定的工作目录中找到 penguan.mesh。

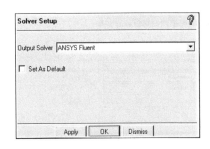

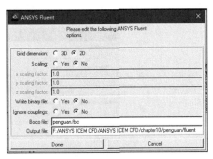

图 10-133　选择求解器　　　　　　　　　图 10-134　导出网格

10.6.6 计算与后处理

步骤01 打开 FLUENT，选择 2D 求解器。

步骤02 执行 File→Read→Mesh 命令，选择生成的网格 penguan.mesh。

步骤03 单击界面左侧流程中 General，单击 Mesh 栏下的 Scale 定义网格单位，弹出对话框，在 Mesh Was Created In 下拉列表中选择 mm，单击 Scale 按钮，单击 Close 按钮关闭对话框。

步骤04 单击 Mesh 栏下的 Check 检查网格质量，注意 Minimum Volume 应大于 0。

步骤05 单击界面左侧流程中 General，在 Solver 栏下分别选择基于密度的稳态平面求解器，如图 10-135 所示。

步骤06 单击界面左侧流程中 Models，双击 Energy 弹出对话框，启动能量方程，单击 OK 按钮。双击 Viscous，选择湍流模型，在列表中选择 Inviscid，单击 OK 按钮。

步骤07 单击界面左侧流程中 Materials，定义材料。双击选择 Fluid→air，弹出对话框，在 Density 下拉列表中选择 ideal-gas，结果如图 10-136 所示。

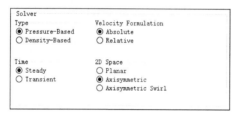
图 10-135 选择求解器

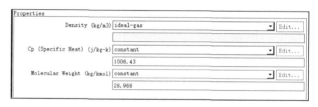
图 10-136 定义材料属性

步骤08 定义入口。选中 inlet，在 Type 下拉列表中选择 pressure-inlet（压力入口）边界条件，弹出对话框，单击 Yes 按钮，弹出另一个对话框，如图 10-137 所示。在 Gauge Total Pressure 栏中，设置 Gauge Total pressure 值为 101325，设置 Supersonic/Initial Gauge Pressure 值为 9000。在 Thermal 栏中，设置 Temperature 值为 300。选中 outlet，在 Type 下拉列表中选择 pressure-outlet（压力出口）边界条件，弹出对话框，单击 Yes 按钮，弹出另一个对话框，如图 10-138 所示，在 Momentum 栏中，设置 Gauge Pressure 值为 3738.9。在 Thermal 栏中，设置 Temperature 值为 300。选中 wall，在 Type 下拉列表中选择 wall（壁面）边界条件，弹出对话框，单击 Yes 按钮，弹出另一个对话框，保持默认设置，单击 OK 按钮。选中 sym，在 Type 下拉列表中选择 axis（轴）边界条件，弹出对话框，保持默认设置，单击 OK 按钮。

步骤09 定义参考值。单击界面左侧流程中 Reference Values，对计算参考值进行设置，在 Compute from 下拉列表中选择 inlet，参数值保持默认。

图 10-137 设置入口边界条件

图 10-138　设置出口边界条件

- 步骤⑩　定义求解方法。单击界面左侧流程中 Solution Methods，对求解方法进行设置，为了提高精度均可选用 Second Order Upwind（二阶迎风格式），其余设置默认。
- 步骤⑪　定义克朗数和松弛因子。单击界面左侧流程中 Solution Controls，保持默认设置。
- 步骤⑫　定义收敛条件和监视器。单击界面左侧流程中 Monitors，双击 Residual 设置收敛条件，将 continuity 值更改为 1e-05，其余保持不变，单击 OK 按钮。依次单击 Solving-Definition-New 按钮，弹出对话框，如图 10-139 所示，创建监视器。在 Report Type 下拉列表中选择 Mass Flow Rate，在 Surfaces 栏中选中 outlet，监视出口流量变化，单击 OK 按钮确定。

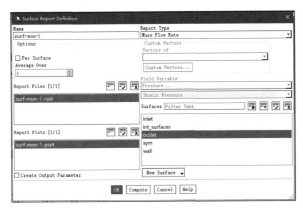

图 10-139　定义监视器

- 步骤⑬　初始化。单击界面左侧流程中 Solution Initialization，在 Compute from 下拉列表中选择 inlet，其余保持默认，单击 Initialize 按钮。
- 步骤⑭　求解。单击界面左侧流程中 Run Calculation，设置迭代次数 2000，单击 Calculate 按钮，开始迭代计算。由于残差设置值较小大约 1100 步收敛，如图 10-140 所示为残差变化情况。如图 10-141 所示的出口流量趋于稳定，可认定为计算已经收敛。

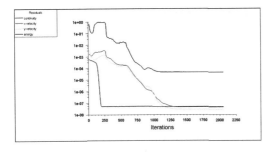

图 10-140　残差变化

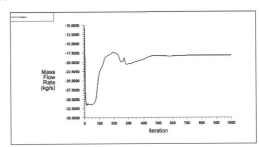

图 10-141　出口流量变化

步骤 15 显示云图。单击界面左侧流程中 Graphics and Animations，双击 Contours，弹出对话框。在 Options 中勾选 Filled 复选框，在 Contours of 栏中分别选择 Velocity 和 Velocity Magnitude、Temperature 和 Static Temperature、Pressure 和 Static Pressure 显示速度标量、静温云图和压力云图，如图 10-142~图 10-144 所示。

步骤 16 显示流线图。单击界面左侧流程中 Graphics and Animations，双击 Pathlines，弹出对话框。在 Style 下拉列表中选择 line，设置 Step Size 值为 1，Steps 值为 50，在 Path Skip 栏中输入值 100，设置流线间距，在 Release from Surfaces 栏中选择 int_surfaces，单击 Display 按钮，得到如图 10-145 所示的流线图。

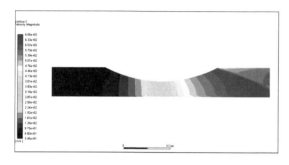

图 10-142　速度标量云图

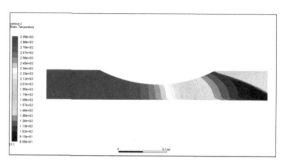

图 10-143　静温云图

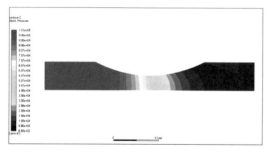

图 10-144　压力云图

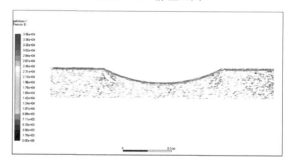

图 10-145　流线图

10.7　本章小结

本章通过网格划分实例着重讲解了曲面网格的划分方法和操作流程，包括结构网格和非结构网格。通过对本章内容的学习，读者可以掌握 ICEM CFD 曲面网格的基本知识，熟悉 ICEM CFD 曲面网格生成的基本操作、几何建模方法、网格生成及计算分析的使用方法和操作流程。

第 11 章 网格编辑

导言

网格生成以后,需要对网格的质量进行检查,查看是否能够满足计算的要求,若不满足,则需要对网格进行必要的编辑与修改,在 ICEM CFD 中网格编辑选项可实现这样的目的。

本章将介绍 ICEM CFD 中网格编辑功能的使用方法,并通过具体实例详细讲解使用 ICEM CFD 网格编辑的工作流程。

学习目标

★ 掌握网格质量的检查方法
★ 掌握 ICEM CFD 网格编辑的使用方法和操作流程

11.1 网格编辑基本功能

在 ICEM CFD 中由网格编辑选项来进行网格质量查看和修改的操作,网格编辑选项如图 11-1 所示。

图 11-1 网格编辑选项

(1) Create Elements(生成元素):手动生成不同类型的元素。元素类型包括点、线、三角形、矩形、四面体、棱柱、金字塔、六面体等,如图 11-2 所示。

(2) Extrude Mesh(扩展网格):通过拉伸面网格生成体网格的方法,如图 11-3 所示。

扩展网格的方法包括以下 4 种。

- Extrude by Element Normal(通过单元拉伸)。
- Extrude Along Curve(通过沿曲线拉伸)。
- Extrude by Vector(通过沿矢量方向拉伸)。
- Extrude by Rotation(通过旋转拉伸)。

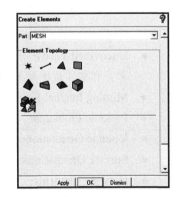

图 11-2 生成元素

（3） Check Mesh（检查网格）：检查并修复网格，提高网格质量，如图 11-4 所示。

- Errors（错误）：最有可能出现问题的地方，如求解器转换、求解器输出、求解过程/结果收敛。
- Possible Problems（可能导致不正确的结果）：未被清除干净的表面网格，包括不需要的单元及不需要的孔或间隙。
- Set Defaults（默认值）：将会选择大多数情况下的诊断标准。
- Check Mode（检测模式）：Create Subsets 模式，为每一个判断标准创建一个自己的子集；Check/Fix Each 模式提供自动的问题修补功能。

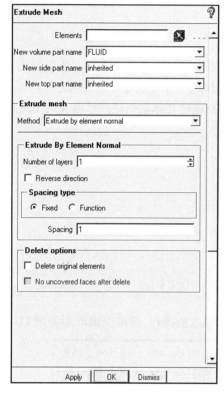

图 11-3 扩展网格

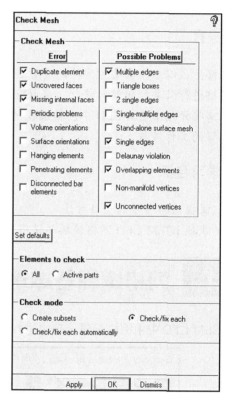

图 11-4 检查网格

在 Errors 中检查的内容如下。

- Duplicate Elements：查找和其他单元分享所有节点并且类型相同的单元。
- Uncovered Faces：正常情况下所有的体积网格单元的面不是与其他体积单元的面相贴就是与面网格单元相接（边界处）。
- Missing Internal Faces：在不同 part 任何一对体网格之间，不存在面网格单元。
- Periodic Problems：检查周期性表面节点数是否一致。
- Volume Orientation：寻找节点顺序不符合右手法则定义的单元（单元节点的排序）。
- Surface Orientations：存在分享同一个面单元的体单元（重叠）。
- Hanging Elements：线（杆）元素有一个自由的节点（节点没有被另外一个杆单元分享）。
- Penetrating Elements：存在面单元与其他面单元相交或是穿过其他面单元。
- Disconnected Bar Elements：杆单元存在两个节点都没有与其他杆单元相连。

在 Possible Problems 中检查的内容如下。

- Multiple Edges：三个以上单元共享一条边。
- Triangle Boxes：4个三角形网格组构成一个四面体，在其中没有实际的体积单元。
- 2 -Single Edges：面单元有两个自由的边（没有另一个面单元相连）。
- Single-Multiple Edges：同时拥有单边和多连接边的单元。
- Stand-Alone Surface Mesh：不合体网格单元分享面的面网格单元。
- Single Edges：至少有一条单边（不与其他单元分享）的面网格单元。
- Delaunay Violation：面网格单元的节点落在相邻单元的外接圆内。
- Overlapping Elements：覆盖相同曲面但没有共同节点的三角形面网格单元（面网格折叠）。
- Non-manifold vertices：与此点其相接的单元的边不封闭。
- Unconnected Vertices：检查并移除不与任何单元连接的点。

（4）Display Mesh Quality（显示网格质量）：显示查看网格质量，如图 11-5 所示。

（5）Smooth Mesh Globally（平顺全局网格）：修剪自动生成的网格，删去质量低于某值的网格节点，提高网格质量，如图 11-6 所示。

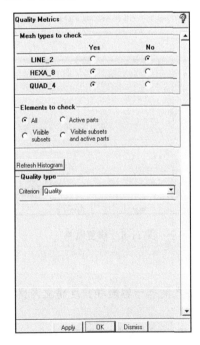

图 11-5　显示网格质量

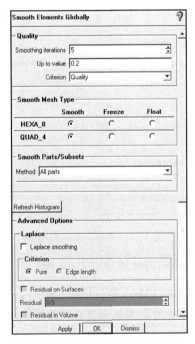

图 11-6　平顺全局网格

平顺全局网格的类型以下 3 种。

- Smooth（平顺）：通过平顺特定单元类型的单元来提高网格质量。
- Freeze（冻结）：通过冻结特定单元类型的单元使得在平顺过程中该单元不被改变。
- Float（浮动）：通过几何约束来控制特定单元类型的单元在平顺过程中的移动。

（6）Smooth Hexahedral Mesh Orthogonal（平顺六面体网格）：修剪非结构化网格，提高网格质量，如图 11-7 所示。

平顺类型包括以下两种。

- Orthogonality（正交）：平顺将努力保持正交性和第一层的高度。
- Laplace（拉普拉斯）：平顺将尝试通过设置控制函数来使网格均一化。

冻结选项包括以下两个。

- All Surface Boundaries（所有表面边界）：冻结所有边界点。
- Selected Parts（选择部分）：冻结所选择部分的边界点。

（7）Repair Mesh（修复网格）：手动修复质量较差的网格，如图 11-8 所示。

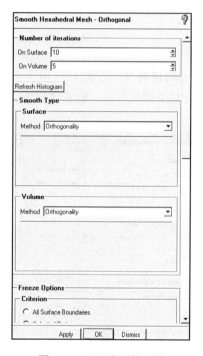
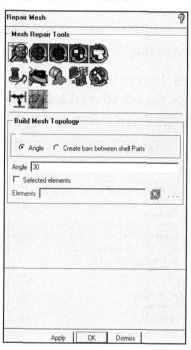

图 11-7 平顺六面体网格　　　　图 11-8 修复网格

修复网格的方法包括以下 12 种。

- Build Mesh Topology（建立网格的拓扑结构）：在网格之间基于容差和角度建立网格的投影，在有尖锐的边/角的地方自动创建单元/节点。
- Remesh Elements（重新划分网格）：在所选单元的周界范围内重新划分网格。
- Remesh Bad Elements（重新划分质量较差单元网格）：删除质量较低的单元且重新生成网格。
- Find/Close Holes in Mesh（发现/关闭网格中的孔）：在单元碎片中定位空洞且使用所选择的单元类型封闭空洞。
- Mesh From Edges（网格边缘）：选择网格单元的单边，形成封闭的区域，并用所选择的单元类型填充封闭空洞。
- Stitch Edges（缝边）：使用所选边界封闭缝隙（通常"单边"），通过合并对面的节点使两边的网格一致。
- Smooth Surface Mesh（光顺表面网格）。

- Flood Fill / Make Consistent（填充/使一致）：重新定义与体网格结合的部分，通常在封闭空洞之后，修补"缝隙"。
- Associate Mesh With Geometry（关联网格）：表面网格和最近的表面结合。
- Enforce Node, Remesh（加强节点，重新划分网格）：使单元与独立的节点一致起来。
- Make/Remove Periodic（指定/删除周期性）：通过选择节点对创建/移除周期性匹配。
- Mark Enclosed Elements（标记封闭单元）。

（8）Merge Nodes（合并节点）：通过合并节点来提高网格质量，如图 11-9 所示。
合并节点的类型包括以下三种：

- Merge Interactive（合并选定节点）。
- Merge Tolerance（根据容差合并节点）。
- Merge Meshes（合并网格）。

（9）Split Mesh（分割网格）：通过分割网格来提高网格质量，如图 11-10 所示。
分割网格的类型包括以下 7 种：

- Split Nodes（分割节点）。
- Split Edges（分割边界）。
- Swap Edges（交换边界）。
- Split Tri Elements（分割三角单元）。
- Split Internal Wall（分割内部墙）。
- Y-Split Hexas at Vertex（分隔六面体单元）。
- Split Prisms（分割三棱柱）。

（10）Move Nodes（移动节点）：通过移动节点来提高网格质量，如图 11-11 所示。

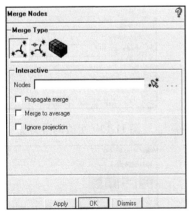

图 11-9　合并节点

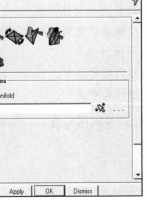

图 11-10　分割网格

图 11-11　移动节点

移动节点类型包括以下 13 种。

- Interactive（移动选取的节点）。
- Exact（修改节点的坐标值）。
- Offset Mesh（偏置网格）。

- Align Nodes（定义参考方向）。
- Redistribute Prism Edge（重新分配三棱柱边界）。
- Project Node to Surface（投影节点到面）。
- Project Node to Curve（投影节点到曲线）。
- Project Node to Point（投影节点到点）。
- Un-Project Nodes（非投影节点）。
- Lock/Unlock Elements（锁定/解锁单元）。
- Snap Project Nodes（选取投影节点）。
- Update Projection（更新投影）。
- Project Nodes to Plane（投影节点到平面）。

（11）Transform Mesh（转换网格）：通过移动、旋转、镜像和缩放等方法来提高网格质量，如图 11-12 所示。

转换网格的方法包括以下 4 种。

- Translate（移动）。
- Rotate（旋转）。
- Mirror（镜像）。
- Scale（缩放）。

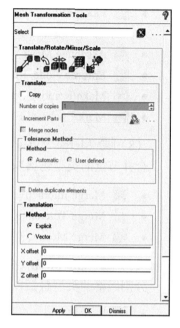

图 11-12　转换网格

（12）Covert Mesh Type（更改网格类型）：通过更改网格类型来提高网格质量，如图 11-13 所示。

更改网格类型的方法包括以下 7 种。

- Tri to Quad（三角形网格转化为四边形网格）。
- Quad to Tri（四边形网格转化为三角形网格）。
- Tetra to Hexa（四面体网格转化为六面体网格）。
- All Types to Tetra（所有类型网格转化为四面体网格）。
- Shell to Solid（面网格转换为体网格）。
- Create Mid Side Nodes（创建网格中点）。
- Delete Mid Side Nodes（删除网格中点）。

图 11-13　更改网格类型

（13）Adjust Mesh Density（调整网格密度）：加密网格或使网格变稀疏，如图 11-14 所示。

调整网格密度的方法包括以下 4 种。

- Refine All Mesh（加密所有网格）。
- Refine Selected Mesh（加密选择的网格）。
- Coarsen All Mesh（粗糙所有网格）。
- Coarsen Selected Mesh（粗糙选择的网格）。

（14）Renumber Mesh（重新网格编号）：为网格重新编号，如图 11-15 所示。

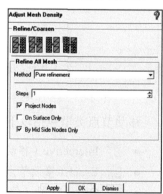

图 11-14　调整网格密度

网格重新编号的方法包括以下两种。

- User Defined（用户定义）。
- Optimize Bandwidth（优化带宽）。

（15） Adjust Mesh Thickness（调整网格厚度）：修改选定节点的网格厚度，如图11-16所示。调整网格厚度的方法包括以下三种。

- Calculate（计算）：网格厚度将自动通过表面单元厚度计算得到。
- Remove（去除）：去除网格厚度。
- Modify selected nodes（修改选择的节点）：修改单个节点的网格厚度。

（16） Re-corient Mesh（再定位网格）：使网格在一定方向上重新定位，如图11-17所示。

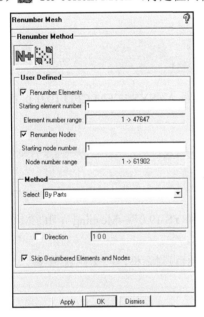

图11-15 重新网格编号

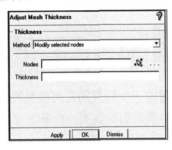

图11-16 调整网格厚度

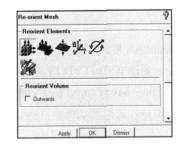

图11-17 再定位网格

再定位网格的方法包括以下6种。

- Reorient Volume（再定位几何体）。
- Reorient Consistent（再定位一致性）。
- Reverse Direction（反转方向）。
- Reorient Direction（再定位方向）。
- Reverse Line Element Direction（反转线单元方向）。
- Change Element IJK（改变单元方向）。

（17） Delete Nodes（删除节点）：删除选择的节点，如图11-18所示。

（18） Delete Elements（删除网格）：删除选择的网格，如图11-19所示。

（19） Edit Distributed Attribute（编辑分布属性）：通过编辑网格单元的分布属性提高网格质量，如图11-20所示。

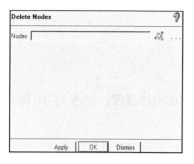
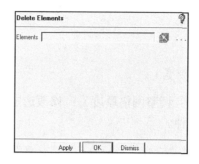
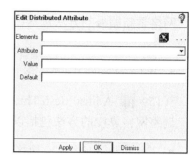

图 11-18　删除节点　　　　图 11-19　删除网格　　　　图 11-20　编辑分布属性

后面几节将通过 3 个案例，来介绍网格编辑及提高网格质量的方法。

11.2　机翼模型网格编辑

本节将通过一个机翼的几何模型网格生成的例子，让读者对 ANSYS ICEM CFD 19.0 进行网格编辑操作提高网格质量的过程有一个初步了解。

11.2.1　启动 ICEM CFD 并建立分析项目

步骤 01　在 Windows 系统下执行"开始"→"所有程序"→"ANSYS 19.0"→Meshing→"ICEM CFD 19.0"命令，启动 ICEM CFD 19.0，进入 ICEM CFD 19.0 界面。

步骤 02　执行 File→Save Project 命令，弹出 Save Project As（保持项目）对话框，在"文件名"中输入 WingEdit，单击确认，关闭对话框。

11.2.2　导入几何模型

执行 File→Geometry→Open Geometry 命令，弹出"打开"对话框，在"文件名"中输入 WingEdit.tin，单击"打开"按钮确认。导入几何文件后，在图形显示区将显示几何模型，如图 11-21 所示。

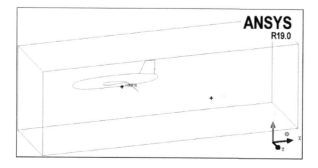

图 11-21　几何模型

11.2.3 网格生成

步骤 01 单击功能区内 Mesh（网格）选项卡中的 ![icon]（全局网格设定）按钮，弹出如图 11-22 所示的 Global Mesh Setup（全局网格设定）面板，在 Scale factor 中输入 0.025，在 Max element 中输入 16，单击 Apply 按钮确认。

步骤 02 在 Global Mesh Setup（全局网格设定）面板中单击 ![icon]（体网格参数）按钮，如图 11-23 所示。Mesh Type 选择 Tetra/Mixed，Mesh Method 选择 Robust（Octree），单击 Apply 按钮确认。

图 11-22　全局网格设定面板

图 11-23　体网格设定面板

步骤 03 单击功能区内 Mesh（网格）选项卡中的 ![icon]（部件网格尺寸设定）按钮，弹出如图 11-24 所示的 Part Mesh Setup（部件网格尺寸设定）对话框，设定所有参数，单击 Apply 按钮确认并单击 Dismiss 按钮退出。

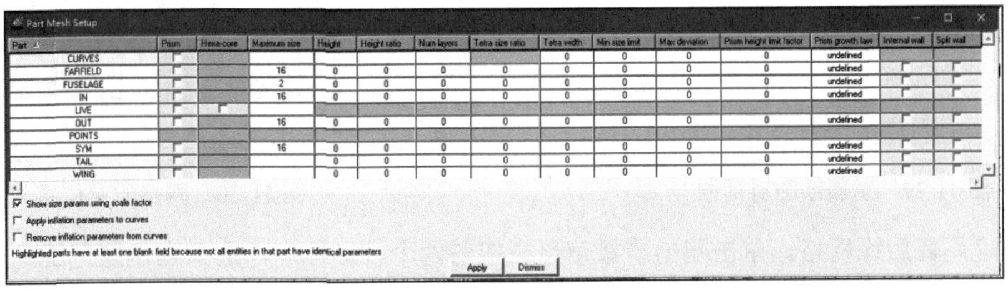

图 11-24　部件网格尺寸设定对话框

步骤 04 单击功能区内 Mesh（网格）选项卡中的 ![icon]（计算网格）按钮，弹出如图 11-25 所示的 Compute Mesh（计算网格）面板，单击 ![icon]（体网格）按钮，单击 Apply 按钮确认生成体网格文件，如图 11-26 所示。

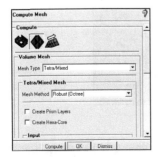
图 11-25　计算网格面板

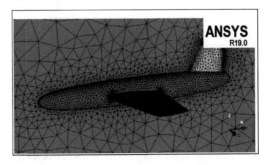
图 11-26　生成曲面网格

11.2.4 网格编辑

步骤01 单击功能区内 Edit Mesh（网格编辑）选项卡中的 (光顺网格)按钮，弹出如图 11-27 所示的 Smooth Elements Globally（光顺网格）面板，调节 Up to value 为 0.2，单击 Apply 按钮确认，在信息栏中显示网格质量信息，如图 11-28 所示。

图 11-27 光顺网格面板

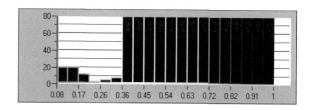
图 11-28 网格质量信息

步骤02 在网格质量信息栏处单击鼠标右键，选择 Replot，弹出如图 11-29 所示的 Replot（重新绘图）对话框，在 Min X value 中输入 0，在 Max X value 中输入 1，在 Max Y height 中输入 16，在 Num bars 中输入 20，网格质量信息栏将重新显示，如图 11-30 所示。

图 11-29 重新绘图对话框

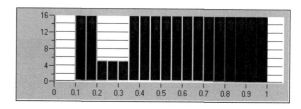
图 11-30 网格质量信息

步骤03 先处理尾翼后缘网格。单击网格质量信息栏中前两个柱形标志，选择在这些范围内的单元（见图 11-31），检查表面，曲线和点确定在几何体上额外的曲线和点增加了多余的约束是影响这些单元网格质量的原因。

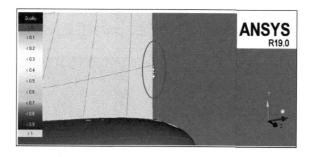
图 11-31 检查网格

步骤04 在网格质量信息栏中前两个柱形图表被选择的时候，在柱状图处单击鼠标右键并选择 Subset，被选中的单元被放到一个名叫 Quality 诊断子集中，它位于 Mesh 分支下面，如图 11-32 所示。

步骤05 在 Quality 处单击右键并选择 Modify，弹出如图 11-33 所示的 Modify Subset（修改子集）面板，单击 按钮，在 Num layer 中输入 2，取消选择 Also volume elements 复选框，单击 Apply 按钮确认。

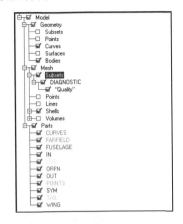

图 11-32 Quality 诊断子集

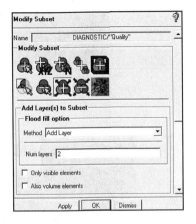

图 11-33 修改子集面板

步骤06 在 Modify Subset（修改子集）面板中单击 ，如图 11-34 所示。单击 按钮，单击鼠标中键完成选择并单击 Apply 按钮确认，如图 11-35 所示。

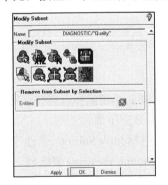

图 11-34 修改子集面板

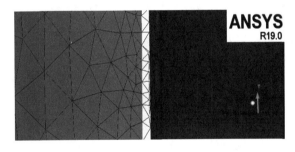

图 11-35 从子集删除所有体单元

步骤07 单击功能区内 Edit Mesh（网格编辑）选项卡中的 按钮，弹出如图 11-36 所示的 Merge Nodes（合并节点）面板。单击 ![] 按钮，勾选 Ignore projection 复选框，在模型树上显示 subset 关闭 Shells，在 Mesh 处单击右键并选择 Dot Nodes，在屏幕上选择两个节点，如图 11-37 所示，其中第一个节点被保存，第二个节点被移动，继续处理此问题（8~9 个位置），单击 Apply 按钮确认合并节点，如图 11-38 所示。

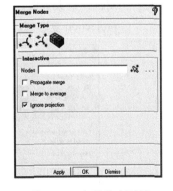

图 11-36 合并节点面板

 手动的节点移动也可以使用 Edit Mesh→Move Nodes→Interactive 命令。

步骤08 单击功能区内 Edit Mesh（网格编辑）选项卡中的 按钮，再一次光顺网格，单击 Apply 按钮确认，在信息栏中显示网格质量信息，如图 11-39 所示。

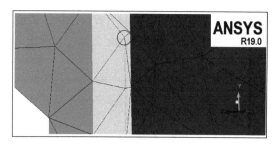
（a）合并节点前

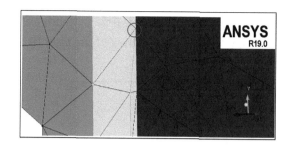
（b）合并节点后

图 11-37　选择节点

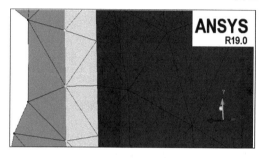

图 11-38　合并节点显示

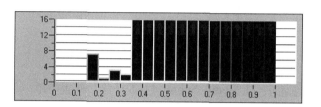

图 11-39　网格质量信息

 在手动编辑网格之后，一定要再进行一次光顺以确保网格质量。

步骤 09 在操作控制树中的子集名 Quality 处单击右键并选择 Clear。

步骤 10 在网格质量信息栏中前 4 个柱形图表被选择的时候，在柱状图处单击鼠标右键并选择 Subset，被选中的单元被放到一个名叫 Quality 诊断子集中，它位于 Mesh 分支下面。

步骤 11 在 Quality 处单击右键并选择 Modify，弹出如图 11-40 所示的 Modify Subset（修改子集）面板，单击 按钮，在 Num layer 中输入 2，勾选 Also volume elements 复选框，单击 Apply 按钮确认。

步骤 12 单击功能区内 Edit Mesh（网格编辑）选项卡中的 按钮，弹出如图 11-41 所示的 Repair Mesh（修改网格）面板，单击 ![按钮](Remesh Elements) 按钮，将 Mesh type 设置为 Tetra，勾选 Surface projection 复选框，选择所有体网格，单击 Apply 按钮确认。

图 11-40　修改子集面板

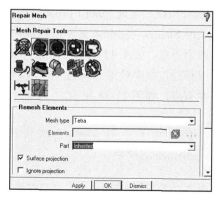

图 11-41　修改网格面板

步骤 13　单击功能区内 Edit Mesh（网格编辑）选项卡中的 按钮，再一次光顺网格，单击 Apply 按钮确认，在信息栏中显示网格质量信息，如图 11-42 所示。

步骤 14　单击功能区内 Edit Mesh（网格编辑）选项卡中的 按钮，弹出如图 11-43 所示的 Check Mesh（检查网格）面板，单击 Apply 按钮确认，在信息栏中显示网格检查结果，如图 11-44 所示。

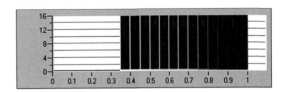

图 11-42　网格质量信息

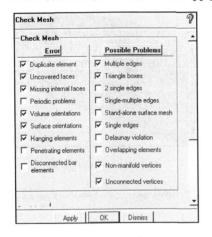

图 11-43　检查网格面板

图 11-44　网格检查信息

11.2.5　网格输出

步骤 01　单击功能区内 Output（输出）选项卡中的 按钮，弹出如图 11-45 所示的 Solver Setup（选择求解器）面板，Output Solver 选择 ANSYS Fluent，单击 Apply 按钮确认。

步骤 02　单击功能区内 Output（输出）选项卡中的 按钮，弹出"打开网格文件"对话框，选择文件，单击"打开"按钮，弹出如图 11-46 所示的 ANSYS Fluent 对话框，Grid dimension 选择 3D，单击 Done 按钮确认完成。

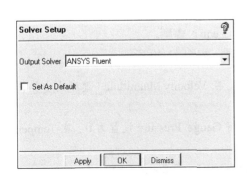

图 11-45　选择求解器面板

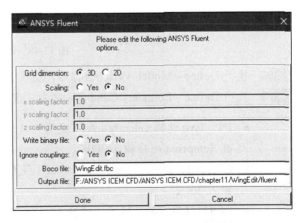

图 11-46　ANSYS Fluent 对话框

11.2.6 计算与后处理

步骤01 在 Windows 系统下执行"开始"→"所有程序"→"ANSYS 19.0"→Fluid Dynamics→"FLUENT 19.0"命令，启动 FLUENT 19.0，进入 FLUENT Launcher 界面。

步骤02 Dimension 选择 3D，单击 OK 按钮进入 FLUENT 界面。

步骤03 执行 File→Read→Mesh 命令，读入 ICEM CFD 生成的网格文件，如图 11-47 所示。

步骤04 在任务栏单击 ■（保存）按钮进入 Write Case（保存项目）对话框，在 File name（文件名）中输入 fluent.cas，单击 OK 按钮保存项目文件。

步骤05 执行 Mesh→Check 命令，检查网格质量，应保证 Minimum Volume 大于 0。

步骤06 执行 Define→General 命令，在 Time 中选择 Steady。

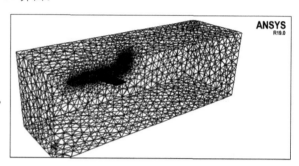

图 11-47 显示几何模型

步骤07 执行 Define→Material 命令，在 Density 下拉列表中选择 ideal-gas，在 Viscosity 下拉列表中选择 sutherland，如图 11-48 所示。

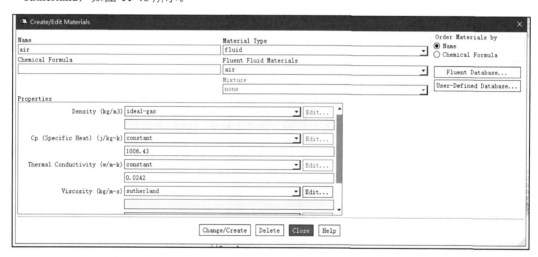

图 11-48 定义材料对话框

步骤08 执行 Define→Model→Viscous 命令，选择 k-epsilon（2 eqn）模型。

步骤09 执行 Define→Boundary Condition 命令，定义边界条件，如图 11-49 所示。

- IN：Type 选择 velocity-inlet（速度入口边界条件），在 Velocity Magnitude（速度大小）中输入 5，在 Temperature 中输入 300K。
- OUT：Type 选择为 pressure-outlet（压力出口），将 Gauge Pressure 设置为 0，在 Temperature 中输入 300K。
- FARFIELD：Wall Motion 选择 Moving Wall（滑移壁面），在 Speed 中输入 5。
- WALL：Type 选择 wall（壁面边界条件），保持默认设置。

步骤 10 执行 Solve→Methods 命令，Pressure-Velocity Coupling 选择 Coupled，Pressure 的离散格式设置为 Second Order，其余各个变量均为二阶迎风格式，如图 11-50 所示。

图 11-49 边界条件面板

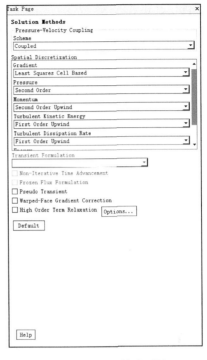

图 11-50 离散格式面板

步骤 11 执行 Solve→Controls 命令，弹出 Solution Controls（设置松弛因子）面板，在 Flow Courant Number 中输入 50，将 Momentum 和 Pressure 的松弛因子均设置为 0.5。

步骤 12 执行 Solve→Initialize 命令，弹出 Solution Initialization（设置初始值）面板，Initialization Methods 选择 Hybrid Initialization，单击 Initialize 按钮进行计算初始化。

步骤 13 执行 Solve→Monitors→Residual 命令，设置各个参数的收敛残差值为 1e-3，单击 OK 按钮确认。

步骤 14 执行 Solve→Run Calculation 命令，迭代步数设为 300，单击 Calculate 按钮开始计算。

步骤 15 执行 Display→Graphics and Animations→Contours 命令，Contours of 选择 Velocity Magnitude，surfaces 选择 symm，单击 Display 按钮显示速度云图，如图 11-51 所示。

步骤 16 执行 Display→Graphics and Animations→Vectors 命令，Vectors of 选择 Velocity，surfaces 选择 symm，单击 Display 按钮显示速度矢量图，如图 11-52 所示。

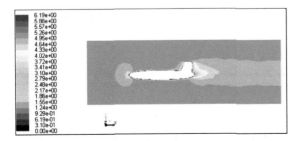

图 11-51 速度云图

图 11-52 速度矢量图

步骤 17 执行 Surface→ISO Surface 命令，设置生成 Y=0m 的平面，默认命名为 y-coordinate-8。

步骤⑱ 执行 Display→Views 命令，弹出 Views 对话框，在 Mirror Planes 中选择 sym（见图 11-53），单击 Apply 按钮确认。

步骤⑲ 执行 Display→Graphics and Animations→Contours 命令，Contours of 选择 Velocity Magnitude，surfaces 选择 y-coordinate-8，单击 Display 按钮显示速度云图，如图 11-54 所示。

步骤⑳ 执行 Display→Graphics and Animations→Vectors 命令，Vectors of 选择 Velocity，surfaces 选择 y-coordinate-8，单击 Display 按钮显示速度矢量图，如图 11-55 所示。

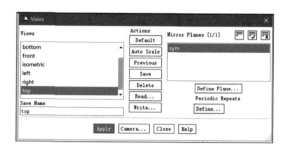

图 11-53　Views 对话框

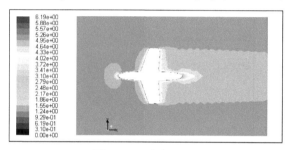

图 11-54　速度云图

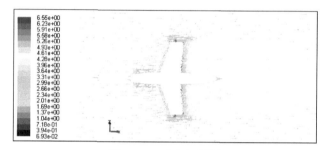

图 11-55　速度矢量图

从上述计算结果可以看出，生成的网格能够满足计算的要求，并且能够较好地模拟机翼周边流场情况。

11.3　导管模型网格编辑

本节将通过一个导管的几何模型网格生成的例子，使读者对 ANSYS ICEM CFD 19.0 由二维面网格拉伸生成三维体网格的操作的过程能有一个初步了解。

11.3.1　启动 ICEM CFD 并建立分析项目

步骤01 在 Windows 系统下执行"开始"→"所有程序"→"ANSYS 19.0"→Meshing→"ICEM CFD 19.0"命令，启动 ICEM CFD 19.0，进入 ICEM CFD 19.0 界面。

步骤02 执行 File→Save Project 命令，弹出 Save Project As（保持项目）对话框，在"文件名"中输入 icemcfd，单击确认，关闭对话框。

11.3.2　导入几何模型

执行 File→Geometry→Open Geometry 命令，弹出"打开"对话框，在"文件名"中输入 conduit.tin，单击"打开"按钮确认。导入几何文件后，在图形显示区将显示几何模型，如图 11-56 所示。

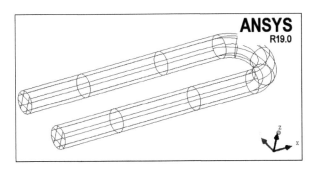

图 11-56　几何模型

11.3.3　模型建立

步骤01　单击功能区内 Geometry（几何）选项卡中的（修复模型）按钮，弹出如图 11-57 所示的 Repair Geometry（修复模型）面板，单击 按钮，在 Tolerance 中输入 0.1，勾选 Filter points 和 Filter curves 复选框过滤，在 Feature angle 中输入 30，单击 OK 按钮确认，几何模型将修复完毕，如图 11-58 所示。

图 11-57　修复模型面板

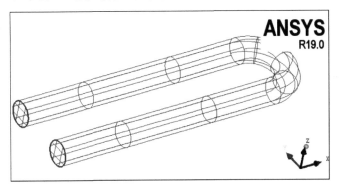

图 11-58　修复后的几何模型

步骤02　在操作控制树中右击 Parts，弹出如图 11-59 所示的目录树，选择 Create Part，弹出如图 11-60 所示的 Create Part 面板，在 Part 中输入 IN，单击 按钮，选择边界并单击鼠标中键确认，生成边界条件如图 11-61 所示。

图 11-59　选择生成边界命令

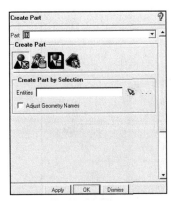

图 11-60　生成边界面板

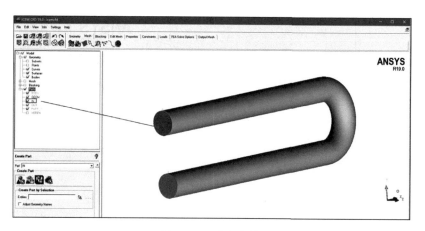

图 11-61 边界条件

步骤 03 同步骤（2）方法生成边界，命名为 OUT，如图 11-62 所示。

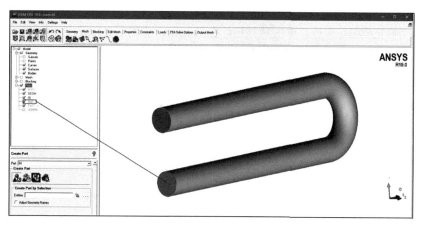

图 11-62 边界命名

步骤 04 单击功能区内 Geometry（几何）选项卡中的 ■（生成体）按钮，弹出如图 11-63 所示的 Create Body（生成体）面板，单击 ■ 按钮，单击 OK 按钮确认生成体。

步骤 05 在操作控制树中右击 Parts，弹出如图 11-64 所示的目录树，选择"Good"Colors 命令。

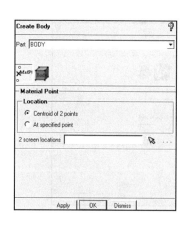

图 11-63 生成体面板

图 11-64 选择"Good"Colors 命令

11.3.4 生成块

步骤01 单击功能区内 Blocking（块）选项卡中的 (创建块) 按钮，弹出如图 11-65 所示的 Create Block（创建块）面板，单击 按钮，Type 选择 2D Planar，单击 OK 按钮确认，创建初始块如图 11-66 所示。

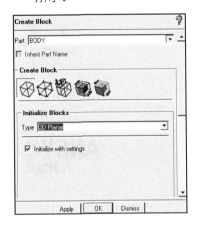

图 11-65 创建块面板

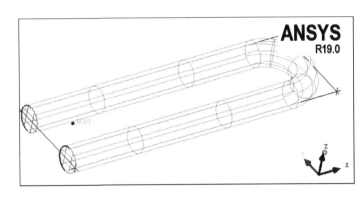

图 11-66 创建初始块

步骤02 在 Blocking Associations（块关联）面板中单击 (Edge 关联) 按钮（见图 11-67），单击 按钮，选择块上的各个边并单击鼠标中键确认，然后单击 按钮，选择模型上入口对应的曲线并单击鼠标中键确认，选择的曲线会自动组成一组，关联边和曲线的选取如图 11-68 所示。

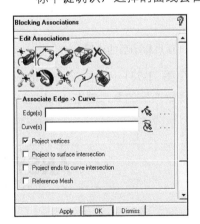

图 11-67 Edge 关联面板

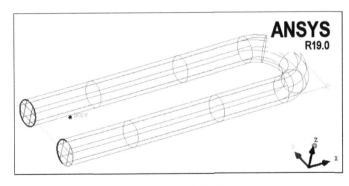

图 11-68 边关联

步骤03 单击功能区内 Blocking(块)选项卡中的 (关联)按钮，弹出如图 11-69 所示的 Blocking Associations（块关联）面板，单击 (捕捉投影点) 按钮，ICEM CFD 将自动捕捉顶点到最近的几何位置，如图 11-70 所示。

步骤04 单击功能区内 Blocking（块）选项卡中的 (移动顶点)按钮，弹出如图 11-71 所示的 Move Vertices（移动顶点）面板，单击 按钮，单击 按钮，选择块上的一个顶点，然后按住鼠标左键拖动顶点到理想的位置，单击鼠标中键完成操作，顶点移动后的位置如图 11-72 所示。

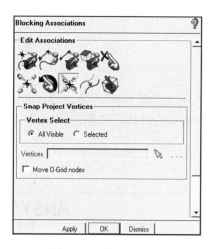

图 11-69 块关联面板

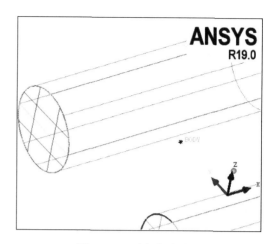

图 11-70 顶点自动移动

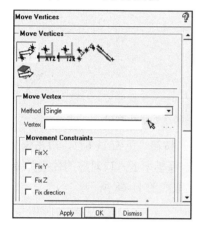

图 11-71 移动顶点面板

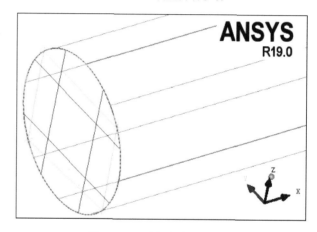

图 11-72 顶点移动后的位置

步骤 05 单击功能区内 Blocking（块）选项卡中的 (O-Grid) 按钮（见图 11-73），单击 Select Blocks 旁的 按钮，选择所有的块，单击 Select Blocks 旁的 按钮，选择管两端的面，单击 Apply 按钮完成操作，选择面如图 11-74 所示。

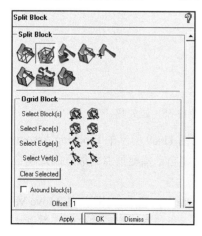

图 11-73 分割块面板

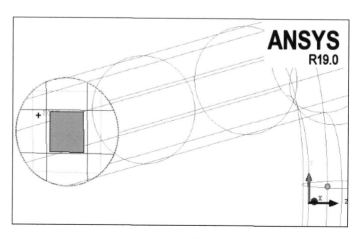

图 11-74 选择块显示

11.3.5 网格生成

步骤01 单击功能区内 Mesh（网格）选项卡中的 ![icon]（全局网格设定）按钮，弹出如图 11-75 所示的 Global Mesh Setup（全局网格设定）面板，在 Scale factor 中输入 1，在 Max element 中输入 2，单击 Apply 按钮确认。

步骤02 单击功能区内 Blocking（块）选项卡中的 ![icon]（预览网格）按钮，弹出如图 11-76 所示的 Pre-Mesh Params（预览网格）面板，单击 ![icon] 按钮，选中 Update All 单选按钮，单击 Apply 按钮确认，显示预览网格如图 11-77 所示。

步骤03 在 Pre-Mesh Params（预览网格）面板中单击 ![icon] 按钮（见图 11-78），单击 ![icon] 按钮选取边（见图 11-79），在 Nodes 中输入 10，勾选 Copy Parameters 复选框，单击 Apply 按钮确认，显示预览网格如图 11-80 所示。

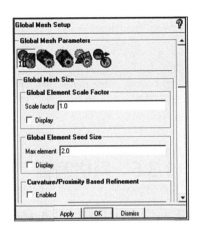

图 11-75　全局网格设定面板

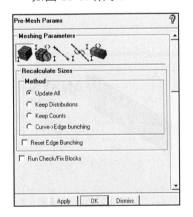

图 11-76　预览网格面板

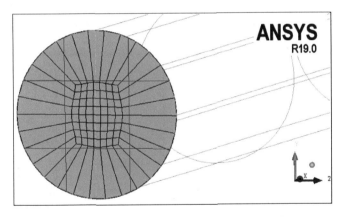

图 11-77　预览网格显示

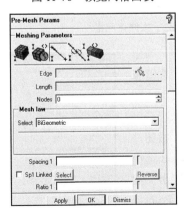

图 11-78　预览网格面板

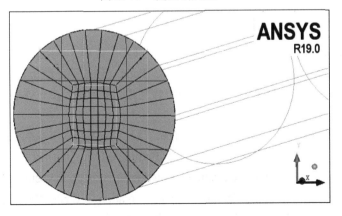

图 11-79　选取边显示

步骤04 执行 File→Mesh→Load from Blocking 命令，导入网格。

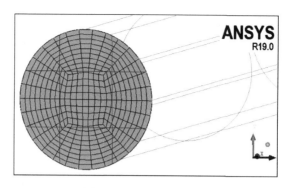

图 11-80 预览网格显示

11.3.6 网格编辑

步骤 01 单击功能区内 Edit Mesh（网格编辑）选项卡中的 （拉伸网格）按钮，弹出如图 11-81 所示的 Extrude Mesh（拉伸网格）面板，Method 选择 Extrude along curve，在 Number of Layers 中输入 50，单击 Elements 旁的 按钮，选取刚刚创建的平面网格，单击 Extrude curve 旁的 按钮，选取圆管旁的一条母线，单击 Apply 按钮确认，拉伸出体网格如图 11-82 所示。

图 11-81 拉伸网格面板

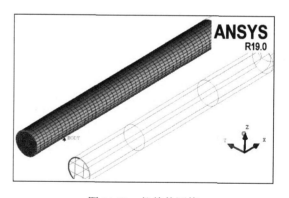

图 11-82 拉伸体网格

步骤 02 单击功能区内 Geometry（几何）选项卡中的 （创建点）按钮，弹出如图 11-83 所示的 Create Point（创建点）面板，单击 按钮，在网管处选取 6 个点，创建出弯管圆弧的圆心两个，创建点位置如图 11-84 所示。

步骤 03 单击功能区内 Edit Mesh（网格编辑）选项卡中的 （拉伸网格）按钮，弹出如图 11-85 所示的 Extrude Mesh（拉伸网格）面板，Method 选择 Extrude by rotation，Rotation 中 Axis 选择 Vector，2 points 选取上一步中创建的两个点，Center of Rotation 中 Center Point 选择 Selected Point，Location 选取上一步中创建的一个点；在 Angle per layer 中输入 6，在 Number of Layers 中输入 30，单击 Elements 旁的 按钮，选取刚刚创建的体网格端面，单击 Apply 按钮确认，拉伸出体网格如图 11-86 所示。

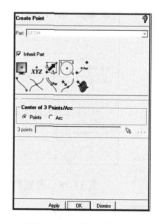

图 11-83 创建点面板

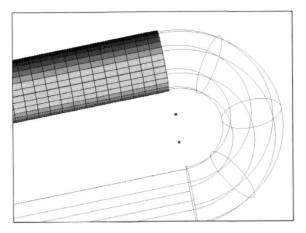

图 11-84 创建点

图 11-85 拉伸网格面板

步骤04 同步骤（1）方法拉伸出圆柱体网格，如图 11-87 所示。

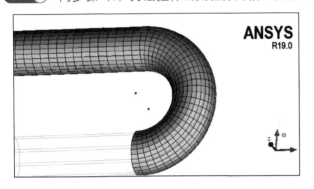

图 11-86 拉伸体网格

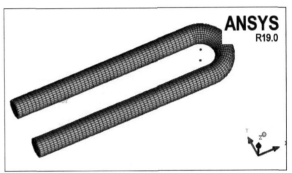

图 11-87 拉伸体网格

步骤05 单击功能区内 Edit Mesh（网格编辑）选项卡中的 ![icon] （检查网格）按钮，弹出如图 11-88 所示的 Quality Metrics（网格质量）面板，单击 Apply 按钮确认，在信息栏中显示网格质量信息，如图 11-89 所示。

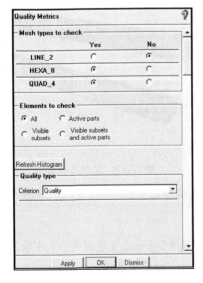

图 11-88 网格质量面板

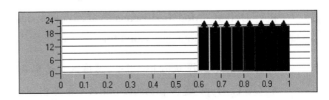

图 11-89 网格质量信息

11.3.7 网格输出

步骤01 单击功能区内 Output（输出）选项卡中的 （选择求解器）按钮，弹出如图 11-90 所示的 Solver Setup（选择求解器）面板，Output Solver 选择 ANSYS Fluent，单击 Apply 按钮确认。

步骤02 单击功能区内 Output（输出）选项卡中的 （输出）按钮，弹出"打开网格文件"对话框，选择文件，单击"打开"按钮，弹出如图 11-91 所示的 ANSYS Fluent 对话框，Grid dimension 选择 3D，单击 Done 按钮确认完成。

图 11-90 选择求解器面板

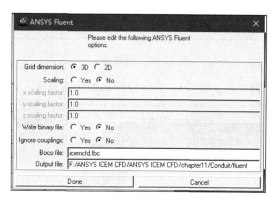

图 11-91 ANSYS Fluent 对话框

11.3.8 计算与后处理

步骤01 在 Windows 系统下执行"开始"→"所有程序"→"ANSYS 19.0"→Fluid Dynamics→"FLUENT 19.0"命令，启动 FLUENT 19.0，进入 FLUENT Launcher 界面。

步骤02 Dimension 选择 3D，单击 OK 按钮进入 FLUENT 界面。

步骤03 执行 File→Read→Mesh 命令，读入 ICEM CFD 生成的网格文件，如图 11-92 所示。

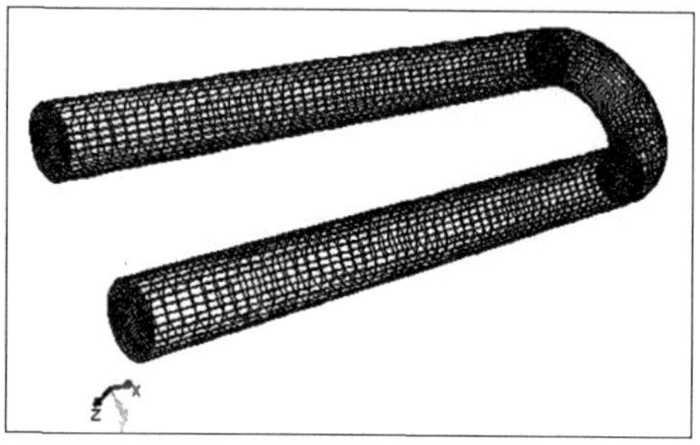

步骤04 在任务栏单击 （保存）按钮进入 Write Case（保存项目）对话框，在 File name（文件名）中输入 fluent.cas，单击 OK 按钮保存项目文件。

步骤05 执行 Mesh→Check 命令，检查网格质量，应保证 Minimum Volume 大于 0。

步骤06 执行 Define→General 命令，在 Time 中选择 Steady。

图 11-92 显示几何模型

步骤07 执行 Define→Model→Viscous 命令，选择 k-epsilon（2 eqn）模型。

步骤08 执行 Define→Boundary Condition 命令，定义边界条件。

- IN：Type 选择 velocity-inlet（速度入口边界条件），在 Velocity Magnitude（速度大小）中输入 0.8。
- OUT：Type 选择 pressure-outlet（压力出口），将 Gauge Pressure 设置为 0。
- Body002：Type 选择 interior（内部边界）。

步骤09 执行 Solve→Initialize 命令，弹出 Solution Initialization（设置初始值）面板，Initialization Methods 选择 Hybrid Initialization，单击 Initialize 按钮进行计算初始化。

步骤10 执行 Solve→Monitors→Residual 命令，设置各个参数的收敛残差值为 1e-3，单击 OK 按钮确认。

步骤11 执行 Solve→Run Calculation 命令，迭代步数设为 300，单击 Calculate 按钮开始计算。

步骤12 执行 Surface→ISO Surface 命令，设置生成 Z=0m 的平面，默认命名为 z-coordinate-6。

步骤13 执行 Display→Graphics and Animations→Contours 命令，Contours of 选择 Velocity Magnitude，surfaces 选择 z-coordinate-6，单击 Display 按钮显示速度云图，如图 11-93 所示。

步骤14 执行 Display→Graphics and Animations→Vectors 命令，Vectors of 选择 Velocity，surfaces 选择 z-coordinate-6，单击 Display 按钮显示速度矢量图，如图 11-94 所示。

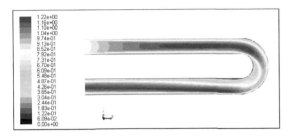

图 11-93　速度云图

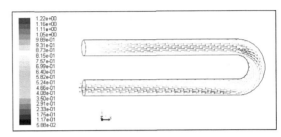

图 11-94　速度矢量图

步骤15 执行 Display→Graphics and Animations→Contours 命令，Contours of 选择 Pressure，surfaces 选择 z-coordinate-6，单击 Display 按钮显示压力云图，如图 11-95 所示。

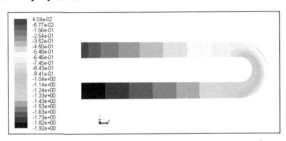

图 11-95　压力云图

从上述计算结果可以看出，生成的网格能够满足计算的要求，并且能够较好地模拟机翼周边流场情况。

11.4 弯管部件网格编辑

本节将对 9.3 节弯管几何模型网格进行进一步的扩展，通过二维面网格拉伸成三维体网格，以减少出口边界对计算域内流程的影响，提高计算精度。

11.4.1 启动 ICEM CFD 并打开分析项目

步骤01 在 Windows 系统下执行"开始"→"所有程序"→"ANSYS 19.0"→Meshing→"ICEM CFD 19.0"命令，启动 ICEM CFD 19.0，进入 ICEM CFD 19.0 界面。

步骤02 执行 File→Open Project 命令,弹出 Open Project(打开项目)对话框,在"文件名"中输入 icemcfd,单击"打开"按钮确认关闭对话框。

11.4.2 网格编辑

步骤01 单击功能区内 Edit Mesh(网格编辑)选项卡中的 (拉伸网格)按钮,弹出如图 11-96 所示的 Extrude Mesh(拉伸网格)面板,Method 选择 Extrude along curve,在 Number of Layers 中输入 50,单击 Elements 旁的 按钮,选取刚刚创建的平面网格,单击 Extrude curve 旁的 按钮,选取圆管旁的一条母线,单击 Apply 按钮确认,拉伸出体网格如图 11-97 所示。

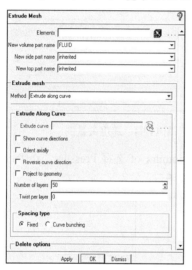

图 11-96 拉伸网格面板

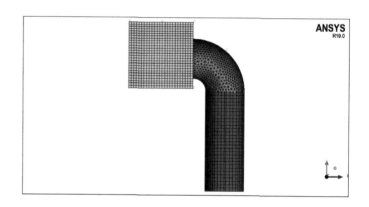

图 11-97 拉伸体网格

步骤02 单击功能区内 Edit Mesh(网格编辑)选项卡中的 (检查网格)按钮,弹出如图 11-98 所示的 Quality Metrics(网格质量)面板,单击 Apply 按钮确认,在信息栏中显示网格质量信息,如图 11-99 所示。

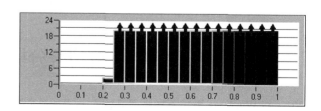

图 11-98 网格质量面板　　　　　　　　　　图 11-99 网格质量信息

11.4.3 网格输出

步骤01 单击功能区内 Output（输出）选项卡中的 按钮，弹出如图 11-100 所示的 Solver Setup（选择求解器）面板，Output Solver 选择 ANSYS Fluent，单击 Apply 按钮确认。

步骤02 单击功能区内 Output（输出）选项卡中的 按钮，弹出 "打开网格文件" 对话框，选择文件，单击 "打开" 按钮，弹出如图 11-101 所示的 ANSYS Fluent 对话框，Grid dimension 选择 3D，单击 Done 按钮确认完成。

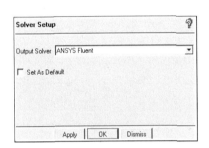

图 11-100　选择求解器面板

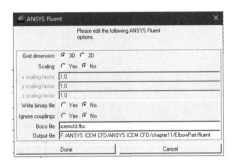

图 11-101　ANSYS Fluent 对话框

11.4.4 计算与后处理

步骤01 在 Windows 系统下执行 "开始" → "所有程序" → "ANSYS 19.0" → Fluid Dynamics → "FLUENT 19.0" 命令，启动 FLUENT 19.0，进入 FLUENT Launcher 界面。

步骤02 Dimension 选择 3D，单击 OK 按钮进入 FLUENT 界面。

步骤03 执行 File→Read→Mesh 命令，读入 ICEM CFD 生成的网格文件，如图 11-102 所示。

步骤04 在任务栏单击 按钮进入 Write Case（保存项目）对话框，在 File name（文件名）中输入 fluent.cas，单击 OK 按钮保存项目文件。

步骤05 执行 Mesh→Check 命令，检查网格质量，应保证 Minimum Volume 大于 0。

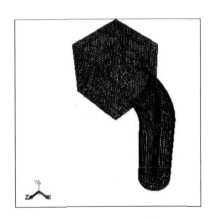

图 11-102　显示几何模型

步骤06 执行 Mesh→Scale 命令，打开 Scale Mesh 面板，定义网格尺寸单位，在 Mesh Was Created In 中选择 mm，单击 Scale 按钮。

步骤07 执行 Define→General 命令，在 Time 中选择 Steady。

步骤08 执行 Define→Model→Viscous 命令，选择 k-epsilon（2 eqn）模型。

步骤09 执行 Define→Boundary Condition 命令，定义边界条件，如图 11-103 所示。

- IN：Type 选择 velocity-inlet（速度入口边界条件），在 Velocity Magnitude（速度大小）中输入 5。
- OUT：Type 选择 pressure-outlet（压力出口），将 Gauge Pressure 设置为 0。

步骤⑩ 执行 Solve→Controls 命令，弹出 Solution Controls（设置松弛因子）面板，保持默认值，单击 OK 按钮退出。

步骤⑪ 执行 Solve→Initialize 命令，弹出 Solution Initialization（设置初始值）面板，Compute From 选择 in，单击 Initialize 按钮进行计算初始化。

步骤⑫ 执行 Solve→Monitors→Residual 命令，设置各个参数的收敛残差值为 1e-3，单击 OK 按钮确认。

步骤⑬ 执行 Solve→Run Calculation 命令，迭代步数设为 300，单击 Calculate 按钮开始计算。

步骤⑭ 迭代到第 119 步，计算收敛，收敛曲线如图 11-104 所示。

图 11-103　边界条件面板

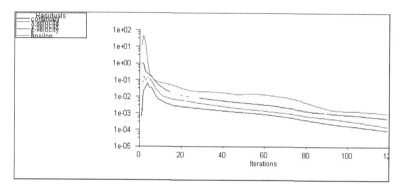

图 11-104　收敛曲线

步骤⑮ 执行 Surface→ISO Surface 命令，设置生成 Z=0m 的平面，命名为 z0。

步骤⑯ 执行 Display→Graphics and Animations→Contours 命令，Contours of 选择 Velocity Magnitude，surfaces 选择 z0，单击 Display 按钮显示速度云图，如图 11-105 所示。

步骤⑰ 执行 Display→Graphics and Animations→Contours 命令，Contours of 选择 Velocity Magnitude，surfaces 选择 z0，单击 Display 按钮显示速度矢量图，如图 11-106 所示。

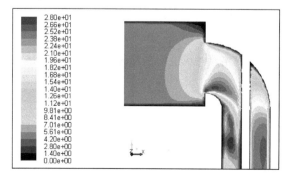

图 11-105　速度云图

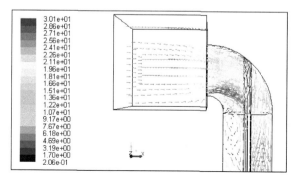

图 11-106　速度矢量图

步骤⑱ 执行 Display→Graphics and Animations→Contours 命令，Contours of 选择 Pressure，surfaces 选择 z0，单击 Display 按钮显示压力云图，如图 11-107 所示。

步骤⑲ 执行 Display→Graphics and Animations→Contours 命令，Contours of 选择 Turbulence Wall Yplus，surfaces 选择 z0，单击 Display 按钮显示速度云图，如图 11-108 所示。

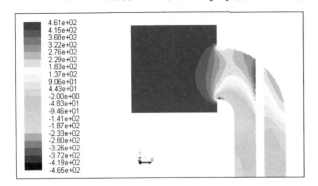
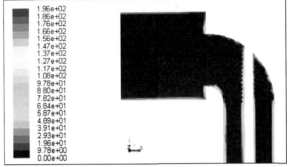

图 11-107 压力云图　　　　　　　　　　　　图 11-108 速度云图

步骤⑳ 执行 Report→Results Reports 命令，在弹出如图 11-109 所示的 Reports 面板中选择 Surface Integrals，单击 Set Up 按钮，弹出如图 11-110 所示的 Surface Integrals 对话框，在 Report Type 中选择 Mass Flow Rate，在 Surface 中选择 IN 和 OUT，单击 Compute 按钮计算得到进出口流量差。

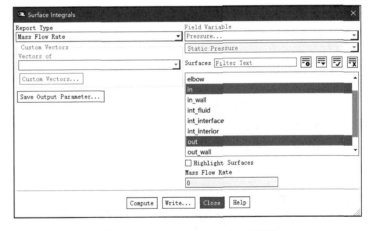

图 11-109 Reports 面板　　　　　　　　　图 11-110 Surface Integrals 对话框

从上述计算结果可以看出，生成的网格能够满足计算的要求，并且能够较好地模拟弯管部件内流场问题。

11.5 本章小结

本章介绍了 ICEM CFD 网格编辑的基本过程，包括网格质量的判断、网格质量的提高方法、网格处理的基本操作，最后给出了运用 ICEM CFD 网格编辑的典型实例。通过对本章内容的学习，读者可以掌握 ICEM CFD 网格编辑的使用方法和操作流程。

第 12 章

ICEM CFD 在 Workbench 中的应用

导言

Workbench 是 ANSYS 公司提出的协同仿真环境，在 Workbench 中可以协同多种软件，如网格软件、结构分析软件、流体分析软件等来分析复杂问题，方便用户使用。

自从 ANSYS 12.0 之后，ICEM CFD 就从 Workbench 中被分离出去作为一个独立的程序使用了，取而代之的是 Meshing 模块。最新版本 Workbench 19.0 的 meshing 模块功能已经相当强大，足够应付工程需要。但是有许多用户还是不习惯 meshing 模块的操作方式，对于熟练使用 ICEM CFD 的用户来说，若能在 meshing 中直接调用 ICEM CFD 进行网格划分，无疑是一件美好的事情。其实在 Workbench 19.0 的 meshing 中，是可以直接调用 ICEM CFD 的。

本章将通过实例来介绍 ICEM CFD 在 Workbench 中的应用并简要地介绍计算流体力学从建模到计算结果后处理的整个操作流程。

学习目标

- ★ 掌握 ICEM CFD 在 Workbench 中的创建
- ★ 掌握 ICEM CFD 的网格划分方法
- ★ 掌握不同软件间的数据共享与更新
- ★ 掌握 CFD 分析操作流程

12.1 弯管的稳态流动分析

本节将通过弯管的稳态流动分析来介绍如何在 ANSYS Workbench 中启动设置 ICEM CFD，让读者对 ICEM CFD 在 Workbench 中的应用有一个初步了解。

12.1.1 启动 Workbench 并建立分析项目

步骤 01 在 Windows 系统下执行"开始"→"所有程序"→"ANSYS 19.0"→Workbench 命令，启动 Workbench 19.0，进入 ANSYS Workbench 19.0 界面。

步骤 02 双击主界面 Toolbox（工具箱）中的 Component systems→Geometry（几何体）选项，即可在项目管理区创建分析项目 A，如图 12-1 所示。

第 12 章
ICEM CFD 在 Workbench 中的应用

步骤 03 在工具箱的 Component systems→Mesh（网格）选项上按住鼠标左键拖曳到项目管理区中，悬挂在项目 A 的 A2 栏 Geometry 上，当项目 A2 的 Geometry 栏红色高亮显示时，即可释放鼠标创建项目 B。项目 A 和项目 B 中的 Geometry 栏（A2 和 B2）之间出现了一条线相连，表示它们之间几何体数据可共享，如图 12-2 所示。

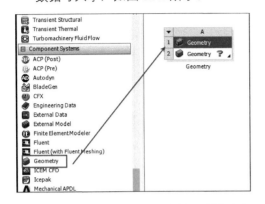
图 12-1 创建 Geometry（几何体）分析项目

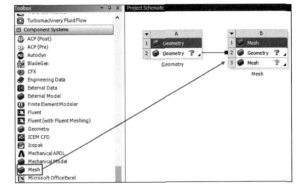
图 12-2 创建 Mesh（网格）分析项目

步骤 04 在工具箱的 Analysis systems→Fluid Flow（CFX）选项上按住鼠标左键拖曳到项目管理区中，悬挂在项目 B 的 B3 栏 Geometry 上，当项目 B3 的 Mesh 栏红色高亮显示时，即可释放鼠标创建项目 C。项目 B 和项目 C 中的 Geometry 栏（B2 和 C2）及 Mesh 栏（B3 和 C3）之间各出现了一条线相连，表示它们之间数据可共享，如图 12-3 所示。

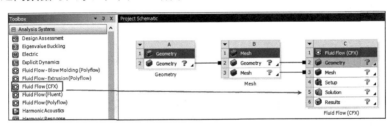
图 12-3 创建 CFX 分析项目

12.1.2 导入几何体

步骤 01 在 A2 栏的 Geometry 上单击鼠标右键，在弹出的快捷菜单中选择 Import Geometry→Browse 命令（见图 12-4），弹出"打开"对话框。

步骤 02 在弹出的"打开"对话框中选择文件路径，导入 tube 几何体文件，此时 A2 栏 Geometry 后的 变为 ✓，表示实体模型已经存在。

步骤 03 双击项目 A 中的 A2 栏 Geometry，进入 DesignModeler 界面，此时设计树中 Import1 前显示 ✨，表示需要生成，图形窗口中没有图形显示，单击 Generate（生成）按钮，显示图形，如图 12-5 所示。

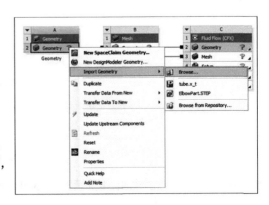
图 12-4 导入几何体

步骤04 在设计树中显示零件的树状图中单击 volume 2，在 Detail View 窗口的 Details of Body 中将区域类型改为流体区域，即在 Fluid/Solid 下拉列表中选中 Fluid，如图 12-6 所示。

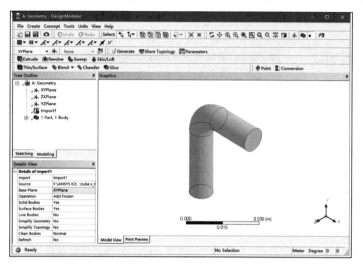

图 12-5 Design Modeler 界面中显示模型　　　　　　　图 12-6 将计算域设为流体区域

步骤05 执行主菜单 File→Close DesignModeler 命令，退出 Design Modeler，返回到 Workbench 主界面。

12.1.3 划分网格

步骤01 双击项目 B 中的 B3 栏 Mesh 项，进入如图 12-7 所示的 Meshing 界面，在该界面下进行模型的网格划分。

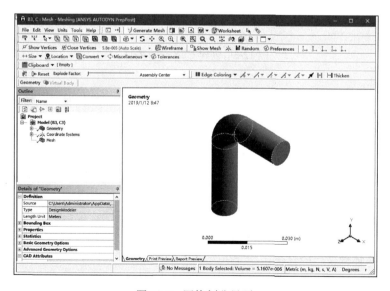

图 12-7 网格划分界面

步骤02 选中模型树中 Mesh 选项，在 Details of Mesh 窗口中设置网格用途为 CFD 网格，求解器设置为 CFX，如图 12-8 所示，其他选项保持默认。

第 12 章 ICEM CFD 在 Workbench 中的应用

步骤 03 右击模型树中 Mesh 选项，依次选择 Mesh→Insert→Method，如图 12-9 所示。这时可在细节设置窗口中设置刚刚插入的这个网格划分方法。

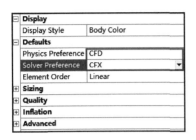

图 12-8 设置网格类型和求解器

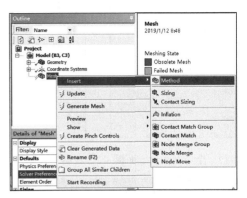

图 12-9 插入网格划分方法

步骤 04 在图形窗口中选择计算域实体，在细节设置窗口中单击 Apply 按钮，设置计算域为应用该网格划分方法的区域。设置网格划分方法为 MultiZone，设定 Write ICEM CFD Files 为 Interactive，最终设置结果如图 12-10 所示。

步骤 05 右击模型树中 Mesh 选项，选择快捷菜单中的 Generate Mesh 选项，软件将自动启动 ICEM CFD 程序，如图 12-11 所示。

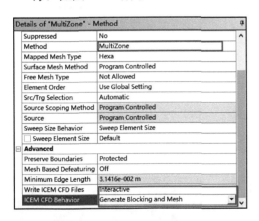

图 12-10 网格划分方法的设置

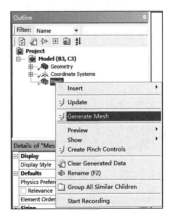

图 12-11 开始生成网格

步骤 06 在 ICEM CFD 中，单击功能区内 Mesh（网格）选项卡中的 按钮，弹出如图 12-12 所示的 Global Mesh Setup（全局网格设定）面板，在 Max element 中输入 1.0，单击 Apply 按钮确认。

步骤 07 单击功能区内 Mesh（网格）选项卡中的 按钮，弹出如图 12-13 所示的 Compute Mesh（计算网格）面板，单击 按钮，单击 Apply 按钮确认生成体网格文件，如图 12-14 所示。

步骤 08 在 Compute Mesh（计算网格）面板中单击 ，单击 Select Parts for Prism Layer 弹出 Prism Parts Data 对话框，勾选 WALL 复选框，在 Height ratio 中输入 1.3，在 Num layers 中输入 5，如图 12-15 所示。单击 Apply 按钮确认退出，单击 Compute 按钮重新生成体网格，如图 12-16 所示。

步骤 09 单击功能区内 Edit Mesh（网格编辑）选项卡中的 按钮，弹出如图 12-17 所示的 Check Mesh（检查网格）面板，单击 Apply 按钮确认，在信息栏中显示网格质量信息，如图 12-18 所示。

图 12-12 全局网格设定面板

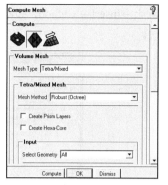
图 12-13 计算网格面板

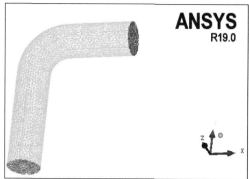
图 12-14 生成体网格

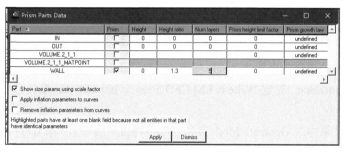
图 12-15 Prism Parts Data 对话框

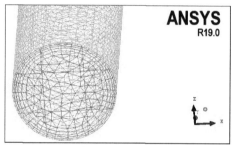
图 12-16 生成体网格

图 12-17 检查网格面板

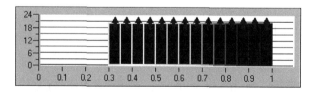
图 12-18 网格质量信息

步骤⑩ 生成的网格质量为 0.3~1，一般建议删除网格质量在 0.4 以下的网格。单击功能区内 Edit Mesh（网格编辑）选项卡中的 ![icon]（平顺全局网格）按钮，弹出如图 12-19 所示的 Smooth Elements Globally（平顺全局网格）面板，在 Up to value 中输入 0.4，单击 Apply 按钮确认显示如图 12-20 所示的平顺后的网格。

步骤⑪ 执行主菜单 File→Exit 命令，在弹出的对话框中单击 OK 按钮，保存项目并返回到 Meshing 界面。

步骤⑫ 在 Meshing 中执行主菜单 File→Close Meshing 命令，退出网格划分界面，返回到 Workbench 主界面。

步骤⑬ 右击 Workbench 界面中的 B3 Mesh 项，选择快捷菜单中的 Update 项，完成网格数据往 Fluent 分析模块中的传递，如图 12-21 所示。

第 12 章
ICEM CFD 在 Workbench 中的应用

图 12-19　平顺全局网格面板

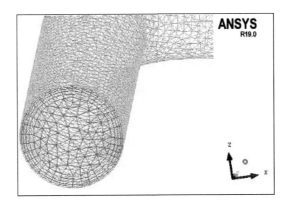

图 12-20　平顺后的体网格

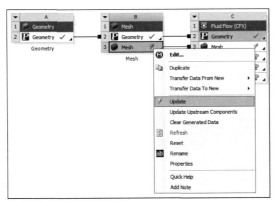

图 12-21　更新网格数据

12.1.4　边界条件

步骤 01　双击 C4 栏 Setup 项，打开 CFX 前处理模块（CFX-Pre 窗口）。

步骤 02　单击任务栏中的 ■（域）按钮，弹出如图 12-22 所示的 Insert Domain（生成域）对话框，名称保持默认，单击 OK 按钮确认进入如图 12-23 所示的 Domain（域设定）面板。

图 12-22　生成域对话框

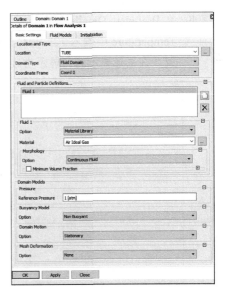

图 12-23　域设定面板

365

步骤03 在 Domain（域设定）面板 Basic Settings（基本设定）选项卡中，Location 选择 TUBE，Material 选择 Air Ideal Gas，其他选项保持默认值，单击 OK 按钮完成参数设置。在图形显示区将显示生成的域，如图 12-24 所示。

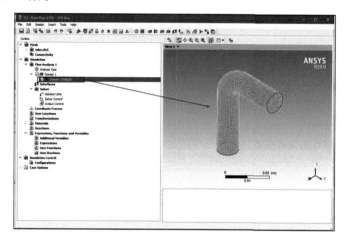

图 12-24 生成域显示

步骤04 单击任务栏中 (边界条件) 按钮，弹出 Insert Boundary（生成边界条件）对话框，如图 12-25 所示。设定 Name（名称）为 in，单击 OK 按钮进入如图 12-26 所示的 Boundary（边界条件设定）面板。

 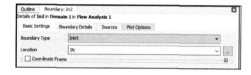

图 12-25 生成边界条件对话框　　　　图 12-26 边界条件设定面板

步骤05 在 Boundary（边界条件设定）面板 Basic setting（基本设定）选项卡中，Boundary Type 选择 Inlet，Location 选择 IN。

步骤06 在 Boundary Details（边界参数）选项卡中，在 Normal Speed 中输入 10，单位选择 m s^-1，在 Static Temperature 中输入 12，单位选择 C，如图 12-27 所示。单击 OK 按钮完成入口边界条件参数的设置，在图形显示区将显示生成的入口边界条件，如图 12-28 所示。

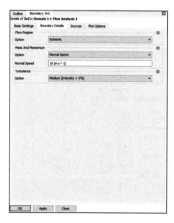 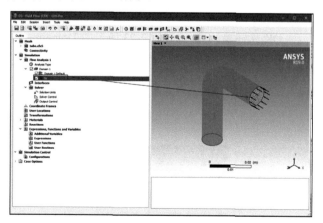

图 12-27 边界参数选项卡　　　　图 12-28 生成的入口边界条件显示

步骤 07　同步骤（3）方法，设定出口边界条件，名称为 Out。

步骤 08　在 Boundary（边界条件设定）面板 Basic setting（基本设定）选项卡中 Boundary Type 选择 Outlet，Location 选择 OUT，如图 12-29 所示。

步骤 09　在 Boundary Details（边界参数）选项卡中，Mass and Momentum 中 Option 选择 Static Pressure，在 Relative Pressure 中输入 0，单位选择 Pa，如图 12-30 所示。单击 OK 按钮完成出口边界条件参数设置，在图形显示区将显示生成的出口边界条件，如图 12-31 所示。

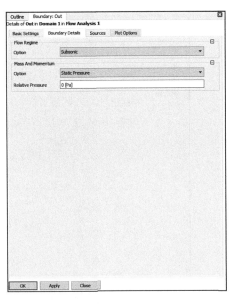

图 12-29　基本设定选项卡　　　　　图 12-30　边界参数选项卡

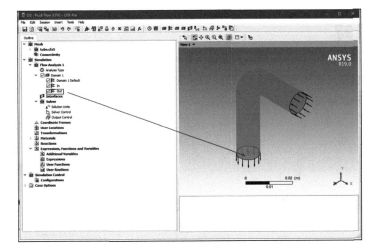

图 12-31　生成的出口边界条件显示

12.1.5　初始条件

单击任务栏中的（初始条件）按钮，弹出如图 12-32 所示的 Global Initialization（初始条件）设置面板，设定条件均保持默认值，单击 OK 按钮完成参数设置。

12.1.6　求解控制

单击任务栏中的（求解控制）按钮，弹出如图 12-33 所示的 Solver Control（求解控制）设置面板，设定条件均保持默认值，单击 OK 按钮完成参数设置。

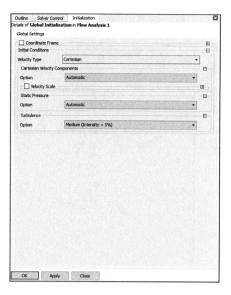
图 12-32　初始条件设置面板

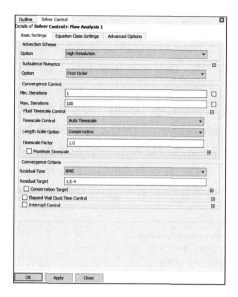
图 12-33　求解控制设置面板

12.1.7　计算求解

步骤 01　单击任务栏中的 ▣（输出管理器）按钮，出现 Solver Input File（输出求解文件）对话框，选择文件，如图 12-34 所示。在 File Name（文件名）中输入 tube.def，单击 Save 按钮保存。

步骤 02　在 Run Setting（求解设置）对话框中确认求解文件和工作目录后，单击 Start Run 按钮开始进行求解，如图 12-35 所示。

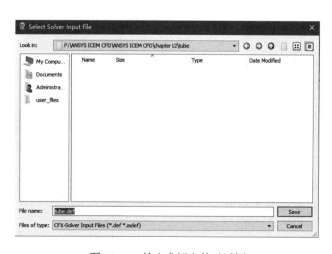
图 12-34　输出求解文件对话框

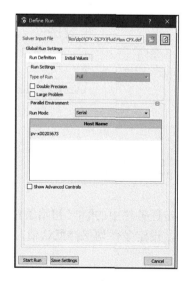
图 12-35　求解管理器对话框

步骤 03　求解开始后，收敛曲线窗口将显示残差收敛曲线的即时状态，直至所有残差值达到 1.0E-4，如图 12-36 所示。计算结束后自动弹出提示窗口，双击 workbench 窗口的 results 按钮进入如图 12-37 所示的后处理窗口。

第 12 章
ICEM CFD 在 Workbench 中的应用

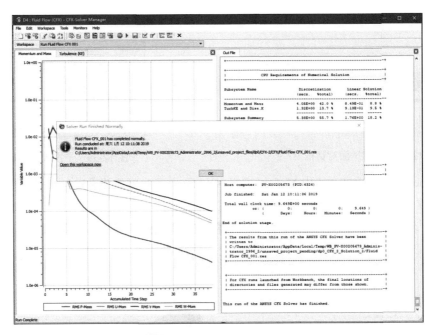

图 12-36　求解文件窗口

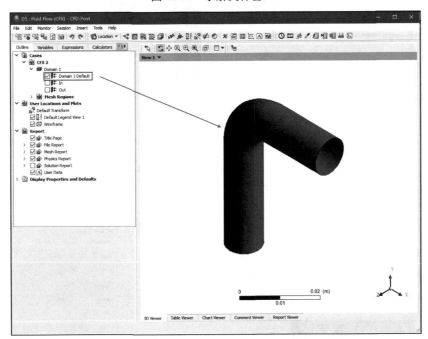

图 12-37　后处理窗口

12.1.8　结果后处理

步骤 01　单击任务栏中的 Location → Plane（平面）按钮，弹出如图 12-38 所示的 Insert Plane（创建平面）对话框，保持平面名称为 Plane 1，单击 OK 按钮进入如图 12-39 所示的 Plane（平面设定）面板。

图 12-38 创建平面对话框

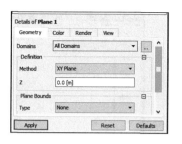
图 12-39 平面设定面板

步骤 02 在 Geometry（几何）选项卡中 Method 选择 XY Plane，Z 坐标取值设定为 0，单位为 m，单击 Apply 按钮创建平面，生成的平面如图 12-40 所示。

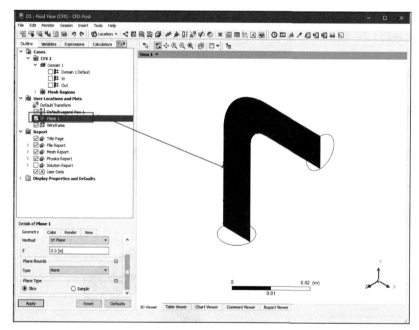
图 12-40 XY 方向平面

步骤 03 单击任务栏中的 ![云图] （云图）按钮，弹出如图 12-41 所示的 Insert Contour（创建云图）对话框。输入云图名称为 Press，单击 OK 按钮进入如图 12-42 所示的云图设定面板。

图 12-41 创建云图对话框

图 12-42 云图设定面板

步骤 03 在 Geometry（几何）选项卡中 Locations 选择 Plane 1，Variable 选择 Pressure，单击 Apply 按钮创建压力云图，如图 12-43 所示。

步骤 05 同步骤（3）方法，创建云图 Vec，如图 12-44 所示。

第 12 章
ICEM CFD 在 Workbench 中的应用

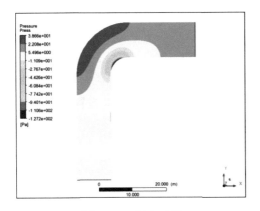

图 12-43 压力云图

图 12-44 创建云图

步骤 06 在如图 12-45 所示云图设定面板 Geometry（几何）选项卡中 Locations 选择 Plane 1，Variable 选择 Velocity，单击 Apply 按钮创建压力云图，如图 12-46 所示。

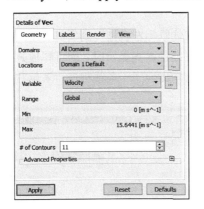

图 12-45 云图设定面板

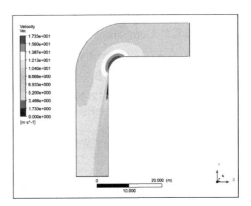

图 12-46 压力云图

12.1.9 保存与退出

步骤 01 执行主菜单中的 File→Quit 命令，退出 CFD-Post 模块返回到 Workbench 主界面。此时主界面的项目管理区中显示的分析项目均已完成，如图 12-47 所示。

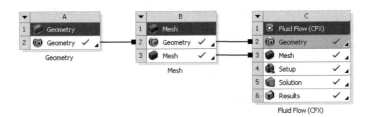

图 12-47 项目管理区中的分析项目

步骤 02 在 Workbench 主界面中，单击常用工具栏中的（保存）按钮，保存包含有分析结果的文件。

步骤 03 执行主菜单 File→Exit 命令，退出 ANSYS Workbench 主界面。

12.2 三通管道内气体流动分析

本节将通过三通管道内气体流动分析实例来介绍通过 ANSYS Workbench 启动设置 ICEM CFD，并划分结构化网格的操作方法。

12.2.1 启动 Workbench 并建立分析项目

步骤 01 在 Windows 系统下执行"开始"→"所有程序"→"ANSYS 19.0"→Workbench 命令，启动 CFX 19.0，进入 ANSYS Workbench 19.0 界面。

步骤 02 双击主界面 Toolbox（工具箱）中的 Component systems→Geometry（几何体）选项，即可在项目管理区创建分析项目 A，如图 12-48 所示。

步骤 03 在工具箱的 Component systems→Mesh（网格）选项上按住鼠标左键拖曳到项目管理区中，悬挂在项目 A 的 A2 栏 Geometry 上，当项目 A2 的 Geometry 栏红色高亮显示时，即可释放开鼠标创建项目 B。项目 A 和项目 B 中的 Geometry 栏（A2 和 B2）之间出现了一条线相连，表示它们之间几何体数据可共享，如图 12-49 所示。

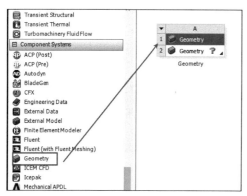

图 12-48 创建 Geometry（几何体）分析项目

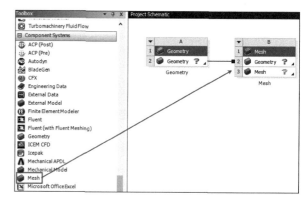

图 12-49 创建 Mesh（网格）分析项目

步骤 03 在工具箱的 Analysis systems→Fluid Flow（CFX）选项上按住鼠标左键拖曳到项目管理区中，悬挂在项目 B 的 B3 栏 Geometry 上，当项目 B3 的 Mesh 栏红色高亮显示时，即可释放开鼠标创建项目 C。项目 B 和项目 C 中的 Geometry 栏（B2 和 C2）及 Mesh 栏（B3 和 C3）之间各出现了一条线相连，表示它们之间数据可共享，如图 12-50 所示。

图 12-50 创建 CFX 分析项目

第 12 章
ICEM CFD 在 Workbench 中的应用

12.2.2 导入几何体

步骤 01 在 A2 栏的 Geometry 上单击鼠标右键,在弹出的快捷菜单中选择 Import Geometry→Browse 命令(见图 12-51),弹出"打开"对话框。

步骤 02 在弹出的"打开"对话框中选择文件路径,导入 tube 几何体文件,此时 A2 栏 Geometry 后的 ? 变为 ✓,表示实体模型已经存在。

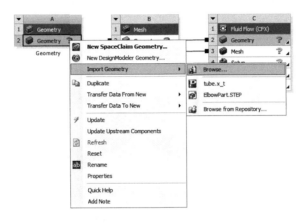

图 12-51 导入几何体

步骤 03 双击项目 A 中的 A2 栏 Geometry,进入 DesignModeler 界面,此时设计树中 Import1 前显示 ✓,表示需要生成,图形窗口中没有图形显示,单击 Generate (生成)按钮显示图形,如图 12-52 所示。

步骤 03 在设计树中显示零件的树状图中单击 volume 2,在 Detail View 窗口的 Details of Body 中将区域类型改为流体区域,即在 Fluid/Solid 下拉列表中选中 Fluid,如图 12-53 所示。

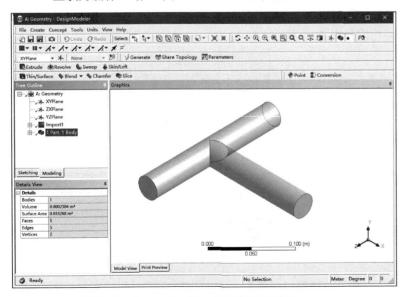

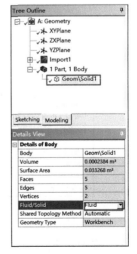

图 12-52 Design Modeler 界面中显示图形   图 12-53 将计算域设为流体区域

步骤 05 执行主菜单 File→Close DesignModeler 命令,退出 Design Modeler,返回到 Workbench 主界面。

373

12.2.3 划分网格

步骤01 双击项目 B 中的 B3 栏 Mesh 项,进入如图 12-54 所示的 Meshing 界面,在该界面下进行模型的网格划分。

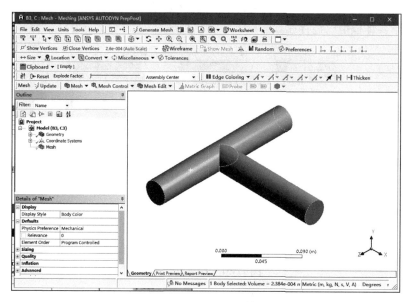

图 12-54 网格划分界面

步骤02 选中模型树中 Mesh 选项,在 Details of Mesh 窗口中设置网格用途为 CFD 网格,求解器设置为 CFX,如图 12-55 所示,其他选项保持默认。

步骤03 右击模型树中 Mesh 选项,依次选择 Mesh→Insert→Method,如图 12-56 所示。这时可在细节设置窗口中设置刚刚插入的这个网格划分方法。

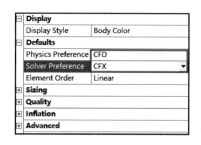

图 12-55 设置网格类型和求解器

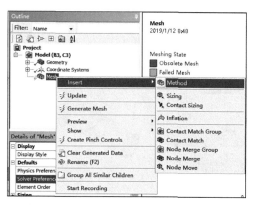

图 12-56 插入网格划分方法

步骤03 在图形窗口中选择计算域实体,在细节设置窗口中单击 Apply 按钮,设置计算域为应用该网格划分方法的区域。设置网格划分方法为 MultiZone,设定 Write ICEM CFD Files 为 Interactive,最终设置结果如图 12-57 所示。

第 12 章 ICEM CFD 在 Workbench 中的应用

步骤 05 右击模型树中 Mesh 选项，选择快捷菜单中的 Generate Mesh 选项，软件将自动启动 ICEM CFD 程序，如图 12-58 所示。

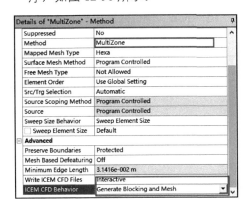

图 12-57 网格划分方法的设置

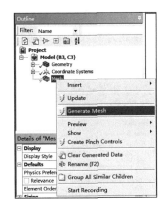

图 12-58 开始生成网格

步骤 06 启动 ICEM CFD 后，软件会自动分块，如图 12-59 所示。自动分成的块并不能满足要求。

步骤 07 单击功能区内 Blocking（块）选项卡中的 （删除块）按钮，弹出如图 12-60 所示的 Delete Block（删除块）面板，选择下面两角的块单击 Apply 按钮确认，删除所有块。

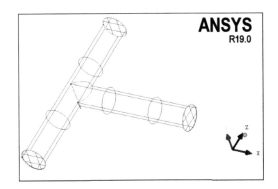

图 12-59 自动分块

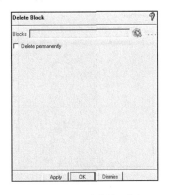

图 12-60 删除块面板

步骤 08 单击功能区内 Blocking（块）选项卡中的 （创建块）按钮，弹出如图 12-61 所示的 Create Block（创建块）面板，单击 按钮，Part 选择 CREATED-MATERIAL，Type 选择 3D Bounding Box，单击 OK 按钮确认，创建初始块如图 12-62 所示。

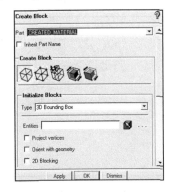

图 12-61 创建块面板

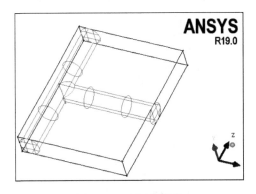

图 12-62 创建初始块

步骤09 单击功能区内 Blocking（块）选项卡中的 ❖（分割块）按钮，弹出如图 12-63 所示的 Split Block（分割块）面板。单击 ❖ 按钮，单击 Edge 旁的 ❖ 按钮，在几何模型上单击要分割的边，新建一条边，新建边垂直于选择的边，利用鼠标左键拖动新建边到合适的位置，单击鼠标中键或 Apply 按钮完成操作，创建分割块如图 12-64 所示。

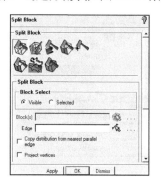

图 12-63　分割块面板

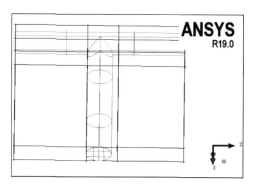

图 12-64　分割块

步骤10 单击功能区内 Blocking（块）选项卡中的 ❖（删除块）按钮，弹出如图 12-65 所示的 Delete Block（删除块）面板，选择顶角的块并单击 Apply 按钮确认，删除块效果如图 12-66 所示。

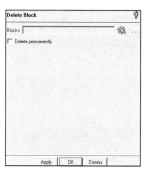

图 12-65　删除块面板

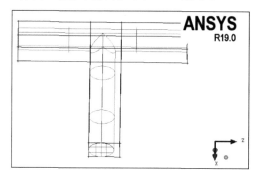

图 12-66　删除块

步骤11 单击功能区内 Blocking（块）选项卡中的 ❖（关联）按钮，弹出如图 12-67 所示的 Blocking Associations（块关联）面板，单击 ❖（Edge 关联）按钮，勾选 Project vertices 复选框，单击 ❖ 按钮，选择块上环绕大圆柱自由端的 4 条边并单击鼠标中键确认，然后单击 ❖ 选择模型自由端面的曲线并单击鼠标中键确认，选择的曲线会自动组成一组，关联边和曲线的选取如图 12-68 所示。

图 12-67　Edge 关联面板

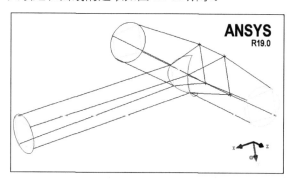

图 12-68　边关联

第 12 章
ICEM CFD 在 Workbench 中的应用

步骤12 单击功能区内 Blocking（块）选项卡中的 (O-Grid) 按钮（见图 12-69），选择如图 12-70 所示的块和面，单击 Apply 按钮完成操作。

图 12-69　分割块面板

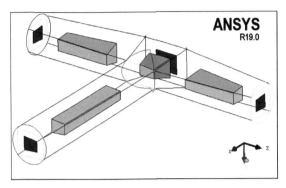

图 12-70　选择面显示

步骤13 单击功能区内 Mesh（网格）选项卡中的 (全局网格设定)按钮，弹出如图 12-71 所示的 Global Mesh Setup（全局网格设定）面板，在 Max element 中输入 1.0，单击 Apply 按钮确认。

步骤14 单击功能区内 Blocking（块）选项卡中的 (预览网格) 按钮，弹出如图 12-72 所示的 Pre-Mesh Params（预览网格）面板，单击 按钮，选中 Update All 单选按钮，单击 Apply 按钮确认，显示预览网格如图 12-73 所示。

步骤15 执行 File→Mesh→Load from Blocking 命令，导入由块创建的网格。

步骤16 执行主菜单 File→Exit 命令，在弹出的对话框中单击 OK 按钮，保存项目并返回到 Meshing 界面。

步骤17 在 Meshing 中执行主菜单 File→Close Meshing 命令，退出网格划分界面，返回到 Workbench 主界面。

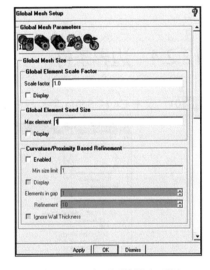

图 12-71　全局网格设定面板

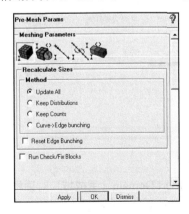

图 12-72　预览网格面板

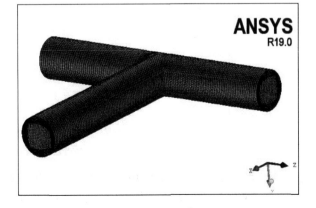

图 12-73　预览网格显示

步骤18 右击 Workbench 界面中 B3 Mesh 项，选择快捷菜单中的 Update 项，完成网格数据往 Fluent 分析模块中的传递，如图 12-74 所示。

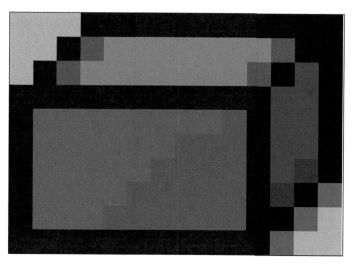

图 12-74　更新网格数据

12.2.4　边界条件

步骤01　双击 C4 栏 Setup 项，打开 CFX 前处理模块（CFX-Pre 窗口），如图 12-75 所示。

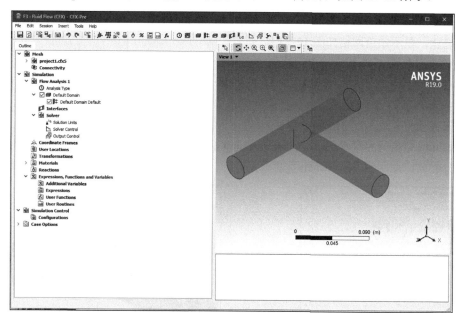

图 12-75　打开 CFX-Pre 窗口

步骤02　单击任务栏中的（域）按钮，弹出如图 12-76 所示的 Insert Domain（生成域）对话框，名称保持默认，单击 OK 按钮确认进入如图 12-77 所示的 Domain（域设定）面板。

步骤03　在 Domain（域设定）面板 Basic Settings（基本设定）选项卡中，Location 选择 B9，Material 选择 Air Ideal Gas，其他选项保持默认值，单击 OK 按钮完成参数设置。在图形显示区将显示生成的域，如图 12-78 所示。

第 12 章
ICEM CFD 在 Workbench 中的应用

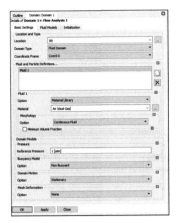

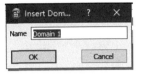

图 12-76　生成域对话框　　　　　　　　　图 12-77　域设定面板

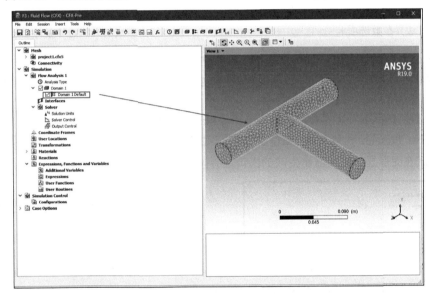

图 12-78　生成域显示

步骤 03　单击任务栏中的 ![]（边界条件）按钮，弹出 Insert Boundary（生成边界条件）对话框，如图 12-79 所示。设定 Name（名称）为 in，单击 OK 按钮进入如图 12-80 所示的 Boundary（边界条件设定）面板。

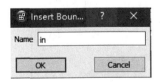 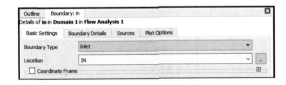

图 12-79　生成边界条件对话框　　　　　　　图 12-80　边界条件设定面板

步骤 05　在 Boundary（边界条件设定）面板 Basic setting（基本设定）选项卡中，Boundary Type 选择 Inlet，Location 选择 IN。

步骤 06　在 Boundary Details（边界参数）选项卡中，在 Normal Speed 中输入 5，单位选择 m s^-1，如图 12-81 所示。单击 OK 按钮完成入口边界条件参数设置，在图形显示区将显示生成的入口边界条件，如图 12-82 所示。

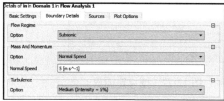

图 12-81　边界参数选项卡

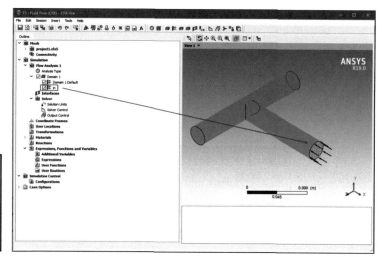

图 12-82　生成的入口边界条件显示

步骤 07　同步骤（4）方法设定出口边界条件，名称为 Out1。

步骤 08　在 Boundary（边界条件设定）面板的 Basic setting（基本设定）选项卡中，Boundary Type 选择 Outlet，Location 选择 Out1，如图 12-83 所示。

步骤 09　在 Boundary Details（边界参数）选项卡中，Mass and Momentum 中的 Option 选择 Static Pressure，在 Relative Pressure 中输入 0，单位选择 Pa，如图 12-84 所示，单击 OK 按钮完成出口边界条件参数设置。在图形显示区将显示生成的出口边界条件，如图 12-85 所示。

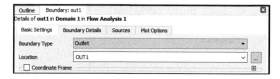

图 12-83　基本设定选项卡

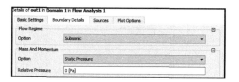

图 12-84　边界参数选项卡

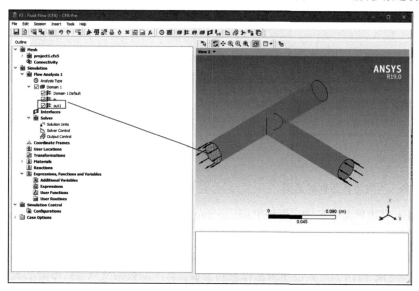

图 12-85　生成的出口边界条件显示

第 12 章 ICEM CFD 在 Workbench 中的应用

步骤⑩ 同步骤（4）方法设定出口边界条件，名称为 Out2。

步骤⑪ 在 Boundary（边界条件设定）面板 Basic setting（基本设定）选项卡中，Boundary Type 选择 Outlet，Location 选择 OUT2，如图 12-86 所示。

步骤⑫ 在 Boundary Details（边界参数）选项卡中，Mass and Momentum 中的 Option 选择 Static Pressure，在 Relative Pressure 输入 0，单位选择 Pa，如图 12-87 所示。单击 OK 按钮完成出口边界条件参数设置。在图形显示区将显示生成的出口边界条件，如图 12-88 所示。

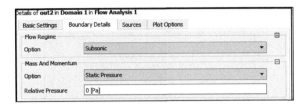

图 12-86　基本设定选项卡　　　　　　图 12-87　边界参数选项卡

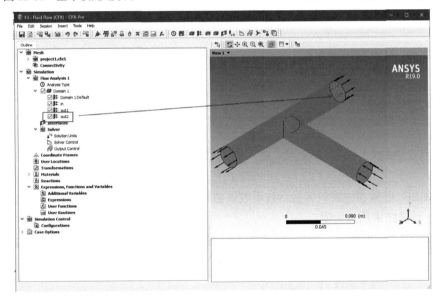

图 12-88　生成的出口边界条件显示

12.2.5　初始条件

单击任务栏中的 （初始条件）按钮，弹出如图 12-89 所示的 Global Initialization（初始条件）设置面板，设定条件均保持默认值，单击 OK 按钮完成参数设置。

12.2.6　求解控制

单击任务栏中的 （求解控制）按钮，弹出如图 12-90 所示的 Solver Control（求解控制）设置面板，设定条件均保持默认值，单击 OK 按钮完成参数设置。

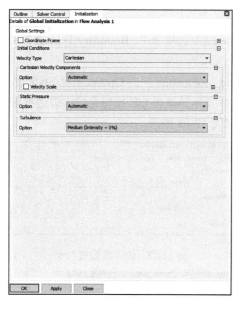

图 12-89　初始条件设置面板

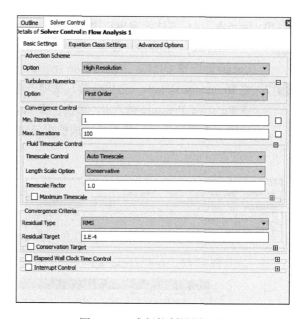

图 12-90　求解控制设置面板

12.2.7　计算求解

步骤 01　双击项目 C 中的 C5 栏 Solution 项，进入如图 12-91 所示的求解管理器界面，单击 Start Run 按钮开始计算。

步骤 02　求解开始后，收敛曲线窗口将显示残差收敛曲线的即时状态，直至所有残差值达到 1.0E-4（见图 12-92），计算结束后关闭窗口。

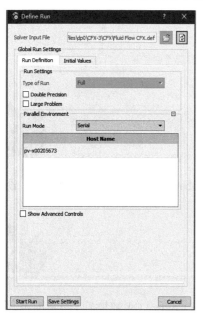

图 12-91　求解管理器对话框

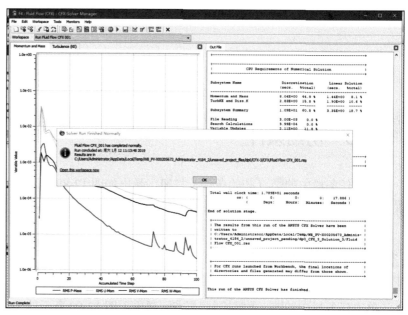

图 12-92　求解文件窗口

第 12 章
ICEM CFD 在 Workbench 中的应用

12.2.8 结果后处理

步骤01 双击 C6 栏 Results 项，打开 CFX 后处理模块（CFX-Post 窗口），如图 12-93 所示。

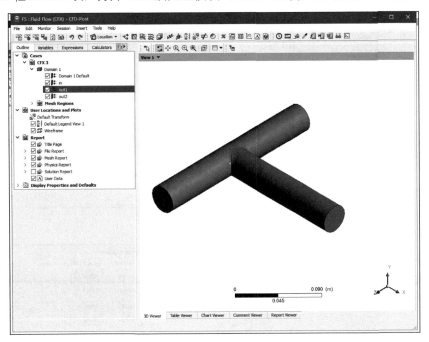

图 12-93 后处理窗口

步骤02 单击任务栏中的 Location → Plane（平面）按钮，弹出如图 12-94 所示的 Insert Plane（创建平面）对话框，保持平面名称为 Plane 1，单击 OK 按钮进入如图 12-95 所示的 Plane（平面设定）面板。

图 12-94 指定平面名称对话框　　　　图 12-95 平面设定面板

步骤03 在 Geometry（几何）选项卡中 Method 选择 ZX Plane，Y 坐标取值设定为 0，单位为 m，单击 Apply 按钮创建平面，生成的平面如图 12-96 所示。

步骤03 单击任务栏中的 (云图)按钮，弹出如图 12-97 所示的 Insert Contour（创建云图）对话框。输入云图名称为 Press，单击 OK 按钮进入如图 12-98 所示的云图设定面板。

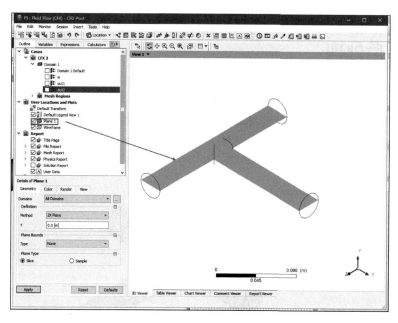

图 12-96　ZX 方向平面

图 12-97　创建云图

图 12-98　云图设定面板

步骤 05　在 Geometry（几何）选项卡中 Locations 选择 Plane 1，Variable 选择 Pressure，单击 Apply 按钮创建压力云图，如图 12-99 所示。

步骤 06　同步骤（4）方法创建云图 Vec，如图 12-100 所示。

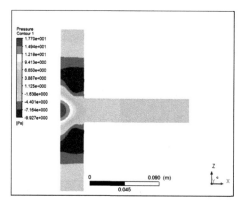

图 12-99　压力云图

图 12-100　创建云图

步骤07 在如图 12-101 所示的云图设定面板 Geometry（几何）选项卡中，Locations 选择 Plane 1，Variable 选择 Velocity，单击 Apply 按钮创建速度云图，如图 12-102 所示。

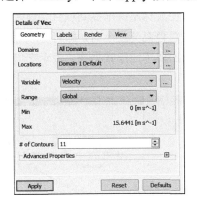

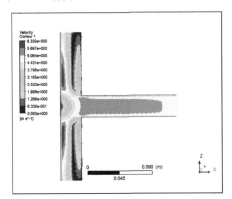

图 12-101　云图设定面板　　　　　图 12-102　速度云图

12.2.9　保存与退出

步骤01 执行主菜单 File→Quit 命令，退出 CFD-Post 模块返回到 Workbench 主界面。此时主界面中的项目管理区中显示的分析项目均已完成，如图 12-103 所示。

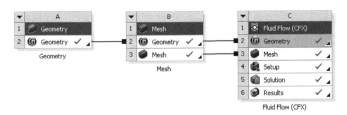

图 12-103　项目管理区中的分析项目

步骤02 在 Workbench 主界面中，单击常用工具栏中的（保存）按钮，保存包含有分析结果的文件。

步骤03 执行主菜单 File→Exit 命令，退出 ANSYS Workbench 主界面。

12.3　子弹外流场分析实例

本节将学习通过 ANSYS Workbench 进行子弹外流场问题的 CFD 计算分析，包括非结构网格的划分和 FLUENT 的计算分析。

12.3.1　启动 Workbench 并建立分析项目

步骤01 在 Windows 系统下执行"开始"→"所有程序"→"ANSYS 19.0"→Workbench 命令，启动 CFX 19.0，进入 ANSYS Workbench 19.0 界面。

步骤 02 双击主界面 Toolbox（工具箱）中的 Component systems→Geometry（几何体）选项，即可在项目管理区创建分析项目 A，如图 12-104 所示。

步骤 03 在工具箱的 Component systems→Mesh（网格）选项上按住鼠标左键拖曳到项目管理区中，悬挂在项目 A 的 A2 栏 Geometry 上，当项目 A2 的 Geometry 栏红色高亮显示时，即可释放鼠标创建项目 B。项目 A 和项目 B 中的 Geometry 栏（A2 和 B2）之间出现了一条线相连，表示它们之间几何体数据可共享，如图 12-105 所示。

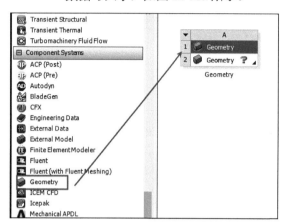 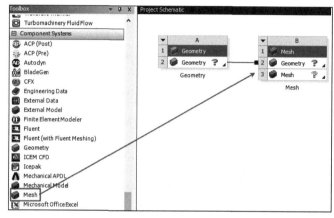

图 12-104　创建 Geometry（几何体）分析项目　　　　图 12-105　创建 Mesh（网格）分析项目

步骤 03 在工具箱的 Component systems→Fluent 选项上按住鼠标左键拖曳到项目管理区中，悬挂在项目 B 的 B3 栏 Geometry 上，当项目 B3 的 Mesh 栏红色高亮显示时，即可释放鼠标创建项目 C。项目 B 和项目 C 中的 Geometry 栏（B2 和 C2）及 Mesh 栏（B3 和 C3）之间各出现了一条线相连，表示它们之间数据可共享，如图 12-106 所示。

图 12-106　创建 Fluent 分析项目

12.3.2　导入几何体

步骤 01 在 A2 栏的 Geometry 上单击鼠标右键，在弹出的快捷菜单中选择 Import Geometry→Browse 命令（见图 12-107），弹出"打开"对话框。

步骤 02 在弹出的"打开"对话框中选择文件路径，导入 Bullet 几何体文件，此时 A2 栏 Geometry 后的 ❓ 变为 ✓，表示实体模型已经存在。

步骤 03 双击项目 A 中的 A2 栏 Geometry，进入到 DesignModeler 界面，此时设计树中 Import1 前显示 ⚡，表示需要生成，图形窗口中没有图形显示，单击 Generate（生成）按钮显示图形，如图 12-108 所示。

第12章 ICEM CFD 在 Workbench 中的应用

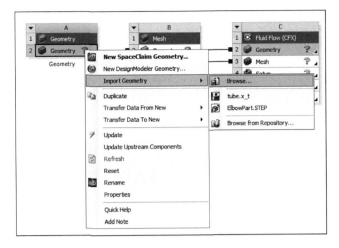

图 12-107 导入几何体

步骤 03 在设计树中显示零件的树状图中单击 volume 2，在 Detail View 窗口的 Details of Body 中将区域类型改为流体区域，即在 Fluid/Solid 下拉列表中选中 Fluid，如图 12-109 所示。

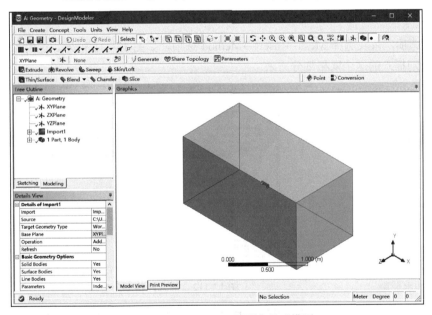

图 12-108 Design Modeler 界面中显示模型

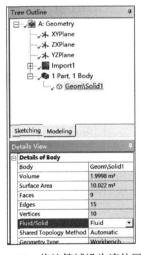

图 12-109 将计算域设为流体区域

步骤 05 执行主菜单 File→Close DesignModeler 命令，退出 Design Modeler，返回到 Workbench 主界面。

12.3.3 划分网格

步骤 01 双击项目 B 中的 B3 栏 Mesh 项，进入如图 12-110 所示的 Meshing 界面，在该界面下进行模型的网格划分。

步骤 02 选中模型树中 Mesh 选项，在 Details of Mesh 窗口中设置网格用途为 CFD 网格，求解器设置为 Fluent，如图 12-111 所示，其他选项保持默认。

387

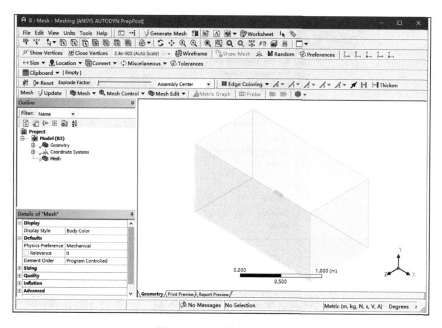

图 12-110 网格划分界面

步骤 03 右键单击模型树中 Mesh 选项，依次选择 Mesh→Insert→Method 选项，如图 12-112 所示。这时可在细节设置窗口中设置刚刚插入的这个网格划分方法。

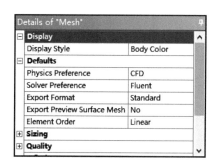

图 12-111 设置网格类型和求解器

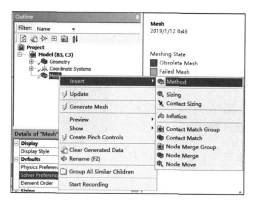

图 12-112 插入网格划分方法

步骤 03 在图形窗口中选择计算域实体，在细节设置窗口中单击 Apply 按钮，设置计算域为应用该网格划分方法的区域。设置网格划分方法为 MultiZone，设置 Write ICEM CFD Files 为 Interactive，最终设置结果如图 12-113 所示。

步骤 05 右键单击模型树中的 Mesh 选项，选择快捷菜单中的 Generate Mesh 选项，软件将自动启动 ICEM CFD 程序，如图 12-114 所示。

步骤 06 启动 ICEM CFD 后，软件会自动分块，如图 12-115 所示。自动分成的块并不能满足要求。

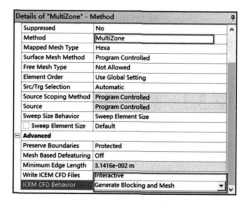

图 12-113 网格划分方法的设置

第 12 章
ICEM CFD 在 Workbench 中的应用

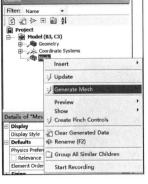

图 12-114 开始生成网格

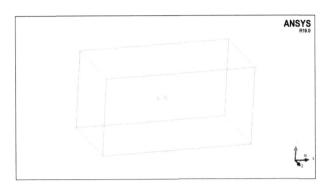

图 12-115 自动分块

步骤 07 单击功能区内 Blocking（块）选项卡中的 ❌（删除块）按钮，弹出如图 12-116 所示的 Delete Block（删除块）面板，选择下面两角的块并单击 Apply 按钮确认，删除所有块。

步骤 08 在操作控制树中右键单击 Parts，弹出如图 12-117 所示的目录树，选择 Create Part，弹出如图 12-118 所示的 Create Part 面板，在 Part 中输入 IN，单击 ❌ 按钮选择边界并单击鼠标中键确认，生成边界条件如图 12-119 所示。

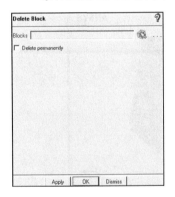

图 12-116 删除块面板

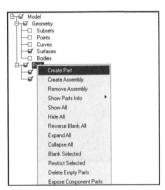

图 12-117 选择生成边界命令

图 12-118 生成边界面板

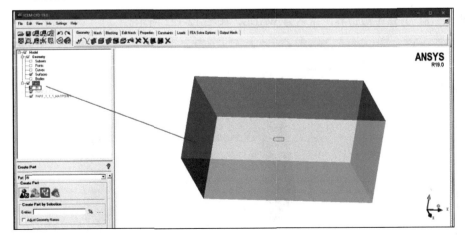

图 12-119 边界命名

步骤 09 同步骤（8）方法生成边界，命名为 OUT，如图 12-120 所示。

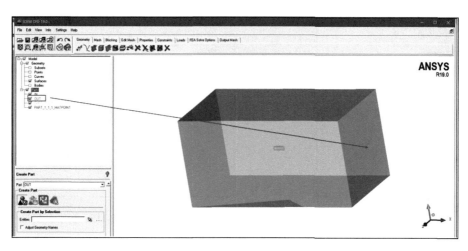

图 12-120　边界命名

步骤⑩　同步骤（8）方法生成边界，命名为 BULLET，如图 12-121 所示。

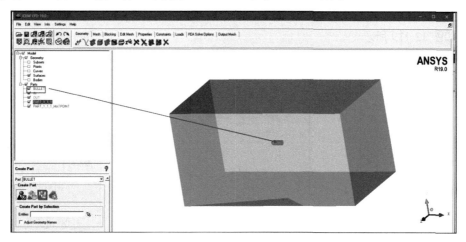

图 12-121　BULLET

步骤⑪　同步骤（8）方法生成边界，命名为 WALL，如图 12-122 所示。

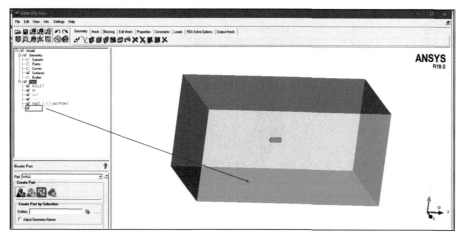

图 12-122　WALL

步骤⑫ 同步骤（8）方法生成边界，命名为 BALL，如图 12-123 所示。

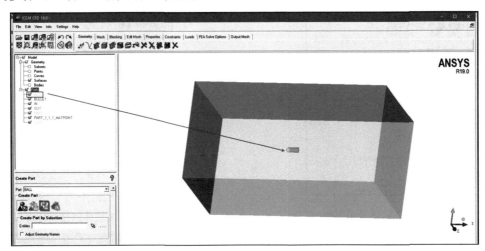

图 12-123 BALL

步骤⑬ 单击功能区内 Geometry（几何）选项卡中的 按钮，弹出如图 12-124 所示的 Create Body（生成体）面板，单击 ![](按钮，Part 输入名称为 FLUID，选择如图 12-125 所示的两个屏幕位置，单击鼠标中键确认并确保物质点在弯管的内部同时在子弹的外部。

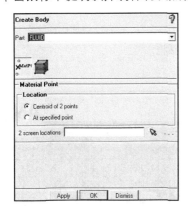

图 12-124 生成体面板

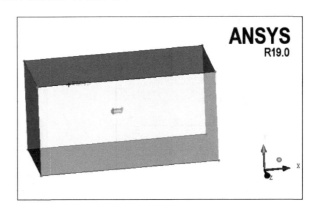

图 12-125 选择点位置

步骤⑭ 单击功能区内 Mesh（网格）选项卡中的 按钮，弹出如图 12-126 所示的 Global Mesh Setup（全局网格设定）面板，在 Max element 中输入 0.05，单击 Apply 按钮确认。

步骤⑮ 单击功能区内 Mesh（网格）选项卡中的 按钮，弹出如图 12-127 所示的 Global Mesh Setup（全局网格设定）面板，单击 按钮，设置 Number of layers 为 2，单击 Apply 按钮确认。

步骤⑯ 单击功能区内 Mesh（网格）选项卡中的 按钮，弹出如图 12-128 所示的 Part Mesh Setup（部件网格尺寸设定）对话框，勾选 Prism 为 BALL、BULLET 和 WALL，单击 Apply 按钮确认并单击 Dismiss 按钮退出。

步骤⑰ 单击功能区内 Mesh（网格）选项卡中的 按钮，弹出如图 12-129 所示的 Compute Mesh（计算网格）面板，单击 按钮，勾选 Create Prism Layers 复选框，单击 Apply 按钮确认生成体网格文件，如图 12-130 所示。

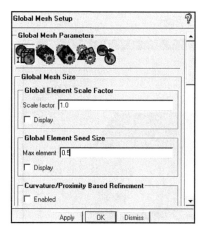

图 12-126　全局网格设定面板

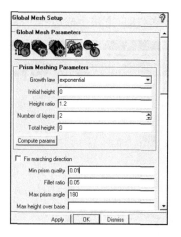

图 12-127　棱柱体网格设定面板

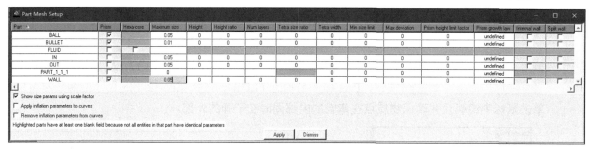

图 12-128　部件网格尺寸设定对话框

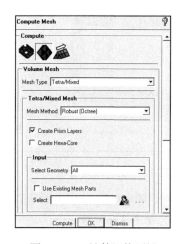

图 12-129　计算网格面板

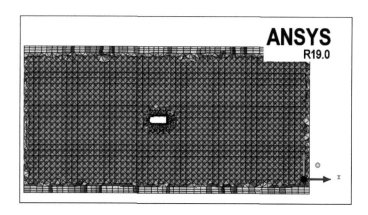

图 12-130　生成体网格

步骤⑱ 单击功能区内 Edit Mesh（网格编辑）选项卡中的 ■（光顺网格）按钮，弹出如图 12-131 所示的 Smooth Elements Globally（光顺网格）面板，调节 Up to value 为 0.2，单击 Apply 按钮确认，在信息栏中显示网格质量信息，如图 12-132 所示。

步骤⑲ 执行主菜单 File→Exit 命令，在弹出的对话框中单击 OK 按钮，保存项目并返回到 Meshing 界面。

步骤⑳ 在 Meshing 中执行主菜单 File→Close Meshing 命令，退出网格划分界面，返回到 Workbench 主界面。

步骤㉑ 右键单击 Workbench 界面中 B3 Mesh 项，选择快捷菜单中的 Update 项，完成网格数据往 Fluent 分析模块中的传递。

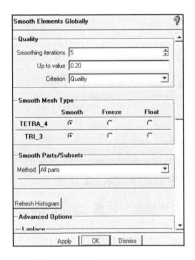

图 12-131 光顺网格面板

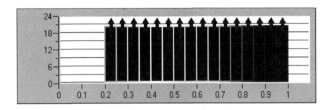

图 12-132 网格质量信息

12.3.4 边界条件

步骤01 双击 C2 栏 Setup 项,打开 Fluent,进入 Fluent Launcher 界面,如图 12-133 所示,Dimension 选择 3D,单击 OK 按钮进入 FLUENT 界面。

步骤02 单击 OK 按钮进入 FLUENT 界面,模型网格将直接被导入,如图 12-134 所示。

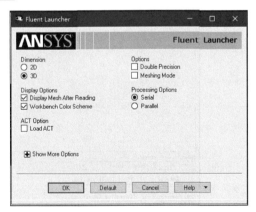

图 12-133 Fluent Launcher 界面

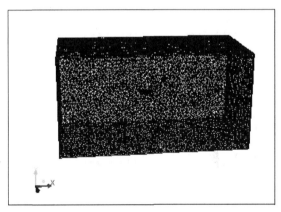

图 12-134 网格导入

步骤03 执行 Mesh→Check 命令,检查网格质量,应保证 Minimum Volume 大于 0,如图 12-135 所示。

步骤03 执行 Mesh→Scale 命令,打开如图 12-136 所示的 Scale Mesh 对话框,定义网格尺寸单位,在 Mesh Was Created In 中选择 m,单击 Scale 按钮。

步骤05 执行 Define→General 命令,在如图 12-137 所示的 General 面板中 Time 选择 Steady。

图 12-135 网格质量信息

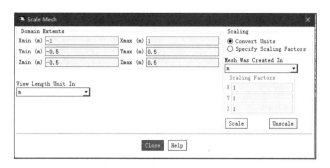

图 12-136 Scale Mesh 对话框

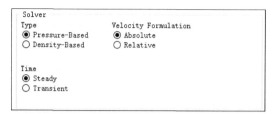

图 12-137 General 面板

步骤 06 执行 Define→Model→Viscous 命令，弹出如图 12-138 所示的湍流模型对话框，选择 k-epsilon（2 eqn）模型。

步骤 07 执行 Define→Boundary Condition 命令，定义边界条件，如图 12-139 所示。

- IN：Type 选择为 velocity-inlet（速度入口边界条件），在 Velocity Magnitude（速度大小）中输入 20。
- OUT：Type 选择为 pressure-outlet（压力出口），将 Gauge Pressure 设置为 0。

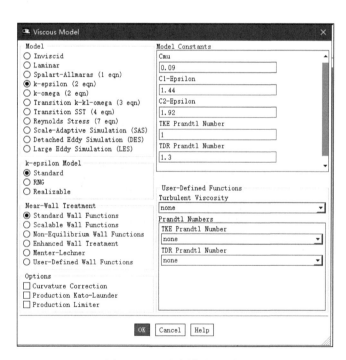

图 12-138 湍流模型对话框

图 12-139 边界条件面板

12.3.5 初始条件

执行 Solve→Initialize 命令，弹出 Solution Initialization（设置初始值）面板，Compute From 选择 in，单击 Initialize 按钮进行计算初始化，如图 12-140 所示。

第 12 章　ICEM CFD 在 Workbench 中的应用

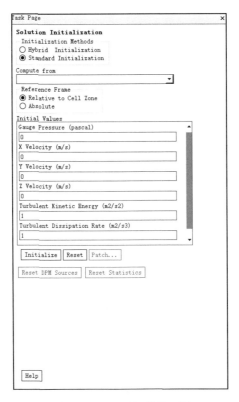

图 12-140　设置初始值面板

12.3.6　计算求解

步骤 01 执行 Solution→Monitors→Residual 命令，设置各个参数的收敛残差值为 1e-3，单击 OK 按钮确认，如图 12-141 所示。

步骤 02 执行 Solve→Run Calculation 命令，迭代步数设为 300，单击 Calculate 按钮开始计算，如图 12-142 所示。

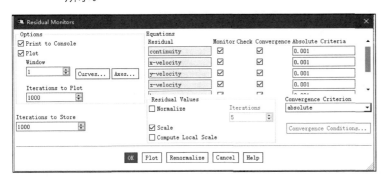

图 12-141　残差设置对话框

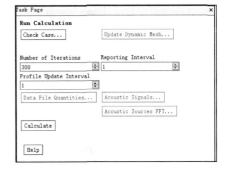

图 12-142　计算设置面板

步骤 03 求解开始后，收敛曲线窗口将显示残差收敛曲线的即时状态，直至所有残差值达到 1.0E-3，如图 12-143 所示。

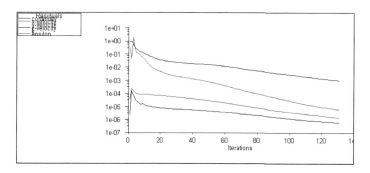

图 12-143　求解文件窗口

12.3.7　结果后处理

步骤01 执行 Surface→ISO Surface 命令，设置生成 Z=0m 的平面，命名为 z0。

步骤02 执行 Display→Graphics and Animations→Contours 命令，Contours of 选择 Velocity Magnitude，surfaces 选择 z0，单击 Display 按钮显示速度云图，如图 12-144 所示。

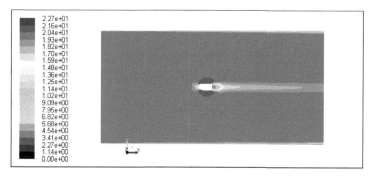

图 12-144　速度云图

步骤03 执行 Display→Graphics and Animations→Contours 命令，Contours of 选择 Velocity Magnitude，surfaces 选择 z0，单击 Display 按钮显示速度矢量图，如图 12-145 所示。

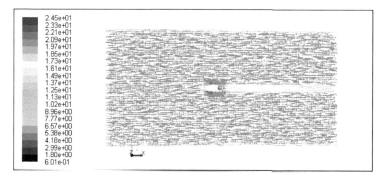

图 12-145　速度矢量图

步骤03 执行 Display→Graphics and Animations→Contours 命令，Contours of 选择 Pressure，surfaces 选择 z0，单击 Display 按钮显示压力云图，如图 12-146 所示。

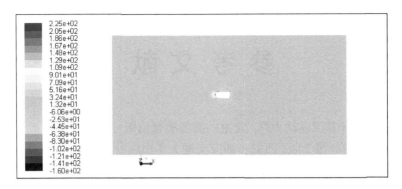

图 12-146　压力云图

步骤 05 执行 Display→Graphics and Animations→Contours 命令，Contours of 选择 Turbulence Wall Yplus，surfaces 选择 z0，单击 Display 按钮显示 Yplus 云图，如图 12-147 所示。

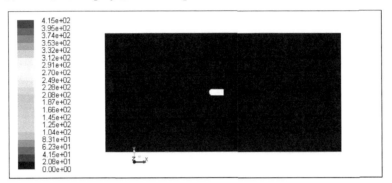

图 12-147　壁面 Yplus

12.3.8　保存与退出

步骤 01 执行主菜单 File→Quit 命令，退出 FLUENT 模块返回到 Workbench 主界面。此时主界面中的项目管理区中显示的分析项目均已完成。

步骤 02 在 Workbench 主界面中，单击常用工具栏中的（保存）按钮，保存包含有分析结果的文件。

步骤 03 执行主菜单 File→Exit 命令，退出 ANSYS Workbench 主界面。

12.4　本章小结

本章通过实例介绍了 ICEM CFD 在 Workbench 中应用的工作流程。通过对本章内容的学习，读者可以掌握 ICEM CFD 在 Workbench 中的创建，网格划分方法及不同软件间的数据共享与更新。

参 考 文 献

[1] 付德熏，马延文. 计算流体动力学. 北京：高等教育出版社，2002.

[2] 陶文铨. 数值传热学. 第 2 版. 西安：西安交通大学出版社，2001.

[3] 苏铭德. 计算流体力学基础. 北京：清华大学出版社，1997.

[4] 章梓雄，董曾南. 粘性流体力学. 北京：清华大学出版社，1998.

[5] 谢龙汉. ANSYS CFX 流体分析及仿真. 北京：电子工业出版社，2012.

[6] 孙纪宁. ANSYS CFX 对流传热数值模拟基础应用教程. 北京：国防工业出版社，2010.

[7] J. D. Anderson，Computational Fluid Dynamics: The Basics with Applications. McGrawHill. 1995，清华大学出版社，2002.

[8] ANSYS ICEM CFD 19.0 Tutorial Manual.